U0305512

本著作来源于广西高校人文社会科学重点研究基地“区域社会管理创新研究中心”课题“马来西亚环保非政府组织的运行机制及社会效应研究——以 CETDEM 为例”和 2016 年度广西壮族自治区中青年教师基础能力提升项目“生态南宁的城市空间和交通模式研究”。

本著作由广西大学马克思主义学院经费全额资助出版。

食我所爱

——城市发展和农业工业化的哲学反思

练新颜◎著

中国政法大学出版社
2018 · 北京

声　明　1. 版权所有，侵权必究。

2. 如有缺页、倒装问题，由出版社负责退换。

图书在版编目（CIP）数据

食我所爱:城市发展和农业工业化的哲学反思/练新颜著.—北京:中国政法大学出版社,2018.5
ISBN 978-7-5620-8303-0

Ⅰ.①食…　Ⅱ.①练…　Ⅲ.①食品安全—研究　Ⅳ.①TS201.6

中国版本图书馆 CIP 数据核字(2017)第 111742 号

出 版 者　中国政法大学出版社
地　　址　北京市海淀区西土城路 25 号
邮寄地址　北京 100088 信箱 8034 分箱　邮编 100088
网　　址　http://www.cuplpress.com（网络实名：中国政法大学出版社）
电　　话　010-58908586(编辑部) 58908334(邮购部)
编辑邮箱　zhengfadch@126.com
承　　印　固安华明印业有限公司
开　　本　650mm×980mm　1/16
印　　张　18.25
字　　数　280 千字
版　　次　2018 年 6 月第 1 版
印　　次　2018 年 6 月第 1 次印刷
定　　价　49.00 元

献给我吃工业食品长大的孩子缘缘和嘉嘉

序

PREFACE

初步看过练新颜所著的《食我所爱》初稿，开始时，我以为这是一部通俗科普性质的书，讲述关于吃的爱好；再深入一点，知道这是在城市理论与饮食之间建立关联的、批判当下饮食工业的著作。再度阅读这部著作里的文字时，我开始为这部著作的初稿所吸引，我们想要"食我所爱"，但是在工业化过程中，我们却不能完全"食我所爱"。我们生活在消费城市之中，在消费城市里，完全围绕着工业化的资本-消费轴心而"食我所爱"，生产者、商家、消费者、专家（当然他们自己是消费者或者生产者）都围绕着消费的轴心转动。食品的工业化使口味标准化，导致上千种本土和地方美食消逝。如同田松所言，我们是行走的塑料，而美国人食品背后的单一性——几乎都是玉米制品——使我们成了行走的玉米。我同意作者的下述观点，"从食品的角度看，市场化和全球化直接导致了食品的灾难，这也正是我们城市食品问题的原因所在"。食品问题与城市观联系在一起，这是一个可以发现新问题的视角。作者在本书中以这样的视角讨论了当下很多关乎食品、城市生活、生态建设的大问题，但是所讨论的下笔之处，却又十分地接地气，很细微、很具体，因此也很吸引人。由于这些问题都是我们城市人身边的事情，是我们所熟知的事情，所以我们感到很亲切。但是，以这样的视角去看去深入挖掘，却是很多人不熟悉的，这样的视角又让人惊异和新奇。作者并没有停留在一般性的泛泛而论上，而是依据大量的专业文献进行论证，这样又很有说服力。比如，人们在对待转基因食品时，往往把焦点放在转基因食品是否有毒、能否食用这种比较直接的问题上，但是练新颜则从根儿上去发掘基因技术的哲学根源。比如书中这样指出："现代基因技术是建立在机械论和还原论的哲学基础上的：一是把生命看作机器，代表物种的基因信息可以像机器那样任意拆装组合，用还原论的技术进行改造；二是否定生命自身的能力，基因工程不仅仅否定了自然，也否定了传统农民的劳动。"工业化的近百年来，农业、作物和种子的多样性已经被破坏，资本商业链条上的食物已经成为主宰我们餐桌的主要食品。例如，作者在书中指出，麦当劳对东亚饮食形态的影响是不容忽视的。在香港地区，麦当劳已经取代了传统的茶楼与街头小吃，成为最受欢迎的早餐；在我国台湾地区的青少年当中，汉堡、炸薯条成了主食。而且，我们心理上的弱点常常被用作赚钱工具，我们被一群具有高智商、高理性的资本主宰的专家们所掌控。心理学家们加入了生产商的行列，通过广告、促销等形式攻克我们的心理防线；生理学家和食品公司的产品研发部在积极地寻求人类味觉的极点；数据分析专家根据我们的消费地点、消费内容、消费时间来分析我们的消费习惯和偏好，利用这些数据来对我们的弱点进行攻击；医生和营养学家们在需要"振兴"某一产业时，就制造舆论，对我们发出警告："如果你再不……你就会……"我们的行业部门精心制造了一系列的规则，让我们必须这样消费而不是那样消费。总之，我们并不能够食我所爱，而是有人主宰着我们的食我所爱。

我们能够真正做到食我所爱吗？在资本横行和高额消费的城市里，我们还可以食我所爱吗？我们能够保护物种多样性吗？进而我们能够保护知识地方性和认知地方性吗？练新颜提供了一些可供人们选择的建议。她号召我们要"团结起来，捍卫食品民主""自己动手，丰衣足食""享受美味，享受生活"，建立社区农民市场，做一个负责任的消费者，做个都市小农。捍卫地方性，捍卫种子，把城市变成可持续城市、美味城市、生活城市。其中的一些建议是可行的，一些建议是观念性的。食品民主是重要的，捍卫种子和地方性知识也是极为重要的。

我愿意相信她的观念和建议是可行的，如果人们阅读了她这本书后同意她的观点和建议，捍卫食品民主的人不就多了一些吗？这是我期盼的。

于清华大学荷清苑

2018 年 3 月 3 日

前言

PREFACE

民以食为天。可以毫不夸张地说，食品问题已经成为我国老百姓最关心的问题之一。国家信息中心网络政府研究中心的数据显示，2013年，网民对民生问题的关注度排在第三位的就是食品问题。而在食品问题前一位，排在第二位的是环境问题。食品问题和环境问题在我国已经上升到了社会和政治的层面，变为公众关注的焦点。当然不仅在我国，在发达国家的一些地区和城市也存在食品短缺和安全等问题，也是大众关注的焦点。在英国，我访学的海滨城市布莱顿就有23%左右的多孩家庭（三个孩子或以上）面临食品短缺问题；号称世界第一强国，也是世界农业出口大国的美国，粮食无保障率（rates of food insecurity）却非常高，特别是城市地区。在1998~2007年期间，几乎有11%的美国家庭全年没有足够的粮食。随着这些年经济的复苏，美国的粮食保障率有所提高，但是形势依然严峻：2014年，约14%的家庭在一年中的某个时候会出现粮食不足；2015年降了一些，但仍然有12.7%的家庭在某个时候会出现粮食不足。[1]

城市相对于农村地区应该是生产力更高、产品更丰富的地区，

[1] Scott W. Allard et al.，"Neighborhood Food Infrastructure and Food Security in Metropolitan Detroit"，*The Journal of Consumer Affairs*，Volume 51，2017：566~598.

为什么反而存在食品问题呢？对于粮食不足问题，我们很好理解：粮食在农村可以自己生产，自己拿来吃就行，但在城市如果没有足够的收入就无法买粮食，所以只能挨饿。因此，在正常情况下，城市的粮食不足才是真正的问题。至于食品安全问题，我们认为这两者互为一体化：城市工业导致的环境污染扩散到农村，导致了毒食品、食品品质差等问题；而城市工业化的生产模式拓展到农村的粮食生产模式又导致了环境的污染和恶化，在农村导致的生态问题通过食品传递给了城市。例如，2013年发生的“镉大米事件”就是由于土壤受到重金属的污染而导致的；而在农业中过度使用农药、激素等导致的环境污染、土壤恶化的事件屡见不鲜。所以，我们在反思城市食品问题的时候必须考虑到环境问题；反思环境问题的时候我们也应该考虑到农业发展模式带来的危害，而不仅仅是把污染环境的矛头指向工业发展。作为发展中国家，我们同时面临着发展经济与保护生态之间的、全球化与民族生态保护之间的尖锐矛盾。本书正是要进一步反思我们的发展模式，对探寻新的生态的可持续发展模式有着积极的理论意义和现实意义。

本书把城市建设和生态问题、食品危机联系在一起，借助生态城市的理论来解读我们面临的危机。为什么要借助“生态城市”的理论？城市和生态之间的紧张关系早已被人们所关注，这正是生态城市理论所一直关心的问题。但是城市与食品之间的关联是最近才在城市研究领域，特别是生态城市理论中引起重视的。食品危机和城市之间有什么关联呢？通过相关食品安全问题报道的分析，我们发现当前的食品问题主要发生在城市。城市人口密集、食品需求量大，最为关键的问题是，城市不生产农产品！城市或许会对农产品进行一些简单的或深化的加工，但是农产品的生产依然在农村。城市和农村被分成两大产品生产体系：城市专门生产工业产品、文化产品等，农村则专门生产农产品，这种人为的割裂给城市的生态带来了很严重的问题。我们所面临的食品危机正是在城市化进程中出现的。随着欧洲、英国、美国等西方国家的生态城市理论的不断深入发展，西方生态城市理论经历了近期的“人文主义”转向，即生态城市的建设不应该仅仅追求绿化率、排放率等硬性指标，人的健康——包括身体和精神的健康——应该是放在首位的。吃毫无疑问是健康的头等大事。广大的“城里人”怎么吃才安全，怎么吃才健康真的是个问题。为什么这么说?

在“毒姜”“毒草莓”等事件的报道中，农民说的实话让我印象尤深。“我们不吃这个（喷了激素或农药的)，我们吃的不用这个(激素或农药)。”中央电视台在2013年曝光陕西渭南农民滥用农药时，发现农民只吃自己家自留地的蔬菜，从不敢吃大棚蔬菜。央视称农民自己的菜园子为“农民的新自留地”。在这里，我们不想责怪农民的“素质低”“奸诈狡猾”，农民作为社会最底层的群体，他们背负了太多，这或许是他们唯一的一点点可怜的“特权”了。我们觉得，如何在“城市”的框架和背景下解决问题尤为重要。特别是生活在城市里的工薪一族，他们虽然有着体面的工作，但食品安全却缺乏保障。就算超市里有标着“有机”“绿色”的无公害蔬菜和肉类出售，但高昂的价格也足以让很多城市平民望而却步。[1]城市里的富人则不一样，他们和农民一样可以吃到安全的食品。他们可以花高价买“专供”的食品，甚至在京郊租一块地，每个周末开车上百公里去“种地”，当然平常还是需要请当地的农民帮他们照顾菜地和家禽家畜。这样生产出来的食品当然相对安全。所以，在城市的背景下思考食品安全问题，不仅仅是“忧国忧民”的问题，而是如何自救的问题。食品问题成了当前西方生态城市理论的重要议题。在城市可持续发展和食品问题的反思中，其中最重要的一个理论成果就是“都市农业”的提出。这不仅仅只是一个理论，在美国和欧洲，“都市农业”成了一项伟大的实践。他们的街头花坛里种的不再是华而不实的观赏植物而是好看的蔬菜；他们的院子里不仅仅养着名贵的宠物狗，还有鸡、鸭、鹅，甚至牛等家禽家畜；他们家的鱼缸甚至养起了罗非鱼。

此外，我们还借鉴了生态女性主义的一些研究成果。本书认为

---

〔1〕 江南大学江苏省食品安全研究基地对我国沿海经济发达地区广东省的广州、珠海、深圳三市抽样调研数据的分析表明，有机食品的价格溢价与消费者的支付意愿之间存在着较大差距，且试用型与偶尔购买者在有机食品购买者中的比重较高。具体参见吴林海、尹世久、王建华：《中国食品安全发展报告2014年》，北京大学出版社2014年版，第26页。

错误的城市发展路径和农业工业化的发展思想与体系是导致当今食品危机的重要原因，而生态女性主义在这方面的批判和反思是非常深刻的。李银河在《女性主义》一书中概括了生态女性主义的四个基本信念："第一，女性更接近自然，而男性伦理的基调是对自然的仇视；第二，地球上的生命是一个相互联系的网，并无上下高低的等级之分。我们的社会状态是种族分隔、性别分隔的；第三，一个健康的平衡的生态体系，其中包括人与非人在内，都应保持多样性状态；第四，物种的幸存使我们看到重新理解人与自然、自身肉体与非人自然关系的必要性。这是对自然与文化二元对立理论的挑战，生态女性主义批判二元对立的理论，反对将人与自然分离，将思想与感觉分离。"〔1〕这四个基本信念也正是本书所要涉及和倡导的。

本书的基本思路是立足于当前食品的问题来反思我们目前生态城市理论对城市食品系统的忽视。本书希望能通过食品的角度，从对食品链的各个环节——食品的生产系统、加工系统、供应系统和消费系统的考察来思考城市和城市发展，把城市和农村看成一个整体，而不是各自有明确分工的两个部分。

本书虽然在很大程度上在讨论美国——世界上最发达的快餐王国和英国——世界上最早工业化的国家的食品问题，但是这两个国家面临的问题也正是我国要面对的。在我国，农业工业化生产方式的推进对我国的生态环境造成了严重的破坏；全球化的推进为文化发展提供了良好的机遇，同时也对我们传统的农耕文化形成了冲击。此外，社会生活方式的转型使我国面临着发展的两难困境。在这样的两难困境中，我们认为既不能同意保守主义主张的所谓的"生态文明"，即退回到传统的农耕文明；也不能赞同以美国为首的西方资本主义〔2〕国家提出的以更"先进"的技术手段解决生态问题的方案。我们必须立足中国国情，探索出具有中国特色社会主义的可持

---

〔1〕 李银河：《女性主义》，山东人民出版社2005年版，第84~85页。

〔2〕 在此，"资本主义"一词并没有意识形态的含义，而仅仅是从经济上的组织方式理解。根据菲利普·克莱顿和贾斯廷·海因泽克在《有机马克思主义：生态灾难与资本主义的替代选择》一书中的理解，资本主义是一种以资本积累——创造和增加财富——为核心驱动力的经济和社会制度。

续发展道路。对城市发展和农业发展系统及其指导思想的反思无论对当今人类生存、发展还是对中国的发展实践都具有重要的启发与指导意义。因此，在新的背景下，总结、探索和推进“小农化”的农业生产模式，对解决我国的食品问题和农业发展问题乃至人类的可持续发展问题都具有一定的意义。当然，正如孙宝国院士所说，食品安全问题具有非常复杂的成因，任何研究皆难以提出彻底的解决方案。[1]我们希望能从人文主义的生态城市理论和生态女性主义理论的不同角度给当前的食品问题给出不同的解读和思考，希望能有助于人们对城市食品问题的进一步理解和认识。

面对食品危机，在这里，我们不想谴责商家的唯利是图，不想谴责“相关部门”的疏于管理和不作为。这种站在道德的制高点上的谴责太容易、太泛滥也太无聊，我们真正要面对的是“我怎么办?”因此，本书的目的是立足于都市现实生活中的千千万万的“我”，以我自己的行动来捍卫我们自己的食品。当然，这里所倡导的自我自救，并不是倡导“只管自家门前雪，休管他人瓦上霜”的自私和狭隘。我们也不是倡导像城市里的少数富人一样，在城郊拥有自己的私人菜园、私人养殖场，每天吃的食物是专车从城郊送过来。我们要面对的是城市里广大的工薪阶层，工薪阶层如何自救的问题。这也是我的研究的最初想法。也但愿能通过本书带动一部分市民朋友转变观念，积极参与到公民社会行动中来，团结起来捍卫粮食民主、建立社区农民市场，抵制全球性的“麦当劳”化食品，转变农业增长模式，走向生命经济，践行“新小农”“新生态都市”的构想。

让我们的城市变得更美好，享受美味，享受生活!

---

〔1〕 吴林海、尹世久、王建华：《中国食品安全发展报告2014年》，北京大学出版社2014年版，序言。

目录

CONTENTS

面对食品危机怎么办？热心网友给出了一个建议：自己练就一双火眼金睛。但是靠自己的“练就”就能解决食品危机问题吗？有的网友认为，维护食品安全是“相关部门”的事，摆放到合法市场上的食品都应该是安全达标的。因为我们不可能成为食品安全监察部门，在如今的大科学时代，食品安全检验是一项“大项目”，作为普通消费者我们既没有相关知识，也没有相关设备，更没有那个时间和精力，我们怎么辨别良莠？我们怎么才能“对自己负责”呢？把所有的责任让处在弱势的消费者来承担，是不负责的“相关部门”；把所有的责任都推给“相关部门”，是不负责任的消费者。一个良好的食品环境，需要我们在各种力量中取得平衡，构建一个公平、公正和平衡的食品环境正是本书的目的。(图片摘自 http://www.bbaqw.com/wz/12365.htm)

第1章

饿死在丰富中

发现虽然餐桌堆满了食物，我们却面临着另一种饥饿，这凸显了我们把科学技术应用到食物制备时，实在不明智。

——《纽约时报》1941年11月30日

城市是人类文明繁华的象征，是实现梦想的舞台，是人类美好生活的理想地。很多学者都把城市作为人类发展到高级阶段的重要成就。爱德华·格莱泽（Edward Glaeser）认为，城市已经成了创新的发动机。佛罗伦萨的街道给我们带来了文艺复兴；伯明翰的街道给我们带来了工业革命；美国加州的城市群给我们带来了信息革命。格莱泽激动地说："漫步在这些城市——不论是沿着用鹅卵石铺就的人行步道还是在四通八达的十字街头，不论是围绕着环形交叉路口还是高速路——触目所及的只是人类的进步。"[1]美国著名城市学家刘易斯·芒福德（Lewis Mumford）认为城市是人类文明的容器，是人类的家。我们走在城市的街道上，街上的标语也时刻提醒你：城市是我家。是的，家在城市对于我们来说是一件非常自豪的事。

但是，生活在城市里的我们，尽管享受着优越的物质生活，优雅的精神生活，可当我们面对"吃什么"的时候却觉得既无可奈何又束手无策。在我的课堂上，硕士研究生一年级的同学在谈到自己

[1] ［美］爱德华·格莱泽：《城市的胜利》，刘润泉译，上海社会科学院出版社2012年版，第2页。

最苦恼的问题时，很多同学的回答都是“不知道吃什么”。[1]

我国原来是一个传统的农业社会，城镇化之前绝大部分人生活在农村，以农业为生。改革开放后，当我们从电视上看到、从出国回来的朋友口中听到“先进”工业化国家——美国、日本、新加坡等——的城市风光时，我们总是惊叹不已、羡慕不已。而如今，不过二三十年的时间，我国的城镇化已超过了 50%，我们很荣幸地成了“市民”。但是在城市生活久了之后，我们才发现在城市里“吃什么”和“该吃什么”还真成了问题。这不仅仅是我们的问题，都市化美国的人们面临的“吃什么”的问题或许比我们更严重。我们对城市寄予了太多的厚望，希望它开放包容，希望它方便快捷，希望它清洁美丽，希望它繁荣昌盛……我们却偏偏忘了“吃”是人类最基本的需要！

那么，我们的城市食品系统究竟出了什么问题呢？

美国学者阿普利·菲利普斯（April Philips）认为城市化和可持续食物体系的完美融合是构成 21 世纪生态城市的条件之一。[2]联合国人居署在其提倡的“豪登省绿色经济发展模式”中列举了九大绿色目标，其中就包括食品安全问题。其强调：“如果没有对食品安全和废物处理这两大非传统部门的投资，真正的绿色经济是实现不了的。”[3]

那么我们的食物到底怎么了？我们面临什么样的食品问题呢？

1.1 不能吃，有毒

在所有的食品问题中，最让人揪心的就是安全问题。吃了有毒的食品无疑相当于自杀。我们这里所说的“毒食品”是广泛意义上

〔1〕 我在课堂上做了一个非正式调查，我让同学们逐个来说一说自己目前最关心的问题，在回答问题的 298 位同学中，有 95 位同学的答案是吃什么以及与之相关的问题。

〔2〕［美］阿普利·菲利普斯：《都市农业设计：可食用景观规划、设计、构建、维护与管理完全指南》，申思译，电子工业出版社 2014 年版，第 4 页。

〔3〕 联合国人居署编著：《城市集群竞争力》，应盛、周玉斌译，同济大学出版社 2013 年版，第 34~36 页。

的“毒食品”，泛指有损机体健康的食品——当然有些食品本身是有一定的使用范围的，由于进食者自己使用不当（包括过度进食）而引起的健康问题不在此列。根据相关的报道，我们认为食品变成有毒食品是由下述几种原因造成的：

首先是在原材料的生产过程中违规使用了不能使用的农药、激素、饲料添加剂等，从而使得本身没有毒的传统食品变成了“毒食品”。例如，2011 年 3 月 15 日央视 3 · 15 特别节目曝光，双汇宣称“十八道检验、十八个放心”，但对猪肉不检测是否含有“瘦肉精”。河南孟州等地添加“瘦肉精”养殖的有毒生猪，被顺利地卖到了双汇集团旗下的公司。“瘦肉精”可以增加动物的瘦肉量从而使肉品提早上市、降低成本。但瘦肉精有较强的毒性，长期食用有可能导致染色体畸变，诱发恶性肿瘤。

其次是在食品加工的过程中添加了有毒的添加剂。在安徽查获的一种名为“牛肉膏”的添加剂，经过腌制，可让猪肉在 90 分钟内迅速变身成为“牛肉”。用猪肉冒充牛肉，可以节省大量成本，而食用者在外观上也几乎分辨不出来。业内人士透露，这早已不是什么秘密了，在冷冻食品以及烧烤类食品中，这种牛肉膏早就是造假的手段之一了。

有网友开玩笑说，中国人在食品危机中完成了化学知识普及。从大米里认识了石蜡，从火腿肠里认识了敌敌畏，从火锅里认识了福尔马林，从咸蛋、辣椒酱中认识了苏丹红，从牛奶里认识了三聚氰胺，从银耳、蜜枣中认识了硫黄，此外还从蔬菜、水果里认识了百菌清、乙草胺等各种农药和促熟剂等激素。

再次是由于配送和保存不当导致食品有毒。例如上海某超市把发霉、发黑的馒头染色重新包装成“杂粮”馒头正常销售。

最后是“很冤”的毒食品——这些食品原来是非常可口、受欢迎的传统食品，但随着科学研究的进一步发展和人们身体健康要求的改变，它们变成了不利于健康的毒食品。例如，世界卫生组织（WHO）属下的国际癌症研究机构（IARC）于 2015 年 10 月 26 日就食用加工肉类和红肉的致癌性发表了最新评估报告。IARC 根据证据的力度（并非风险水平），把加工肉类归类为“令人类患癌”（第 1

组）；红肉则被归为“可能令人类患癌”（第2组）。世界卫生组织随后于10月29日发表声明澄清，2002年所提出的“人们应节制进食保藏的肉制品，以减少患癌的风险”的建议仍然有效。类似的还有糖、咖啡等。

目前，有毒食品成了一个全球性的问题。我们的有毒食品有可能是进口的。2011年8月，浙江省工商行政管理局在流通领域食品质量例行抽检中发现，血燕中亚硝酸盐的含量超标350倍之多。这些血燕产品多从广东、厦门等地进入，主要源自马来西亚等国家。

今天，“有毒”的概念比起以前更难界定了，什么食品有毒，什么食品没毒，很难说清楚。作为杂食动物的人类和其他杂食动物一样，一开始都是使用感官来鉴别食品是否能吃，但是现在根本行不通，有毒物质在美味食品里根本吃不出来也看不出来。以前的“有毒”是立竿见影的。如1858年，布拉德福发生的“含砷药丸事件”，直接导致了20人的死亡，整个事件的因果关系非常清楚、简单。而现在，我们每天几乎都在吃着成千上万种被认为是致癌的食品。从洋快餐到烧烤食品，从各种添加剂到农药存留，但是我们近期内却没有不舒服，也没有出现任何征兆。医学上只是告诉你，这只是增加了致癌的风险——也就是你有可能患癌，也有可能一辈子不会有事。今天，我们作为杂食动物对现代食物丧失了基本的判断，人作为“理性动物”，只能用不同于动物的“直觉”来确定安全的食物。我们只能跟着新闻走，跟着科学家走，只要是新闻曝光有问题的我们就不能吃；科学家研究表明有风险的食品我们也尽量少吃。在大超市里，尽管货架上摆着各式食品，我们却不能跟着自己的感觉走，我们得时刻想着：这个品牌的食品有没有被曝光？这个食品健不健康？当选择吃什么成为一件“科学”上的事情时，我们肯定会觉得很累。我们选择在城市里生活，希望能享受生活，但是却不得不面对各种“毒食品”，美好生活从何开始？

1.2 不要吃，垃圾食品

尽管有些食品对人体是安全的（这种安全也是暂时的），但是却被称为“垃圾食品”（Junk Food）：没有营养，只有热量，吃多了会导致肥胖等疾病。国际卫生组织认为，儿童肥胖症是21世纪最严重的公共卫生挑战之一。这是一个全球性问题，逐步影响着许多低收入和中等收入国家。尤其是在城市中，肥胖症流行率以惊人的速度增长。从全球来看，2010年的儿童超重数目超过了4200万人。其中，接近3500万人生活在发展中国家。体重过重和肥胖的儿童很容易到成人期仍然肥胖，并且更有可能在较年轻时便患上糖尿病和心血管病等非传染病。卫生组织告诉我们，体重过重和肥胖症及其相关疾病在很大程度上是可以预防的——少吃垃圾食品。[1]

根据《麦克米伦字典》（*Macmillan Dictionary*）和维基百科的解释，垃圾食品具体是指主要成分为糖或小纤维脂肪、蛋白质、维生素或矿物质的，含有高热量的廉价食品。垃圾食品也可以指那些高蛋白食品，如富含饱和脂肪的肉等。这些食品被认为可能是不利于人体健康的。[2]世界卫生组织公布的十大垃圾食品包括：油炸类食品、腌制类食品、加工类肉食品（肉干、肉松、香肠、火腿等）、饼干类食品（不包括低温烘烤和全麦饼干）、汽水可乐类饮料、方便类食品（主要指方便面和膨化食品）、罐头类食品（包括鱼、肉类和水果类）、话梅蜜饯果脯类食品、冷冻甜品类食品（冰淇淋、冰棒、雪糕等）、烧烤类食品。

这些十分受欢迎且常见的食品，怎么就不健康了呢？我们从上面列举的食品不难看出，这些都是一些深加工的食品。科学家在20世纪初就证明了食品在深加工的过程中会损失一部分营养成分。以面包为例，面粉中的大多数维生素和有益健康的无机物都蕴藏在小麦外层粗糙的麸皮里。手工业时代磨面粉的技术是采用细眼筛或者用布来筛分打碎的小麦，这种办法虽然效率不高但是却保留了小麦的大部分营养物质。但是从19世纪70年代开始，高效的轧制机器得到了广泛的使用。在磨面粉时，粗粉要经过精密的钢筒筛选，这样大部分维生素就都流失了。一般来说，“出粉率为70%”的精白面

---

〔1〕 http://www.who.int/dietphysicalactivity/childhood/zh.

〔2〕 https://en.wikipedia.org/wiki/Junk_ food.

粉，各种营养元素的流失为：钙60%、维生素B1 77%、铁76%、维生素B2 80%。1940年，平均每个美国人每年进食200磅由这种营养丧失的面粉做成的面包。[1]其后果非常明显：也是在1940年，第二次世界大战期间，美国政府在征兵的第一次体检中竟发现有几乎50%的人不及格，主要原因是身体残疾（包括蛀牙），据说这与维生素的缺乏有关。在这个工业化程度非常高、民众富裕的国度，这样的结果引起了全国的关注。政府的营养专家郑重地警告说，美国3/4的人口遭到了“隐性饥饿”。国家科学研究委员会食物与营养分会（National Research Council's Committee on Food and Nutrition）主席罗素·怀尔德（Russell Wilder）医生进一步说明，“隐性饥饿”比空腹的饥饿更危险，因为虽然患者的胃可能已经被装满，但他仍然缺乏必需的食物成分，这让75%的美国人处于健康与疾病的边缘地带。[2]

早餐麦片也常常被塑造为“营养早餐”，它的营养和能量能给我们带来整个早上的高效率工作和学习。天然的麦子或许可以，但是所谓的“麦片”却很让人怀疑。超市里速食的谷物麦片一般是由燕麦片和玉米淀粉制成的面团，然后由一个大炮状物体将面团射到一个房间大小的桶里。面团在桶内受到压力后，桶内的压力会下降，这样热面团中的水就变成了水蒸气，在去除了水蒸气之后，面团就变成了片状，而这就是我们通常在超市里看到的麦片。为了弥补麦片制作过程中的营养损失，食品公司会不断“升级”自己的产品来提高销售量和价格。在麦片中加入维生素，成为“维生素强化麦片”；加入核桃，成为“补脑麦片”；加入红枣，成为“补血麦片”……或许我们应该想想，如果“营养麦片”真的是营养的，我们又何必多此一举呢？

另一个例子就是浓缩果汁。新鲜的水果总能给人一种健康营养、充满活力和积极向上的感觉。但是新鲜水果对于食品工业来说是个大难题——保鲜非常困难。这对于日益忙碌的父母来说也不是件容易对付的事：水果需要清洗和削皮；对于年幼的孩子还要切成小块。

---

〔1〕［英］比·威尔逊：《美味欺诈：食品造假与打假的历史》，周继岚译，生活·读书·新知三联书店2010年版，第192页。

〔2〕［美］哈维·列文斯坦：《让我们害怕的食物——美国食品恐慌小史》，徐漪译，上海三联书店2016年版，第88页。

外出的时候水果是很不方便的食品。而“浓缩果汁”似乎完美地解决了这些问题。“浓缩果汁”从字面上来理解仍然是水果的汁，只是被高科技“浓缩”了而已，而且这些果汁的包装总是配以相应的新鲜的水果图片，给人的错觉是它们和新鲜水果一样有营养。而实际上，“浓缩果汁”的制作过程就是一个去掉水果营养的过程：给水果去皮，这个过程导致水果损失了一些纤维和维生素。然后，从果肉中提取果汁，使得水果在榨汁的过程中损失了更多的维生素和几乎全部的纤维。这样的果汁要保鲜也不容易，而且味道极差，也没有水果的芳香，其主要成分基本上就是糖。因此，要达到超市里果汁的美味，就必须加入安全范围用量的防腐剂和调味剂，包括香精、色素。“浓缩果汁”一上市便被配以大量的新鲜水果图片和广告，从而马上在全球形成巨大的市场。有一种叫“果珍”的饮料，名字听起来让人觉得是“果中珍宝”，它们的包装上也印着新鲜水果，但是它却是百分百的实验室产品，不含任何天然水果的成分，只有化学合成物和糖。那些“懒父母”们居然还窃喜，以为自己给了孩子们营养的果汁，自己还省了事。

为了解决“隐性饥饿”的问题，一个很讽刺的“现代化”的人出现了：一面大嚼垃圾食品，一面大把大把地吞服各种维生素、鱼油等以补充营养。这种“现代人”的饮食方式不仅仅在美国、欧洲，在东方也大为流行。现代食品加工业在破坏新鲜事物原有的营养的同时却催生了一个更赚钱的营养品市场。

1.3 不想吃，不好吃

还有一些食品既没有毒，也没有被列入垃圾食品，看起来很美味，但你就是吃了一口就不想吃了，为什么呢？

首先是不新鲜、不好吃。

我们知道，新鲜的食物才是最好吃的。孔子在《论语·乡党》中教导我们说：“食饐而餲，鱼馁而肉败，不食。色恶，不食。臭恶，不食。”尽管孔子对饮食的教导和道德联系得更密切，但从现代科学来看，孔子的教导确实是有一定道理的——变质的食品里有很多致病菌。我们吃到新鲜的食物会感到味道好、口感好，吃到变质的食物会感到不好吃，这是人作为一种生物的自我保护本能。可是，自从英国工业革命开始，城市和农村就分离成了两个不同的区域：城市是农产品的消费区，农村是农产品的生产区。随着城市的扩张，我们离农产品生产区越来越远，把生产区的产品运输到城市所需要的时间越来越长。于是，保鲜技术应运而生。广告里总是宣称产品以从农场里刚刚摘下来的蔬菜水果作为原材料，冰箱的广告也在极力告诉你，有了先进的冰冻保鲜技术，我们随时随地都可以享用新鲜的食物。但这些诱人的广告背后却是食物越来越不新鲜了，要不然，要保鲜技术干吗？以前，食品的流通环节非常简单，流通也很迅速："农户—消费者"，或者是"农户—附近的农贸市场—消费者"。但是随着商品经济的发展，流通领域也就是销售商成了市场的重要力量，而现在的食品从农户到消费者的餐桌要经过的距离和程序都增多了——"农户—收购商—物流公司—超市—消费者"。经过了这么多环节之后，谁还能不用保鲜剂或不用保鲜技术来保证"新鲜"？

如何保持食物的新鲜是人类一直在寻求的技术，波伦认为人类的食物保鲜技术经历了三代：第一代技术是腌制、风干和烟熏。这是一种古老的技术，我们今天也还在用。很不幸的是，腌制、烟熏却被国际卫生组织认为具有致癌性。但是这些技术在古代和今天我国的很多农村地区仅限于大型动物的肉，比如猪、牛、羊，因为这些动物实在太大了，无法在一天内全部吃完。至于鸡、鸭、鹅等小型动物和瓜果蔬菜，最保险的办法就是让它们活着，等到需要吃的时候再屠宰或摘取。第二代技术是罐装、冷餐和真空包装。这些保存办法是工业时代的发明，虽然可以较好地保存食品的营养但却让食物变了味。早在1909年，被称为"食品纯净法之父"的美国化学家哈维·W. 威利（Harvey W. Wiley）就警告人们说："现代家庭主妇是名副其实的卢克雷齐娅·波吉亚（Lucrezia Borgias），她们从冰箱里取出毒药……日常的冰箱就是停尸房，它不仅保存死亡，而且传播死亡。"[1]当代食品历史学家杰弗里·M. 皮尔彻（Jeffrey

〔1〕 The Washington Post，1909年8月25日。

M. Pilcher）也认为，利用冷藏确保食物不致腐烂，或许最能反映现代人在烹饪想象力上的失败。而传统的香肠、果酱、腌菜、奶酪等食品的配置方法，就展现了各种早期文明在保存肉类、水果、蔬菜和牛奶上的技术成就。〔1〕

现在我们广泛使用的是第三代保鲜技术：以人工合成食物取代自然。前两代保鲜技术还保持了食品的自然本质，但是第三代食品却完全改变了食品的本质，如人造海味食品、人造黄油、人造奶油、人造果汁等等。这些人造的食品确实不太容易腐败变质。除了以上列举的三种保鲜方法，波伦或许还忽略了一个很重要的保鲜技术，那就是食品保鲜剂和各种添加剂。这些添加剂被誉为是食品工业的灵魂。这些添加剂不仅能保证食品不会在规定的时间内变质，而且在浓重的调味品的帮助下，腐肉竟然也能变成“鲜肉”！根据考古学家、人类学家和动物学家的研究，猿长类并不是食腐动物，但工业社会城市里的人类竟成了“食腐动物”。当然，也有一些人类学家提出过不同意见，认为我们的一些祖先是“高级的食腐动物”，“史前人类选择的食物是我们今天无法想象的，他们日常的食物是我们眼中腐烂的东西”。〔2〕但是更多的人类学家还是坚持认为我们的祖先是优秀的猎手而不是以死去的动物为食。因为以今天的眼光看来，吃腐败的食物风险非常大，腐败的食物含有大量的微生物，在当时的条件下如果烹调不过关，会导致致命的疾病。不管怎么样，史前祖先的饮食对于我们现代人来说还真是个谜。但是，不可否认的是，现代社会有了这些新奇的食品添加剂就不需要担心腐肉里的细菌感染问题了，食品添加剂真是有“化腐朽为神奇”的魔力啊！

现代技术塑造着今天人们对“新鲜”的理解：鲜奶不再是指挤出来之后在24小时内完成加工，48小时内喝完的奶了。我们所说的“鲜奶”——我们平常喝的纯牛奶经过巴氏杀毒后，能保存几个月！

---

〔1〕［美］杰弗里·M. 皮尔彻：《世界历史上的食物》，张旭鹏译，商务印书馆2015年版，导言。

〔2〕［美］艾伦·K. 欧南：“狩猎采集者和最初的种植者——史前味道的演变”，载［美］保罗·费里德曼主编：《食物：味道的历史》，董舒琪译，浙江大学出版社2015年版，第7页。

今天我们对“新鲜”的要求是在保质期内。鲜肉也不再是当天屠宰的牲畜，而是“冻鲜肉”——屠宰后马上运用冷冻技术冷藏，仿佛通过冷冻技术就能让时间停止，当我们解冻鲜肉时，时间便回到了牲口被屠杀的那一天。

其次是口感差、不好吃。

法国社会学家皮埃尔·布尔迪厄（Pierre Bourdieu）认为，我们很可能是在“食物”的味道里，找到了最强烈、最不可磨灭的婴儿学习印记，那是原始时代远离或消失后，存留最久的学习成果，也是对那个时代历久弥新的怀旧心情。“原始世界，最重要的特色是母系社会，当时口味原始，吃的是最基本的食物，与文化好的一面的原型存在着原始的关系，在其中，制造乐趣是乐趣的核心，也是造成对于得自乐趣的乐趣形成挑选习性的根本原因。”[1]

我们不必回到那么久远的“原始时代”，但是不可否认，很多儿时或者某个地方、某个时间的某种食品的味道会深深地刻在我们的记忆里。现在，尽管我国城镇率已经超过了50%，但我们当中很多都是在农村或者小城镇长大的，家乡清新、纯正的食物香味依然留在我们的脑海里。所以，怀念家乡的食物味道，成了现代人乡愁的一部分。为什么要怀念？因为在城市里找不出这样的食品。为什么？因为城里的食品是与城里的设施和生活相对应的，是“现代化”的。一些饭店为了追求“正宗的家乡味道”，除了运用当地的做菜手法之外，不惜重金把所用的菜和主粮都从当地运进城，更有甚者，连做饭菜的水也不计成本地从当地运过来。很可惜的是，当我们兴冲冲地大快朵颐的时候却会发现就算用料和做法都很严格，但味道还是不太对，总觉得少了些什么。这种“缺失”正是被“现代性”味道所弥补了。

这种“现代性”的味道是一种什么样的味道和体验？乔治·奥威尔（George Orwell）是这样描述他那个时代（20世纪40年代后期）欧洲的食品的：“我咬了一口德式香肠——我的天！老实说，我

〔1〕 转引自［美］西敏司：《饮食人类学：漫话餐桌上的权力和影响力》，林为正译，电子工业出版社2015年版，第9页。

也没有指望这玩意能有什么好滋味，我原以为它跟面包卷一样没有味道，可是这个——唉，真是大饱口福啊。还是让我试着给你说明一下吧。不用说，那条德式香肠外面是一层橡胶皮。我暂时用的假牙戴着不太合适，只能用一种拉锯式的动作把香肠咬开。噗！有一种烂梨一样的东西在嘴里迸出来。整条舌头都沾满了一种让人讨厌至极的软东西。那味道！有一阵子我难以置信。后来我又用舌头转了一下，再试试味道。是鱼！一条香肠，自称德式香肠，塞的却是鱼！……我想起在报纸上读过的关于德国食品厂的一些事，在那里，一切都是由另外一种东西所制成的。'人造'，他们是这样叫的。我记得我读到过他们用鱼造香肠，鱼则毫无疑问是用别的东西所造的。我有种感觉，我是咬开了现代社会，并发现了它的真实成分。这年头，我们就是这样生活的。一切都是漂亮的、最新潮的，什么都是由别的东西所造的，到处都是赛璐珞、橡胶、不锈钢、彻夜不息的弧光灯、头顶上的玻璃屋顶、放着同样调子的收音机。没有植被，水泥覆盖了一切，假甲鱼〔1〕在果树下吃着草。……香肠这样实打实的东西，这就是你得到的：塞在橡胶皮里的烂鱼。"〔2〕另一位食品评判专家波伦这样描述当代美国的食品典范——麦当劳——的鸡块："它看起来和闻起来都不错，外表漂亮，洁白的内部组织让人联想到鸡胸肉。它的外表和质地的确能够让人联想到炸鸡。但是放入口中，我吃到的只是有咸味——那种速食都有的风味；好吧，可能还带有一点鸡汤味。总而言之，鸡块比较像是一个抽象的物质，而不是真正的食物。"〔3〕我的感觉和波伦相似，用速成鸡再加各种添加剂炸出来的鸡确实没有什么鸡肉味，也没有家里养的土鸡肉的韧性。我们只能通过点餐的时候菜单上的名字知道这是鸡肉。

很不幸的是，奥威尔和波伦的"现代性"味道正在广泛地侵蚀

---

〔1〕 甲鱼是当时风行的一种昂贵食物，于是一些食品商就用羊牛肉代替甲鱼来卖。具体可参照比·威尔逊所著的《美味欺诈：食品造假与打假的历史》一书。

〔2〕［英］乔治·奥威尔：《上来透口气》，孙仲旭译，译林出版社 2014 年版，第 21~22 页。

〔3〕［美］迈克尔·波伦：《杂食者的两难：速食、有机和野生食物的自然史》，邓子衿译，大家出版社 2012 年版，第 121 页。

着我们的味觉。我们在经历了千辛万苦到了大城市之后，却发现食品加工从祖母的厨房变成了大工厂，成了纯粹的化学工业。橙汁和橙子没有关系，只和香精、糖精、色素相关；鸡肉的口感与鸡的品种、饲养过程没有关系，只和注水技术、重口味的调料、香精和其他添加剂相关。我们的养殖业也是工业化的模式。鸡鸭不再是祖母用一把米、一盘饭喂大的，而是化学饲料喂养长大的。我们在农村养的鸡起码要半年以后才能成熟，但现在工业化的大规模养鸡，只要40多天左右就可以上市了。据联合国粮农组织统计，全世界肉鸡的平均出栏时间从1960年的67天，缩短到了目前的42天~48天，其中最具代表性的就是被央视曝光的美国育种的白羽肉鸡，麦当劳、肯德基用的就是这样的肉鸡。在我国，2005年修订的《商品肉鸡生产技术规程》中规定，肉鸡在6周龄也就是42天时的体重指标为2420克。〔1〕农业部颁布的《全国肉鸡遗传改良计划2014~2025年》更是计划把肉鸡出栏时间再缩短5天~10天，也就是30天左右就能出栏。〔2〕这种工业化生产出来的食物怎么可能和家乡传统的食物相媲美呢?

很幸运的是，现代社会里的媒体力量非常强大，现实生活中的种种不足都可以通过广告得到完美的弥补。广告里阳光、健康而又年轻的模特们在吃这些深加工食品时，总是会给人留下深刻的印象。当我们吃着或者喝着某种产品时，我们不是在用心体会食物本身的味道，而是在感受眼前浮现着的广告里模特灿烂迷人的笑容，似乎吃着这些食品自己也能变得像他们一样健康年轻、充满活力。至于其味道怎么样，不是现代人关注的焦点。所以，现代性的食物最适合边看电视边吃，这是“电视餐”的合理性。

现代农产品的味道失真除了由于生产方式发生变化外，反季节种植也是重要原因。无论在哪个季节，你都可以在超市里看见红彤彤的番茄，硕大饱满、带着绿叶的橙子，绿油油的各种鲜嫩蔬菜。很多人认为，能随心所欲地想吃就吃，不是吃货的福音么?我记得

〔1〕 凤凰财经：http://finance.ifeng.com/news/bgt/20121220/7457167.shtml1.

〔2〕 http://hzdaily.hangzhou.com.cn/mrsb/html/2014-04/03/content_1703433.htm.

我小时候，尽管没有反季节蔬菜水果，但是也有一些提前上市争取卖个好价钱的。春末的时候就有空心菜卖了。我特别喜欢吃空心菜，总会闹着外婆买，外婆总是说没到时候呢，你看那空心菜瘦小得很，根本不好吃！我当时就会和外婆赌气："呵呵，还不是因为嫌贵故意说不好吃？"后来我长大了，终于可以自己去买菜了，就赶着第一时间上市的空心菜买来大吃一顿。但我却发现，外婆是对的，太早上市的空心菜一点都不好吃，特别是菜茎没有其完全长大后的那种脆脆又嚼着咯咯响的感觉。不仅如此，外婆对食物的季节性要求很高：没过霜降的萝卜、芥菜不能吃，因为经过霜打的萝卜、芥菜才甜；过了清明之后的甘蔗不能吃，因为"清明蔗毒过蛇"。为什么"清明蔗毒过蛇"？外婆回答不上来，反正清明过后甘蔗就变成红色了，我看到带着红色的甘蔗就算没有毒也提不起吃的兴趣。外婆对在每个不同的季节该吃什么了如指掌：夏天不能吃羊肉、牛肉，冬天才能吃；霜降那天一定要吃芥菜煮阳桃；中秋节一定要吃田螺和芋头糕……你会说那是老一辈人的生活了，现在的大都市哪来这番清闲？这对于一般人来说或许是，但是对于一些对味道比较敏感的人，比如像二毛这样的"精致吃货"来说，反季节技术的发明和应用那简直是灾难。二毛说："胡乱地吃，是我们这个时代的吃相。近三十年来，我越来越感觉到茄子和番茄有一种没有经过夏天灿烂阳光照耀的陌生的味道，在冬天偏离了辣的方向的青椒，以及冬天一脸铁青的四季豆和豇豆。那些正当季节的、耀眼的、曾经照亮过我们幸福生活的茄子、番茄、青椒、四季豆、豇豆都去哪儿了？我不止一次问自己，那些带有金黄色的太阳的味道哪儿去了？我越来越感到一股极其强大的反季节和转基因食品的力量，在推动着中国饮食朝'反味道'的方向前行。"[1]

最后是太单一、不好吃。

随着技术的发展，我们的食品似乎越来越多了：我们培育了许多以前没有的新品种，我们开发了很多自然界没有的人造食品。真的是这样吗？从整体的事实上来看，我们的粮食品种其实越来越少

---

[1] 二毛："时节须知"，载《读者》2017年第5期。

了。全世界目前大面积种植的只有五种主粮：玉米、水稻、小麦、黄豆和马铃薯。按理来说，在全球化的时代，我们的食物品种应该越来越多才好，因为我们既可以保存自己原有的食物，又可以尝到其他地方的食物。但我们却发现，很多我们小时候能吃到的杂粮、零食现在却再也吃不到了。

或许你会在沃尔玛或其他大型超市里发现200多种不同牌子、不同口味的饼干，其中仅薄脆饼干就有85种之多，但看着堆得满满的货架，想要找出自己想要的却很难。这种困惑让心理学家巴里·施瓦茨（Barry Schwartz）在其著作《选择的悖论：为什么更多却成了更少》中感慨不已："在杂货店里的果酱，跟大学生选论文题目一样，选择越多，越不可能做出选择。很多消费者反而因为选择的困境，最终什么都没买，两手空空回家了。"施瓦茨认为，选择不断增加，选择的困惑就会不断上升，直到我们无法承受。选择无法给人自由，反而会令人疲惫不堪。[1]

事实真的如此吗？如果你真的尝遍了所有的饼干，你就会发现同一种饼干就算不同的牌子它们的味道、口感也几乎没有什么分别。事实上，你只需要闭上眼睛任意选一种或者干脆选最便宜的就好了。而且根据市场规律，这种多样性不会持续太久，因为各种品牌之争最后会进入垄断阶段。拥有3亿多人口的美国，他们的啤酒市场被来自比利时的鲁汶公司（Leuven）和南非的约翰内斯堡公司垄断着。目前，一般超市里的快餐面就只有3种~5种品牌，随着食品行业的收购合并、垄断越演越烈，很多商品虽然包装不同、品牌不同，但他们都同属于一个公司。同一个公司用几乎同样的生产方式生产出来的食品会有多大的差别呢？

或许你会认为，这些公司只是资产上、财务上的合并而已，被收购的生产公司还是拥有自己的生产线，可以继续生产自己的招牌产品。但事实并非如此。以全球最大的食品公司雀巢为例，它在优化产品的过程中，于2006年直接取消了公司1/5的产品，2007年又

[1] Barry Schwartz, *The Paradox of Choice——Why More Is Less*, Harper Perennial, 2004, 56~57.

砍掉了1/10。世界第二大食品公司卡夫公司与纳贝斯克饼干公司在2000年合并了。起初，新东家卡夫的经理们“协同合作”，合并了一些新的生产线，生产我们天天在广告上看到的奥利奥饼干、Planters花生米以及麦片，而取消了原来公司的奥斯卡·迈耶香肠、Grey Poupon芥末、Gevalia咖啡以及Velveeta乳酪产品。不久后，由于利润下滑，卡夫公司又开始大拆分、大合并，涉及其名下39家工厂和全部产品的25%。

但非常矛盾的一方面是，信息时代关于“健康”与“不健康”的信息爆满，我们站在超市里，面对琳琅满目的食品却面临着前所未有的选择难题：我该多花些钱吃“健康”的有机蔬菜还是吃相对便宜些的普通蔬菜？我该买新鲜的牛肉冒着“做得难吃”的风险自己回家做还是买腌制好、味道有保障的？我该吃野生的鱼还是养殖的鱼？我该喝营养价值都差不多的纯生乳还是复原乳？我该喝口感很好的全脂牛奶还是很难喝的脱脂牛奶？我该不该买一些含有反式脂肪但却很好吃的奶油蛋糕？……或许我们已别无选择：“有机”食品真的“有机”吗？“野生的”真的是“野生的”吗？除了超市提供的，我们还能吃什么？我们在选择食物时总是很理性、很小心，要考虑的问题很多也很累：这个是人工合成的还是天然的？这个是动物性的还是植物性的？这个是新鲜的还是“僵尸肉”？这个是进口的还是本地产的？这个是利于保护的还是破坏我们的生态环境的？……我们的祖辈关于什么能吃什么不能吃，什么好吃什么不好吃的判断完全根据感官和经验，从来不会像我们今天这样需要那么多科学家、营养学家和媒体来告诉我们什么是该吃的，也从来不会像我们今天这样需要那么多科学知识来判断自己该吃什么。

其实，这种选择困境反映了我们对食物的不信任和恐惧。哈维·列文斯坦（Harvey Levenstein）在对比美国人和法国人与食物的关系时认为，虽然世界上的大部分人都认为法国美食无与伦比，但美国中产阶级却总是对其满怀恐惧与不安。他们担心闻名遐迩的法式酱料掩饰了不清洁的肉料，担心菜单上陌生的菜式会让他们生病，担心饭店的厨房和侍者都不讲卫生。列文斯坦感到奇怪：“美国人与食物的关系怎么会糟到这个地步?”[1]如果列文斯坦来到今天的中国，他或许会更震惊：什么都敢吃，烹饪技术一流的中国人对食物的担心远胜于美国人！中国人与食物的关系或许比美国人更糟糕。随着越来越多的人生活在城市，特别是对于生活在远离食物生产地和加工地的大都市的人们而言，食物却是最外在的“他者”和“陌生者”——尽管食物会通过吃消化成为我们身体的一部分。

不安全、没有营养、不好吃，这就是我们目前城市食品存在的主要问题。这些问题让生活在大都市里的中国人不断降低对食物的要求，有时候吃饭不再是享受，而仅仅是为了果腹。所以在城市里，快餐越来越流行，不但是因为生活节奏太快而导致没有时间好好吃饭，而且是因为没有什么可吃。随着中国城市化程度的不断提升，人们与食物之间的关系却越来越疏远。我的外婆常常和我说家里的米缸装满了米就能让她安心。现在，我们的冰箱堆满了各式食品，我们却感到忐忑不安，每次从冰箱拿出食品我都会很小心：有没有过保质期？这个批次的食品是不是在电视上被曝光过的问题食品？这些食品有没有使用国际禁止的添加剂？这个的卡路里是多少？脂肪含量又是多少……食品问题是生态城市建设不可回避的困境，我们必须反思这样的问题：我们自工业革命以来的城市与农村的分工是合理的吗？我们需要建设一个什么样的生态城市？

---

[1] [美] 哈维·列文斯坦:《让我们害怕的食物——美国食品恐慌小史》，徐漪译，上海三联书店 2016 年版，序言。

第2章

食品链的工业化：谁革了餐桌的命？

城镇无法喂饱自己，结果形成了潜在的食物悬殊差距，只有食品工业化才能弥补。因此，随着市场的扩大和集中，食物本身变得工业化了。食物生产日渐集约，食品加工业越来越配合耐久性消费产业所设立的模式，供给变得机械化，配销经过重组，用餐时间随着工作日模式的改变而起了变化。过去的半个世纪以来，我们甚至可以说“吃这件事逐渐工业化”，因为食物变“快速”了，普通人家也依赖外头外卖的标准一致的现成菜肴。

——菲利普·费尔南多-阿梅斯托（Fernadez-Armesto）[1]

人作为一种动物，毫无疑问得从外界吸取能量。和其他动物一样，我们吸取能量的最直接方式就是吃食物。但是和动物不同的是，我们获取食物的方式发生了几次革命性的变化，而自然界中的动物的获取食物方式几乎没有变化。

说起人类的食物史，最大的变化恐怕要说是烹调的发明。一般的历史书会告诉我们，一次意外的由闪电引起的大火把森林烧了起来。大火过后，人类的祖先发现煮熟的食物特别好吃。于是人类与动物的距离就越来越远了：人类懂得烹调，动物仍然吃着未经加工的“原材料”。但是为什么只有人类才去尝试煮熟的食品，而且还觉

---

〔1〕［美］菲利普·费尔南多-阿梅斯托：《文明的口味：人类食物的历史》，韩良忆译，新世纪出版社2013年版，第228页。

得“特别好吃”呢？英国的文学家查尔斯·兰姆（Charles Lamb）在《关于烤猪的论文》（*A Dissertation upon Roast Pig*）中通过想象为我们建构了第一个人尝试熟食的情形：“他闻到一阵香味——香味来自于身边这只烤得焦黑的猪。他之前从来没有闻到过这样的香味，他不由自主地流了口水。他忍不住伸手去摸了一下那只猪。猪还滚烫，他被烫伤了手。接着他做了一个和我们现代人碰到类似情况会做的一个动作：把烫伤的手放在嘴里好减轻疼痛。这手一放，人类历史从此改写了：他尝到了烤猪皮的味道！”〔1〕当然这只是文学想象，历史学家并没有从考古学上为我们解答这一问题，但是历史学家充分肯定了烹调在人类进化中的重要作用。煮熟的食物更容易消化吸收，这或许更有利于大脑的发育。另一方面，熟食也可以有效地杀死细菌，降低肠胃感染的可能，进而降低死亡率。随着烹调的发展，人类的“吃”开始不仅仅是为了补充能量了，而是形成了一种包括工序、礼仪、用材等在内的复杂繁琐的“吃文化”。

第二项革命要数种植革命了。在种植革命之前，我们的祖先是采集者，靠采集各种植物性的食物来补充食物或作为主食。大约1万年前，我们的祖先不知道为什么发生了质的转变：从采集者变成了种植者——也就是说变成了农民。在世界范围内，各地的农民种植的作物和方式都不相同。近东的人们最先种植小麦和大麦等谷物；中美洲的人类率先开始种植玉米和豆子等植物；而中国，我们的祖先则最先培育了水稻；安第斯地区以种植土豆为主；撒哈拉沙漠以南的非洲地区则以种植高粱为主。〔2〕人类从采集者变成种植者，变化的不仅仅是获取食物的方式，而是整个生活方式。大部分人类都变成了定居者，世界上的很多民族都生活在繁华的农耕文化里。

第三项革命是养殖革命，人类从高效的狩猎者变成了饲养者。养殖革命略晚于种植革命，但他们的逻辑都是一样的：把偶然变成

---

〔1〕 Charles Lamb, *A Dissertation upon Roast Pig*, London: Woodcut Press, 1904, pp. 16~18.

〔2〕［美］艾伦·K. 欧南：“狩猎采集者和最初的种植者——事前味道的演变”，载［美］保罗·费里德曼主编：《食物：味道的历史》，董舒琪译，浙江大学出版社2015年版，第17页。

必然，让食物更容易控制。距今八九千年前，近东地区的人们开始饲养山羊、绵羊、牛和猪；距今五六千年前，中亚地区的人们开始饲养马和双峰骆驼；约八千年前，东南亚地区的人们开始饲养鸡，鸭子的饲养则晚了三千年。[1]养殖革命让更多的民族从游牧民族变成了农耕民族，进一步巩固了农耕文明。

人类食物史上最近的一项重大的革命几乎让我们和之前的革命成就决裂，这就是现代农业革命，即农业的工业化。所谓的农业工业化，就是按照工业的逻辑和运作方式来发展农业。用经济学家的话语来说就是“如果着重技术因素，工业化可以被定义为一系列基要生产函数发生变动的过程；若着重资本这个因素，则工业化也可以定义为生产结构中资本广化和深化的过程；若着重劳动这个因素，工业化更可以被定义为每人劳动生产率迅猛提高的过程”。[2]这场革命不仅仅是食品内容和生产方式、配送方式发生了翻天覆地的变化，更重要的是观念上的“工业化”。

自从科学和工业革命后，以科学为基础的现代技术在征服自然，把自然变成人类财富方面取得了巨大的成功，培根所说的“知识就是力量”已成为不容置疑的常识。人们形成了这样一种观念：技术发明和经济增长必须突破自然的局限，这样才能满足人类取得自由的物质需求。在这种观念的指导下，农业和食品工业已经突破自然的极限，全面实现了食品链的工业化。多少个世纪以来，在农耕文明里，人们向自然的索取一直是在自然的极限之内的，既考虑到农作物本身的生产能力，也考虑到土地的承受能力；我们的食品加工几乎都被限制在家庭里或村庄里。但工业文明的“推土机”把这一切都推翻了。食品工业诞生了：从食品的生产、加工、销售到食用都必须服从工业发展的逻辑。于是，制种工业和化肥工业不断发展，农作物也被当作工厂：种子像一部机器，化肥和水是燃料，除草剂和杀虫剂、拖拉机等设备是增大产出的辅助工具。于是，食品加工

---

〔1〕［美］艾伦·K. 欧南：“狩猎采集者和最初的种植者——史前味道的演变”，载［美］保罗·费里德曼主编：《食物：味道的历史》，董舒琪译，浙江大学出版社 2015 年版，第 20 页。

〔2〕张培刚：《农业与工业化》，中国人民大学出版社 2014 年版，第 254 页。

变成了去技能化的工作，实现了工厂的流水线作业；于是，食品的销售必须适应市场的需求，优胜劣汰；于是，人们被要求服从工业社会的分工，外出就餐成为时尚，快餐成为时尚。

2.1 种植工业化：承诺还是谎言?

食品工业化的第一步就是生产原料的工业化，也就是种植业的工业化。

种植业的工业化就是我们熟悉的“农业的现代化”，它还有一个很具迷惑性的名称叫“绿色革命”。根据曾任联合国粮农组织和国际复兴开发银行共建的投资中心副主任的 J. P. 巴塔查儿吉的理解：“增加灌溉设施，使用更多的化肥和化学品，引入成套机械以及改进作物烘干、存储和加工设备等。更重要的是，所有这些都要求以投资和生产信贷为支撑，同时要求加强种子的研究和推广服务以及对所有这些提供必要的机构支持。”[1]也就是说，这整个过程都是按照资本的工业逻辑把种植业工业化。

2.1.1 种植工业化的承诺

为什么要进行绿色革命? 摆在我们面前的困境是：人口越来越多，工业发展消耗的土地越来越多，如果不进行“革命”，提高单位产量，很多人——主要是第三世界国家的贫困人口——就会面临挨饿甚至饿死的悲惨命运。新闻报道里，非洲寸草不生的荒漠和骨瘦如柴的儿童总能给人留下深刻印象。当然，翻开历史，这不是我们现在才开始面临的问题。早在 19 世纪的工业化初期，人类就遭受了这样的危机。1850~1900 年间，西欧与北美洲的人口大约从 3 亿增长到了 5 亿。为了增加口粮，人们在全球范围内大量开垦耕地：北美大平原、加拿大、俄罗斯大草原和南美洲……但我们知道，地球的表面积是一定的，按照这样的速度开垦耕地的话，就像有识之士

---

〔1〕 Thomas T. Poleman and Donald K. Freebairn（eds.）, *Food, Population and Employment: The Impact of the Green Revolution*, New York: Praeger Publishers, 1973, p. 246.

所预言的，到了20世纪，地球上将没有什么可开发的耕种土地了。但另一方面，当时的欧洲人口又在增长高峰期，怎么办？显而易见的办法就是，提高单位面积粮食产量。要增加单位粮食产量，就必须有更多肥料来支持作物的生长。那时候的人们开始疯狂地寻找氮肥：人类、家畜、家禽的排泄物就含有氮，但被认为含量太低，作用不明显。有人发现，一种生活在南美洲西岸的鸟的粪便比一般粪肥的氮含量高出30倍。19世纪50年代，英国进口的鸟粪增加到了20万吨；运送到美国的鸟粪每年平均竟高达76 000吨！〔1〕这当然不是长远的解决方法。先不说长途运输导致肥料价格昂贵，增加了农民的负担，引起粮食价格上涨，鸟排泄粪便的速度也跟不上需求的速度。到了19世纪70年代初，鸟粪已几乎耗尽。既然科学家已经解释了植物需要的养料有哪些，那么为什么不可以人工合成呢？就像那个时代工业化生产任何一种东西一样？那个时代的人们见证了太多的技术发明，对技术充满信心，对自然充满野心。1898年，在英国科学促进协会年会的演讲上，英国化学家与该协会主席威廉·克鲁克斯（William Crookes）指出，空气中有充足的氮气，科学家们只要能找到某种方法取得它，这一问题就能长久地得到解决。“要让已开化的人类能够继续发展，就一定得将氮固定下来。……化学家必须伸出援助之手……通过实验室，饥饿可能终究会变成富足。”〔2〕

1909年，备受争议的化学家弗里茨·哈伯（Fritz Haber）在200帕气压和约500摄氏度高温的条件下制造出了液态氨。很快，人类便可以大量用工业制造的方法合成肥料了。化肥的诞生，为种植业的工业化打下了坚实的基础。有了化肥，我们就能解开土地的奥秘，我们就能掌握农作物生长的奥秘，我们就能像在实验室里做的那样控制土地的营养成分和其循环，人类就可以控制农作物的生长。但是，和其他技术一样，化肥的技术解决了一个问题，又带来了新的问题。肥料太充足，作物长得过于肥硕，把杆都压弯了，这就带来

---

〔1〕［美］汤姆·斯坦迪奇：《舌尖上的历史：食物、世界大事件与人类文明的发展》，杨雅婷译，中信出版社2014年版，第176页。

〔2〕转引自［美］汤姆·斯坦迪奇：《舌尖上的历史：食物、世界大事件与人类文明的发展》，杨雅婷译，中信出版社2014年版，第177页。

了收割的困难。这个问题我们不可能向自然求救——自然没有适应化肥的天然作物。所以，新的作物品还是得依靠科学家们“发明”出来。培育绿色革命的高产矮秆小麦的美国小麦育种专家诺曼·布劳格（Norman E. Borlaug）被誉为“最杰出的反饥饿斗士”“绿色革命之父”，并获得了诺贝尔和平奖。〔1〕1967 年，布劳格在新德里的会议中强调了化肥对“绿色革命”的重要性。他告诉现场的听众(包括政府官员和外交官)：“如果我是你们议会的成员，我一定会每十五分钟就从我的位子上跳起来，用我最大的声量大喊：化肥！快给这些农民更多的化肥！”〔2〕

一个被大多数主流政府官员和非政府公益性发展组织认可的神话是：工业化的农垦作业能大幅度地提高粮食生产量，并最终解决全球粮食危机和饥荒问题。确实，在革命的前期，全世界粮食的单位产量有了明显的提高。在我国，在过去的几十年特别是最近这二三十年里，农业工业化取得了相当大的进步，我们用占世界不到 10%的耕地成功地养活了接近世界 20%的人口。

2.1.2 种植工业化的谎言

绿色革命真的可以解决世界的饥荒问题吗？在绿色革命推行的头二三十年，第三世界的粮食总产量是增加的，但之后就滑入了减产减收。墨西哥是最早实现“绿色革命”的第三世界国家。墨西哥的绿色革命是美国洛克菲勒中心基金首个海外农业援助项目。从 20 世纪 40 年代开始，墨西哥启动了绿色革命，取得了很大的成绩。墨西哥不但实现了粮食自足，还能部分出口，这被称为“墨西哥经济奇迹”。但仅仅过了 20 年，到了 60 年代后期，墨西哥的“绿色革命”就遭遇了发展瓶颈。到了 1982 年左右，由于墨西哥债务危机的

---

〔1〕 具体请参照李建军、滕菲、黄晓行：“‘绿色革命之父’诺曼·布劳格”，载《自然辩证法通讯》2011 年第 3 期。

〔2〕［印度］范达娜·希瓦：“土地非石油：气候危机时代下的环境正义”，陈思颖译，载《绿色阵线协会》2009 年第 6 期。

爆发，“绿色革命”基本停止。[1]在我国“用占世界不到10%的耕地成功地养活了接近世界20%的人口”的背后，是以牺牲生态资源为代价的，农业产品数量的增长在一定程度上是由质量置换的。我们总是相对忽视农业工业化带来的负面影响——直到现在，我们还是更重视工业化给生态带来的污染。“绿色革命”导致了哪些生态问题从而危害我们的粮食呢？

首先，农业工业化导致了土壤的贫瘠。艾尔伯特·霍华德所著的《农业圣典》的第一页就写着：“任何持久的农业系统，其首要条件都是土壤肥力的维持。”[2]因为作物在生长过程中需要从土壤吸收一定的营养，土壤的肥力一直被消耗着，只有通过不断地施肥和土壤管理维持土壤的肥力才能保证在正常天气状况下的产量。为了维持土壤的肥力，数千年来，各地的农民智慧地发明了不同的方法。在中东地区，农民把豌豆、扁豆等豆类植物和小麦、大麦等谷类粮食比邻种植；在我国和印度，扁豆、豌豆等豆类与小麦、水稻轮种。《齐民要术》卷一就明确记载了这种种植方法，并认为“凡美田之法，绿豆为上，小豆、胡麻次之”。当时的农民并不明白其中的道理，只是知道这样做可以达到保持产量的目的。直到19世纪，德国的两位科学家赫尔曼·海利格尔（Hermann Hellriegel）和赫尔曼·威尔法斯（Hermannn）才采用科学的方法解释了其中的道理：农作物的生长需要氮，土壤中某些寄居在豆科植物根部肿瘤的微生物能从大气中固定氮，给农作物提供氮肥。这样的科学解释，让人们茅塞顿开：原来作物消耗的就是这几种关键元素，只要给土地撒上由这几种元素合成的化肥，土地的肥力问题就会得到解决。但是我们却忘了土壤并不是“死物”，它是有生命的，它和在它上面或下面生长的植物、动物，和它所在地区的阳光、雨露是一个活的整体系统。我们忽略了整个系统的相互作用，完全采取“头痛医头，脚痛医脚”的办法，最终让土壤处于崩溃的状态。

---

〔1〕具体请参照徐文丽：“墨西哥绿色革命研究（1940~1982年）”，南开大学2013年博士学位论文。

〔2〕［英］艾尔伯特·霍华德：《农业圣典》，李季译，中国农业大学出版社2013年版，第1页。

经过一段时期的作物大丰收后，农民发现，尽管氮、磷、钾肥一用再用但产量却没有增加，剂量增大也不起作用。经分析是因为泥土里锌、铁、铜、锰、镁、硼等微量元素严重不足，造成了减产。"绿色革命"的示范地印度旁遮普邦最缺乏的微量元素是锌。在8706个土壤样本中，超过一半都出现了锌不足的现象。[1]在我国，化肥、农药施用量大幅增加，造成了大范围的农业污染。据统计，目前我国平均每公顷施肥量是世界平均水平的4.1倍，农业源化学需氧量（COD）、总氮和总磷排放量分别占全国总排放量的44%、57%、67%，且呈加重趋势。

土地的过度开垦和过度耕种，导致了水土流失，土壤板结、理化性状变劣，土壤有机质明显下降。据有关部门对10个省的调查分析，我国土壤的有机质含量比20世纪90年代初下降了35%，土壤有机质密度平均不足3%，明显低于欧洲的同类土壤。[2]差不多20年前，农业部根据我国农业部农村经济研究中心编写的《中国农村研究报告（1990~1998年）》曾经指出过我国土地贫瘠问题的严重性："我国耕地质量严重退化，旱涝灾害面积有所增加；水土流失耕地面积占耕地的34%，耕地的泥沙流失量占全国流失量的66%；耕地沙化面积每年扩大2000km^2；盐碱和次生盐碱耕地面积仍达1亿亩；全国中低田面积仍占耕地的2/3；30%的省份耕地缺氮，63%的省份缺钾。"土质变差让农业工业化的可持续发展成了问题。

其次，化肥的大量使用带来了杀虫剂的大量使用。有了人造肥料，小麦、水稻就能结出更大、更重的麦穗和稻穗，这样植株很可能因不堪重负而卧伏在地。为了解决这个新问题，科学家们接过了传统的由农民来育种的"重任"，开始在实验室里培育种子。于是，新的矮型品种的小麦和水稻应运而生。诺曼·博洛格（Norman Boelaug）培育的高产量矮型小麦新品种在墨西哥大获成功后，在世界银行和洛克菲勒资金的帮助下，得以在世界范围内推广。1970年，

---

〔1〕［印度］范达娜·希瓦："土地非石油：气候危机时代下的环境正义"，陈思颖译，载《绿色阵线协会》2009年第6期。

〔2〕李方旺："关于现阶段我国粮食安全问题的思考"，载《当代农村财经》2014年第8期。

博洛格因为“绿色革命”而获得了诺贝尔和平奖。“他致力为饥饿的世界提供面包，在这个时代，没有人在这方面的贡献比得上他。”诺贝尔委员会宣称：“在人口爆炸与粮食生产的戏剧性竞赛中，他将悲观转化为乐观。”但博洛格却在获奖演讲中谦虚地表示，造成产量增加的原因并不只是矮型品种的研发，而是新品种与氮肥的结合。“如果说，高产量的矮型小麦与水稻品种是引发绿色革命的催化剂，那么化肥便是驱动它向前冲的燃料。”〔1〕但让人始料未及的是，这项“让人乐观”的技术却导致了生态上的破坏。因为用于“绿色革命”的高产矮秆小麦是实验室里培育出来的品种，它的遗传基础非常狭窄，所以天生更容易遭受害虫和疾病的侵扰。高产品种一经引入，旁遮普邦就爆发了大规模的病虫害：瘿蚊、褐飞虱、甘薯麦蛾等等。在这几次病虫害中，高产品种小麦将近损失了30%，有的地区甚至达到了100%。另一方面，许多生活在农田里的“益虫”因不适应化肥导致的环境变化而减少，破坏了农田原有的生态结构。希瓦不无讽刺地说：“绿色革命的‘奇迹种子’成了繁殖新害虫和创建新疾病的温床。……绿色革命创造的唯一奇迹就是在创造新的病虫害的同时，提高了杀虫剂的需求量。”〔2〕所以，由于虫害的侵扰，高产的小麦如果没有化肥和高疗效的杀虫剂根本就不会高产。

最后，农业的工业化与传统的农业相比也不一定高产。现代农业在计算产量时只会计算某种单一的粮食的产量，比如每亩的玉米或者小麦或者稻谷的产量，其他的作物并不计算在内。但我们知道传统农作物总是混合种植的，比如上面提到过的把各种豆类和谷物混合种植，这样的混合种植如果只计算谷物的产量，这当然会得出传统农业产量低的结论。工业型农业所要求的单一种植实际上增加了土地的压力，因为每英亩单一耕作的土地只出产一种产品，而被替代的产品还需要额外的土地，即“影子”土地。

农业工业化的高产计算方法，没有把最重要的农业生产要素——

---

〔1〕 转引自［美］汤姆·斯坦迪奇：《舌尖上的历史：食物、世界大事件与人类文明的发展》，杨雅婷译，中信出版社2014年版，第187页。

〔2〕 Vandana Shiva, *The Violence of the Green Revolution: Third World Agriculture, Ecology and Politics*, London: Zed Books Ltd., 1991, p. 98.

水——算进去。农业工业化实行大面积的单一作物种植，要求的用水量非常高。过度使用化肥的土壤容易凝结，从而会阻碍土壤毛细管为植物提供营养及水分，使得雨水的渗透作用不起作用，导致土壤蓄水能力降低。因此，为了解决水的问题，就必须大修灌溉系统。我国农业部农村经济研究中心编写的《中国农村研究报告（1990~1998 年）》指出："农业水资源日益紧缺，每年农业用水缺口 3000 亿立方米，农田受旱面积扩大，农村有 8000 万人口至今饮水困难；水资源污染不断扩大，目前全国一半的城镇用水被污染，70%的河流被污染。"我国财政部经济建设司副司长李方旺在文章《关于现阶段我国粮食安全问题的思考》中也指出，为了实现粮食的"十连增"，我们遭遇了水短缺问题。"随着北方粮食生产基地的加强，地下水严重超采，华北已成为世界上最大的地下水漏斗，东北地区湿地大面积减少和退化。"〔1〕

农田的产量不能仅仅看单位产量，还要考虑到耕种某种作物的总产量和养殖业的协调。例如，在推行农业工业化中，为了提高产量，人们用技术使植株矮化，同时也能使植株对大剂量的化肥产生更高的耐受力。但是，秸秆矮化就意味着供应牲畜的饲料减少了——况且这种矮化的秸秆也不适合做饲料，提供给土壤的有机质也会减少。所以，现在很多学者都主张在计算产出-成本的时候，应该考虑到生态成本。如果真的把对环境的负面影响，把消耗的资源也计算在内，农业工业化的高生产力将只是一个神话，而且根本比不上传统有机耕种的效率。

"绿色革命"宣称其将致力于消除贫困，事实却是，"绿色革命"尽管在一定程度上消除了饥饿，同时却加大了贫富分化，导致了严重的社会问题。因为，相对于几乎不花钱的农家肥，化肥增加了农民的成本；在另一方面，为了解决由于长期使用化肥和种植高产的矮秆小麦而导致的土地贫瘠问题，农民们除了大量用常规的氮、磷、钾肥外，还得额外花钱补充微量元素。

---

〔1〕 李方旺："关于现阶段我国粮食安全问题的思考"，载《当代农村财经》2014 年第 8 期。

波伦发现农业工业化让美国的农民因陷入“廉价玉米的灾难”而破产：政府鼓励农民大量种植玉米，每年的玉米大丰收都会导致玉米价格的低迷——甚至跌破了成本价。但是为了挽回损失，农民必须种更多的玉米，产量足够大才能平本。这就形成了一个怪圈：玉米产量越多价格越低，价格越低农民就得种更多的玉米。波伦感慨道：“玉米已经被排除在自然和经济规律之外了！”〔1〕本来，这两种规律的运行机制可以控制好玉米的供求关系和产量。在自然界中，一个物种的扩张是有限度的，一旦某个物种扩张过度，它就会因为资源消耗殆尽而崩溃，但是玉米在农业工业化的帮助下，在人类的喂养下，几乎无节制地在全球扩张，也没有受到自然规律的约束。在市场上，如果产品供过于求，生产者就会停止生产该产品，直到该产品被消耗得差不多，价格恢复。但农民却是就算破产也要种玉米，整个美国的人们都在竭尽所能地消耗玉米。

布劳格和西方的一些公益组织在推行“绿色革命”时的初衷是好的，但是他们却忽视了技术的副作用。农业工业化产生了始料未及的副作用，导致“绿色革命”出现了反作用。

你或许会说，我只是一个小白领，我只想在城市里安安静静地生活，什么男女平等问题、生态问题、农民收入问题、贫困人口问题我统统不关心，也犯不着去费那份心。但是你一定会关心你所吃的粮食蔬菜是不是能维持你的身体健康。农业工业化正是导致我们粮食危机的一大根源。我国学者倪洪兴在《非贸易关注与农产品贸易自由化》一书中对我国农业的生态功能和社会功能现状做了研究。“草地质量差，退化严重。全国70%草地为干旱半干旱草地，草地单产比60年代下降了30%~50%，每百亩产肉量只占澳大利亚的1/10，美国的1/30。目前，北方草地利用程度已达95%，严重超载。南方草地也利用了60%，全国每年退化面积达3000万亩~4000万亩，荒漠化草地面积已占50%。”〔2〕这些数据表明，如果我们再不转变目

---

〔1〕［美］迈克尔麦可·波伦：《杂食者的两难：速食、有机和野生食物的自然史》，邓子衿译，大家出版社2012年版，第63页。

〔2〕倪洪兴：《非贸易关注与农产品贸易自由化》，中国农业大学出版社2003年版，第72页。

前的农业生产方式，我们面临的将不是粮食安不安全的问题，而是有没有的问题。经过了媒体的报道，我们基本上能意识到大量使用化肥、杀虫剂、激素是导致我们今天食品安全的罪魁祸首之一，那么检验安全的食品总可以放心了吧？很遗憾的是，这些地里长出来的食物由于工业化的种植也已经发生了营养上的改变。2002年，加拿大媒体揭露，超市里销售的水果、蔬菜所含的营养成分远远低于50年前。过去人们吃一个橘子能摄入的维生素C的含量，现在要吃8个！英国的调研结果也差不多：和50年前相比，许多蔬菜的矿物质含量已经大幅下降。花椰菜所含的铜元素比过去减少了80%；西红柿中的钙含量仅剩下之前含量的25%。导致农产品质量下滑的重要原因是化学肥料的广泛使用和溶液培养的种植方法——这样，农作物就无法吸收土壤里的微量元素。[1]工业化的粮食大生产也正是导致我们现在食品选择多样性减少的主要原因，因为要使用机械化作业的话，只能大规模种植，这就会导致品种减少。小农的破产和减少对于我们的食品安全也是致命的打击。小农一方面保证了作物的多样性。因为大的农场必须大批量地种植某一种作物，这样才能形成规模效应。另一方面，小农是对抗大农场的重要力量，如果没有小农，我们只能听从大农场的安排——他们提供什么我们就得吃什么，别无选择。

2.2 养殖工业化：蛋白质还是病原体？

> 如果没有尖端的设备、杀虫剂、药物、激素、囚禁系统、电棒和其他许许多多技术手段，现代工业化农场和屠宰场根本不可能存在。这些手段使得原本应该在大自然中奔跑、飞翔、畅游、嬉戏、为生命而欢庆的生灵终日生活在噩梦当中。跟现代人被困在摩天大楼的电脑隔间里不同的是，牛、鸡、鱼和猪根本无法理解自己为什么会被终身

---

〔1〕［英］比·威尔逊：《美味欺诈：食品造假与打假的历史》，周继岚译，生活·读书·新知三联书店2016年版，第246页。

囚禁在完全陌生的、充满沮丧和恐怖的人造牢狱之中，而这一切都是为了满足我们自私的口腹之欲。

——塔特尔[1]

2.2.1 我们需要更多的蛋白质

一提到贫困人口，我们想到的便是面黄肌瘦、身材矮小、气若游丝、目光呆滞……用一个简短的科学用语就是“营养不良”。这只是我们对“营养不良”的感性认识，那么，如何更“科学”地认识“营养不良”呢？国际卫生组织制定了一系列细致的衡量标准，从身高、体重等外观指标到血红蛋白、叶酸水平等内在指标，只要有一项指标达不到最低标准，就会被认为在某一方面营养不良。在这一套“放之四海”皆准的指标下，全人类都有了一个身体素质的量化标准。这套标准和贫困理论在一起，构成了人类福利水平和经济发达水平的衡量体系。科学家在研究中发现，贫困落后地区的人口营养不良比例比较高，也就是说，营养不良总是和贫困成正比的。其中的逻辑不言而喻：穷得没有吃的，自然“营养不良”。但是也有一些人群觉得自己吃得很饱，精神也很好，但也被认为“营养不良”，因为他们没有全部达到国际卫生组织颁布的一系列标准。营养学家们发现，这些人群因吃肉太少而导致了蛋白质摄入量不足！为什么这些人群吃肉少？这当然有饮食习惯的问题，东方人在传统的饮食中相对而言比较偏向于谷物类和蔬菜。但是这些饮食传统、人种差异却被忽略了，营养学家和经济学家的解释是：因为肉类需要消耗更多的粮食，一般而言，每公斤猪肉、牛肉、羊肉、禽肉、禽蛋分别需要5公斤、3.6公斤、2.7公斤、2.8公斤、2.8公斤的饲料粮才能转化。自然，肉类的价格就会比粮食等素食的价格高很多。所以在贫困国家的人们吃不起肉，也没有多余的粮食可以转化为肉。而在现实中的营养调查也证实了这一结论。以我国为例，我国在1959年，1982年和1992年分别进行了三次全国范围内的营养调查。

---

[1] [美]威尔·塔特尔：《世界和平饮食》，凌谷译，陕西师范大学出版社2016年版，第220页。

1959年的数据讨论较少，因为当时我国正处在饥荒时期。1982年和1992年的调查数据研究较为完善。1982年的膳食构成调查显示，谷类和薯类的平均每人每天消耗量比1959年减少了59克和76克，与此同时，畜禽肉类消耗增加了16克，奶和奶制品消耗增加了5克，蛋类消耗增加了6克，水产品消耗增加了16克。1992年，居民膳食中谷类能量下降了4.5%，薯类下降了3.1%，来自动物性的食物、纯能量食物及其他食物的能量比例明显上升。随着百姓的“吃得起肉”和“多吃肉”，我国居民身体的各种指标也离“国际标准”越来越近。如果以儿童的身高、体重作为一个地区营养水平的重要指标，那么从20世纪80年代到20世纪90年代这10年期间，我国儿童身高和体重均有了明显的提高。以6岁男孩组的身高体重为例，1992年城市男孩的平均身高为113.6厘米，比1982年高了4.6厘米；农村男孩的平均身高为110.2厘米，比1982年高了4.0厘米；体重方面，城市男孩在1982年的平均体重为18.3千克，1992年达到20.7千克；农村男孩平均体重在1982年为17.9千克，1992年则为19.1千克。[1]

由于膳食结构和营养水平总是和经济联系在一起的，因此其也成了一个地区发达水平的标志之一。例如，在1992年的营养调查中，城市的孩子比农村的孩子吃肉更多，身高、体重的平均值也比农村的孩子高，这一结论加深了人们心中“城市进步，农村落后”的固有印象。在消灭贫困、缩减城乡差距的指导方针下，“吃什么”成了一项政府必须关心的大事，营养水平的提高和政绩成了正比。人们吃什么成了政府的事业。葛可佑等人在文章中总结说，这说明我国改革开放以来，国家以经济建设为中心，大力加强和发展农业，调整农业生产结构，增加牛、羊、禽、水产鱼类及蔬菜水果生产，努力保证城乡食物供给等重大方针政策的重要性和成功。[2]能让人们吃得起肉可是一项不小的成绩呢。于是，在政府、专家们的推动

---

〔1〕 葛可佑等：“九十年代中国人群的膳食与营养状况”，载《营养学报》1995年第6期。

〔2〕 葛可佑等：“九十年代中国人群的膳食与营养状况”，载《营养学报》1995年第6期。

下，“人人吃得起肉”，甚至“想吃就吃”成了整个社会的追求。“吃肉”本身也有了合理性。2005年世界三大肉类消费共计19 573.8万吨，比2000年增长了8.4%。其中猪肉消费9119.7万吨，占世界三大肉类消费量的46.6%；鸡肉消费5499.4万吨，占三大肉类消费量的28.1%；牛肉消费累计4954.7万吨，约占三大肉类消费量的25.3%。[1]在这一年，中国已经成为继美国、欧盟之后的第三大肉类消费市场。当然，我国人口众多，如果计算人均消费量的话，或许不会太高。这一时期，我国的一些学者也一直鼓励进一步发展养殖业。2012年《农业展望》的一篇文章写道：“对于我国而言，虽然我国畜产品市场目前正处于暂时性相对饱和状态，但人均消费水平仍然偏低，肉类消费前景依然可观。”这个“可观”的理由就是，目前虽然我国城市的肉类消费已接近饱和，但是农村的肉类消费相对还比较低，只要不断提高农村人口的肉类消费水平，肉类市场便是“可观的”。[2]随着我国不断鼓励“吃肉”和其他动物产品（如奶和蛋等）的农业政策的出台，2016年6月6日，国际食物政策研究所发布的《2016年全球粮食政策报告》指出，中国人均每年肉类消费量59千克，是世界平均数的2倍，预计在未来的20年中，东亚人均肉类消费量将翻2倍。[3]

但是，如果饲养过小动物，我们就应该知道，动物是有自己的生长周期的，就连我们人本身就算吃得再好，也不能“一口吃成个胖子”。但是，我们除了要面对营养水平不达标的考核，面对市场的强烈需求——当然这种需求不一定是身体对营养方面的需求——还要面对心理上的需求。吃肉是富足生活的表现，而在以金钱作为万能中介的现代社会，贫困是可耻的，吃不起肉也同样是可耻的。怎么办呢？于是类似在庄稼领域实行的“绿色革命”，现代化的畜牧业

〔1〕“世界三大肉类消费持续增长”，载新华网：http://news.sohu.com/20060112/n241405090.shtml.

〔2〕朱增勇、母锁森：“世界和主要肉类生产国的消费结构分析”，载《农业展望》2012年第6期。

〔3〕“中国人均肉类消费量是世界2倍”，载新华网：http://news.xinhuanet.com/food/2016-06/21/c_1119079446.htm.

革命也开始了。这场革命的本质，正如波伦所说，是用化石燃料取代太阳能，在促狭的空间中囚养数百万只食用动物，喂它们在自然界中不可能触及的饲料，就连我们所吃的食物，其新巧程度也已经超出了我们自身所能理解的范围。凡此种种，都让人类与自然界的健康陷入了空前危机。[1]在这场革命中，“生产肉-吃肉”成了根本目的，为了这个目标，大规模圈养动物、虐杀动物成了合理。不管我们的身体是否承受得了那么多肉，也不管超重的人和患“富贵病”的人是不是越来越多，如果在居民的膳食中肉含量不达标，那么这个社会就会被认为是落后的。

2.2.2 从蜗牛养殖场到现代养鸡场

养殖动物是一种古老的行业。根据食物历史学家的考察，人类最先养作食物的动物并不是我们想象中的猪、羊、牛和家禽等，而是蜗牛！而且，在若干古代文化中，蜗牛养殖还是笔“大生意”。古罗马人把勃艮第蜗牛的祖宗关进笼子里，喂它们牛奶、上好的草药和麦片粥，直到蜗牛肉饱满到壳都爆裂。这种用高级饲料养出来的蜗牛是当时的奢侈食品，数量有限，专供老饕食用。[2]历史学家们常常重视我们现在比较普遍的肉类养殖，而蜗牛的养殖则很少被提及，这或许是因为蜗牛只是少数民族的食物，或许是因为经过历史的变迁，很多现代人无法接受将蜗牛作为食物。其实，饲养什么动物作为食物本身并不重要，重要的是饲养的方式。在前工业时代，家畜几乎都是散养，也很少用“精料”去故意喂食动物直到超过他们的胃和身体的承受能力。饲养蜗牛之所以特别值得一提，就是因为这个“古老的行业”体现了“现代的思维”！古罗马人使用“现代思维”来饲养蜗牛，并且最大程度地商业化。

现代的养殖业可以说就是蜗牛养殖业的“超级版”。越来越多的养殖户开始寻求多方经济资源，用融资、合资、独资等方式筹备大

---

〔1〕［美］迈克尔·波伦：《杂食者的两难：速食、有机和野生食物的自然史》，邓子矜译，大家出版社2012年版，序言。

〔2〕［英］菲利普·费尔南多-阿梅斯托：《文明的口味——人类食物的历史》，韩良忆译，新世纪出版社2013年版，第73页。

量资金，向标准化、规模化饲养模式转移，相继出现了饲养10万羽、20万羽甚至50万羽的大规模蛋鸡养殖生产企业。密闭式鸡舍，采用四列四过道三层阶梯式笼养，安装风机、水帘、通风小窗，采用机械清粪、机械喂料和自动光照、自动饮水系统。养鸡笼子是用铁丝做的，大概14英寸~16英寸高，18英寸~20英寸宽，里面要塞进去6只~8只鸡。拥挤的环境让鸡只能站着，无法挪动，这让很多鸡的翅膀和腿都扭结或折断了，同时严重缺钙，骨质疏松。上一层的鸡粪还会落到下一层鸡的头上。随便打开一个关于养鸡场的网站，上面就会告诉你："饲料添加剂是现代饲料工业必然使用的原料，对强化基础饲料营养价值，提高动物生产性能，保证动物健康，节省饲料成本，改善畜产品品质等方面有明显的效果。"〔1〕这些"饲料添加剂"包括：①抗生素，具有抑菌作用，一些抗生素作为添加剂被加入饲粮后，可抑制鸡肠道内有害菌的活动，具有抗多种呼吸、消化系统疾病，提高饲料利用率，促进增重和产蛋的作用，尤其是在鸡处于逆境时效果更为明显。常用的抗生素添加剂有青霉素、土霉素、金霉素、新霉素、泰乐霉素等。在使用抗生素添加剂时，要注意几种抗生素的交替作用，以免鸡肠道内的有害微生物产生抗药性，降低防治效果。②驱虫保健添加剂，在鸡的寄生虫病中，球虫病发病率高、危害大，要特别注意预防，常用的抗球虫药有呋喃唑酮、氨丙啉、盐霉素、莫能霉素、氯苯胍等，使用时也应交替使用，以免产生抗药性。③抗氧化剂，在饲料储藏过程中，加入抗氧化剂可以减少维生素、脂肪等营养物质的氧化损失，如在每吨饲料中添加200克山道喹，储藏一年，胡萝卜素会损失30%，而未添加抗氧化剂的则会损失70%；在富含脂肪的鱼粉中添加抗氧化剂，可维持原来粗蛋白质的消化率，各种氨基酸消化吸收利用效率不受影响。常用的抗氧化剂有山道喹、乙基化羟基甲苯、丁基化羟基甲氧苯等，一般添加量为每千克100毫克~500毫克。④防霉剂，在饲料储藏过程中，为防止饲料发霉变质，保持良好的适口性和营养价值，可在饲

---

〔1〕 黔农网：http://www.qnong.com.cn/yangzhi/yangji/540.html；养鸡网：http://www.jiweb.cn/jishu/jichang/15802.html.

料中添加防霉剂，常用的防霉剂有丙酸钠、丙酸钙、脱氢醋酸钠、克饲霉等。添加量为丙酸钠每吨饲料加1千克，丙酸钙每吨饲料加2千克，脱氢醋酸钠每吨饲料加200克~500克。⑤蛋黄增色剂，饲料添加蛋黄增色剂后，可改善蛋黄色泽，即将蛋黄的颜色由浅黄色变至深黄色，常用的蛋黄增色剂有叶黄素、露康定、红辣椒粉等，如在每100千克中加入红辣椒粉200克~300克，连喂半个月，可保持2个月蛋黄呈深黄色，同时还可以增强鸡的食欲，提高产蛋率。[1]此外，还需要用双季胺碘、福尔马林、高锰酸钾等化学药品定期消毒鸡舍。当然，这些网站只会告诉你这样做的种种好处，而不会告诉你这些化学物品会残留在鸡的体内并对人类健康和生态环境产生不良影响。而且这是“饲料添加剂”——也就是说，不管是生病的鸡还是健康的鸡都要吃同样的药品！这一“肉类工厂”的历史并不长：1945年，美国宣布举办“明日之鸡”比赛，推动了肉类工厂的发展。1948年，美国正式推广肉类工厂；1949年，所谓的“生产激素”和1950年上市的抗生素一起配合，肉类工厂的发展突飞猛进，成了今天我们主要的肉类生产模式。这种高集约化的肉类工厂比起以前传统的散养方式效率要高出许多，肉不再是贵族的专享食品，而成了“大众”的食品，最穷苦的人也能轻易吃到肉。“肉类工厂”在推动食品民主化进程方面就像蒸汽机、电动机一样，功不可没。

2.2.3 高产与抗生素滥用的困境

如今，在胃饱肠足了之后，人们不再满足于“有肉就行”“食肉就好”。这种肉类生产模式越来越引人担忧。其中最让人关注的就是饲料中抗生素的使用。养殖专家告诉我们，在动物养殖过程中，使用抗生素不仅普遍，而且非常“必要”。首先，抗生素是控制动物感染性疾病的“先进”手段。在发达国家，养殖管理水平非常先进——当然这种“先进”最重要的指标就是高产。普遍用抗生素对畜禽疾病进行预防和治疗是因为在非自然状态下圈养的鸡猪的呼吸道感染、消化道感染及奶牛乳腺炎等发生频率很高，常需要使用青

[1] 黔农网：http://www.qnong.com.cn/yangzhi/yangji/540.html.

霉素类、链霉素、庆大霉素等抗生素类药物。其次，抗生素对于生病动物而言可以起到“救死扶伤”的作用，其中还包含着人类的安全。这些病毒、病菌如果得不到及时遏制，不但会在动物中传染，还会在环境中大量释放，严重威胁人类的健康。

尽管使用抗生素可以提高动物的成活率，但是有残留怎么办？不用担心，专家告诉你，我们没有必要“谈抗生素色变”，畜禽养殖业中使用抗生素并不一定产生残留危害，关键是如何“科学合理”地使用。所谓“科学合理”地使用，就是指使用的抗菌药物产品必须是国家医药管理部门批准允许使用的品种，并严格按照标签说明书使用，包括使用动物对象、适应证、用法和用量、休药期或弃奶期等。也就是说，只要在畜禽养殖中正确使用抗菌药物，不滥用，严格执行休药期产品不允许上市销售等规定，药物残留危害就不会产生。相关专家根据卫生部全国细菌耐药监测2009年度的监测数据发现，我国人源细菌耐药普遍较为严重。也就是说，我国细菌对新型抗生素严重耐药的主要原因是人医临床不合理地使用或滥用抗生素，而并非是由养殖业使用抗生素造成的动物源耐药细菌传播引起的。

所以，一些专家告诉我们大可放心地吃这些养殖场的肉类，畜禽养殖中抗菌药物的使用会导致肉蛋奶中出现一定的残留，但残留不等于一定产生危害。抗生素残留量达到一定程度才会对人体健康产生危害。“直观地说，我们要喝几万升牛奶，抗生素含量才相当于感冒时经常服用的抗菌药一小粒的含量，残留量是极其微小的。”[1]这位专家的话在这个对食品担忧的年代，对于既想吃肉又担心副作用的“非专业人士”的群众来说，无疑是一副安慰剂，让我们在吃肉的时候不必绷紧神经。

真的是这样吗？另外一些“最新研究”却表明我们不应该太乐观。由中国科学院广州地球化学研究所应光国课题组发布的一项研究结果表明，2013年中国抗生素使用量惊人，一年使用16.2万吨抗生素，约占世界用量的一半，其中52%为兽用，48%为人用，超过5万吨抗生素被排放进入水土环境中。虽然环境中的抗生素残留进入

---

〔1〕 http://baby.sina.com.cn/nutrition/10/0912/2010-12-09/0816174776.shtml.

人体并没有直接危害，但抗生素滥用、抗生素环境污染的真正危害在于加剧细菌耐药性。引发极大恐慌的“超级细菌”即“多重耐药菌”的出现，已被证明与环境中抗生素污染并杀死微生物群落有关。

传染病学专家、中国工程院院士、浙江大学附属第一医院传染病诊治国家重点实验室主任李兰娟说，滥用抗菌药将导致耐药菌肆虐。一旦广泛耐药发生，即使是剖腹产、髋关节置换术等常规手术，患者死于手术并发感染的风险也将倍增。受害的首先是儿童。2016年4月，上海复旦大学公共卫生学院对江苏、浙江、上海等地1000多名8岁~11岁的在校儿童进行尿液检验，结果显示：近六成儿童的尿液中含有抗生素。耐药性是目前全球最紧迫的公共卫生问题之一。世界卫生组织在2014年发布的报告称，抗生素耐药性细菌正蔓延至全球各地，情况极为严峻。

课题组对中国主要河流做了10年调查，根据58个流域各类抗生素的使用量、排放量等因素，绘制出了抗生素污染地图。从污染地图颜色可以看到，广东、江苏、浙江、河北等经济相对较发达地区颜色较深，意味着是污染重灾区。在人口较密集的大城市，抗生素排放量密度是西部地区的6倍以上。与国外相比，中国河流总体抗生素浓度较高，测量浓度最高达7560纳克/升，平均也有303纳克/升，意大利仅为9纳克/升，美国为120纳克/升，德国为20纳克/升。在排放强度上，越是城市密集的地区强度越大。珠江流域、海河流域、长江下游流域为全国最高，珠三角、京津冀部分地区的抗生素年排放强度为79千克/平方公里至109千克/平方公里。

据一些专家“医院滥用导致污染”的分析介绍，这次调查的结论是：环境中抗生素的来源包括生活污水、医疗废水以及动物饲料和水产养殖废水排放等，而养殖业滥用抗生素是最主要的来源。应光国说：“一些养猪场，尤其是上万头的大型养猪场，在猪的饲料和水中加入各种各样的抗生素。我们在一种饲料中查出了十几种抗生素。如果是出于预防，加一两种就够了，却加入十多种，非常可怕。”[1]

---

〔1〕 喻菲：“中国抗生素滥用已造成环境污染”，载《经济参考报》2015年7月6日。

更要命的是，很多给动物注射激素、抗生素等药物的往往是没有经过培训和具备相关知识的养殖场主和工人，而不是兽医，他们给动物注射的药剂种类和量有时候只是“凭感觉”。因为，养殖场是密集养殖，动物之间的疾病传染得非常快，为了有效预防疾病的蔓延，就是健康的动物也要喂食或注射相关的药品——养殖场会用同一个注射器给所有的动物注射，直到针尖刺不进皮肤为止。

2.2.4 天然制肉机的困境

养殖场里的动物不健康除了是由过量地喂食抗生素、添加剂造成之外，还有就是违反自然规律，给动物喂食了本不是它们正常应该吃的错误的食品。在自然界的牛本来是纯食草动物，几乎不吃谷类。但是为了催肥，人们开始给牛喂玉米等以谷物类为主的“精料”。我们都知道，牛是反刍类动物，它们的胃只适合消化草类的粗纤维。在工业化逻辑下，人们只把牛当作“生产牛肉”的机器，连动物、生命都不是！所以人们根本不需要理会“动物”的自然习性，只要什么能高效地产生牛肉就给牛吃什么。可惜的是，“牛”这台自然制造的机器无法适应人类给它提供的生产肉类的能源。牛吃了玉米等谷类饲料后最常见的毛病是胀气。由于淀粉含量高，纤维含量少，玉米不用经过反刍就会在牛的瘤胃里不断地发酵从而产生大量的气体。这些气体会被瘤胃中的泡沫状黏液包住，就像气球一样，当气体越积越多时就会挤压到牛的肺部导致牛窒息死亡。所以当发生这种情况时，兽医就要强制插管到牛的食道，把气体放出来。其次，玉米饲料还很容易导致牛酸中毒。与一般非反刍动物的胃呈酸性不同，牛的瘤胃接近中性。玉米产生的酸性物质会让牛酸中毒。中毒的牛的胃会有一种灼热感，牛将不再进食，呼吸急促，大量分泌唾液。长此以往，牛很容易患上养殖场流行的各种病：肺炎、胃炎、胃溃疡、肠源性毒血症（enterotoxemia）、饲养场麻痹症（feedlot polio）等。此外，这些酸性物质会腐蚀瘤胃胃壁，大量细菌会从破损的胃壁进入血液，然后进入肝脏。目前，美国养殖场的肉牛中大约有15%~30%的肝脏长有脓疮。所以养殖场的牛必须大量服用抗生素，才能保持“健康”。但是由于谷物类精料在牛胃里的时间较短，很容易产生致病的耐酸性细菌，如肠道出血性大肠杆菌，所以牛饲料同时还添加了锯屑、水泥粉、鸡粪和石油副产品。除了玉米之外，和鸡饲料一样，牛饲料也被大量添加抗生素、激素、驱虫药等。农场主们还从动物炼油厂买来动物尸体磨碎加工成饲料，这些动物性饲料富含脂肪和蛋白质，可以让牛更肥，“油花”更漂亮，但也产生了严重的后果——“疯牛病”的产生和蔓延。“疯牛病”得到控制之后，美国政府禁止用动物的杂碎和骨头制作饲料，但血液和脂肪却不在禁止范围，所以，美国牛饲料中还是含有动物性物质成分的。为了更快上市，农场主还给牛喂人造类固醇生长催化剂——右环十四酮酚或莫纳菌素钠。牛的体重在 250 公斤之前为前期育肥，从 250 公斤开始进入强化育肥阶段。在此阶段，农场主会在牛耳根下埋植增重剂：如来勾（Ralgro）〔1〕、川不隆（Synovex）〔2〕和 EP218 促进剂〔3〕。经过埋植，牛的重量会增加 10%~15%。这样经过 11 个月~13 个月的育肥期，牛的体重能迅速增加 1 倍，达到 500 公斤，这样牛就可以屠宰了。在自然界生长的牛几乎要花 3 倍~5 倍的时间才能到达这个重量。

由于集中育肥的情况比较普遍，所以，肉用牛的粪便沾污和卧栏烫伤皮肤面现象较严重，如毛孔变粗、变大，皮肤抵抗力下降，出现各种皮肤病如脓疮、癣等。可以说，养殖场里的动物或多或少，或轻或重都有病。广告里那种各种动物悠然自得地在养殖场里晒着太阳、吃着草、吃着饲料、活蹦乱跳的画面实在是和现实大相径庭的。

除了上面的问题外，值得注意的还有雌激素问题。为了能持续产奶，奶牛被灌以各种雌激素、催乳激素。我国大多数的奶牛都是 12 个月不间断挤奶，如果不保持一定的激素水平，很难达到规定的

---

〔1〕这是美国生产的一种玉米赤霉烯酮的衍生物，它与北京农业大学所配制的玉米赤霉烯酮相似。用量为每头牛（不分大小）在耳根皮下埋植 36 毫克。据试验，在同样的饲养条件下，埋植后的牛比未埋植的牛体重增加 10%~15%。（中国食品产业网：ews. foodqs. cn/jszl03/2004339636. htm.）

〔2〕由美国和法国生产，用法也是在牛耳根皮下埋植，每头牛 1 次量约为 36 毫克。（中国食品产业网：ews. foodqs. cn/jszl03/2004339636. htm.）

〔3〕这是北京农业大学配制的产品。每片含有 18-甲基炔诺酮 200 毫克和雌二醇 20 毫克，每头牛耳根皮下埋植 20 片。据报道，被埋植的牛体重增加 15%~20%。（中国食品产业网：ews. foodqs. cn/jszl03/2004339636. htm.）

产奶量。这些注射液的主要成分为黄体酮、苯甲酸雌二醇、利血平等。中国科学院植物研究所研究员蒋高明说，为了追求利润最大化，人们严重改变了动物的生长习性，牛奶生产要借助于药物“已成为行业公开的秘密”。国家乳品研究中心高级工程师李涛博士透露，奶粉中含激素并非个案，对不孕奶牛注射催奶液追求高出奶率已成行业潜规则。李涛介绍说：“我国当前的奶牛饲养方式与传统不一样，差别体现在出奶率上。因为奶牛分泌乳汁的多少与身体内的激素含量有关。为追求更高的出奶率，一般就是对奶牛进行肌肉注射。你看奶牛场的工人经常帮奶牛按摩乳房，别以为那是人性化的管理，其实是为了缓解奶牛乳房胀大时所产生的不适感。这跟人类等其他哺乳类动物催奶的原理是一样的。”〔1〕

北京大学免疫学系博士王月丹介绍，黄体酮、苯甲酸雌二醇等激素可以导致乳房发育，甚至可能与前列腺癌的发生有关。而利血平则是肾上腺素能神经抑制药，对啮齿动物是一种致癌物质。王月丹说：“乳腺肿瘤可能与利血平引起泌乳刺激素水平升高有关，因为其他数种有促泌乳刺激素作用的药物均涉及啮齿动物乳腺肿瘤发生率增加。”乳业专家王丁棉曾说，激素的残留时间很长，超过抗生素的残留时间，养殖过程中使用的激素，可能残留在牛奶、奶粉中。〔2〕资料显示现代牛奶中雌激素含量增加，并可能与一些激素相关性疾病如乳腺、卵巢和前列腺肿瘤等的发生有关。〔3〕

经过养殖工业化之后，人类现在消费的牛奶与100年前的相比已经面目全非。首先，与100年前不同，现代饲养的奶牛多为经基因改良的高产奶牛（如荷兰的Holstein黑白奶牛）。不同品种的奶牛分泌的牛奶中雌激素含量不同，Holstein奶牛的雌激素相对而言是较高的。〔4〕其次，饲养方法不同，100年前人们用牧草饲养奶牛，而

---

〔1〕 http://news. sina. com. cn/c/sd/2010-08-31/112721009018. shtml.

〔2〕 http://news. sina. com. cn/c/sd/2010-08-31/112721009018. shtml.

〔3〕 袁丽君、徐庄剑、许祥生：“牛奶中的雌激素及其安全性”，载《国际内科学杂志》2007年第4期。

〔4〕 李湘鸣、刘秀梵：“牛奶中雌性激素样物质对雄性大鼠生殖腺的影响”，载《卫生毒理学杂志》2003年第2期。

现在，为了增加牛奶产量，通常用含动物蛋白的高蛋白饲料饲养。饲养可能会增加现代牛奶中雌激素的含量。最重要的是，现代奶牛生产中，奶牛在生产后 3 个月即通过精液枪被迫进行人工授精，这样奶牛就同时处在怀孕和哺乳两种状态，在整个怀孕期间几乎一直持续泌乳。妊娠奶牛奶中含有较高的雌性激素，其会随着奶牛妊娠天数的增加而增加。在妊娠第 41 天～第 60 天内硫酸雌酮的浓度即可迅速上升到 151 pg/ml，尤其是妊娠后期，其血清中雌激素水平显著提高，在第 220 天～240 天内其浓度达到最高，约 1000 pg/ml。牛奶中的雌激素也会随之增加。据估计大约 75%的商业化牛奶来源于妊娠奶牛。[1]

为了尽量压低成本，养殖场会把成群的动物关押在无法动身的狭小空间里。根据相关报道，动物和人一样，长期的关闭会导致“抑郁”甚至发疯，进而变得很好斗。为了防止动物们之间的战争，鸡鸭要被切除部分的喙和嘴，让鸡以挨饿的方式强制换羽；刚出生的小猪为了做记号，耳朵会被剪出一个特殊的形状；为了防止它们相互咬尾巴，还要把小猪的尾巴剪掉、剪短；此外还要把它们的鼻子打烂，这样他们的好斗性就会降低，使其不会在拥挤的环境里相互撕咬。一些利润较高的所谓“贵族食品”的生产或许更让我们意想不到。例如为了生产鹅肝酱，人们往往会对鹅强行灌食：往它们的喉咙插进金属管，运用液压把大量的玉米或者其他饲料直接灌进胃里。当鹅或者鸭的肝脏养成比正常大小大 10 倍时，它们就可以被宰杀了。

研究食品造假史的专家比·威尔逊甚至认为违反天性养殖的鸡很难再被称为“鸡”，因此他认为这样的鸡肉也是食品造假中的一种。在此我不想重复动物福利的提法和道德的谴责，我只想说生活在这样环境的动物能健康吗？能不聚集各种毒素吗？我们要是吃了这样的“黑心”养殖场的动物的肉，能健康吗？

鸡肉作为“白肉”被认为比牛、羊、猪等“红肉”更健康，因为它的脂肪含量较低。就目前的数据来看，世界范围内红肉的消费

[1] 袁丽君、徐庄剑、许祥生：“牛奶中的雌激素及其安全性”，载《国际内科学杂志》2007 年第 4 期。

量出现了下降，禽肉类消费则呈上升趋势。我国城镇居民1990年人均消费禽肉3.42千克，2011年为10.59千克，比1990年增加了3.1倍，年均增速为5.5%；2011年农村居民人均消费禽肉4.54kg，是1990年1.25千克的3.6倍，年均增速为6.3%。我国城镇居民肉类消费增速最快的是禽肉。[1]于是，一些文章根据这些数据得出结论：我国居民的食物消费结构在向价值高、营养丰富的方向调整，说明居民膳食结构更趋合理。[2]但是在肉类消费总量不断上升的情况下，把红肉改成白肉就能降低吃肉的风险了吗？增加白肉消费降低红肉消费就能达到膳食合理吗？2004年的一项研究表明，鸡肉中的脂肪含量相当于35年前的近4倍。伦敦城市大学脑化学和人类营养学院脂肪研究专家迈克尔·克劳福德（Michael Crawford）教授指出，19世纪70年代首次出现了鸡的脂肪含量和蛋白质含量相差无几的情况，而脂肪所产生的卡路里是蛋白质产生的6倍。1970年，每100克鸡肉含有8.6克脂肪，现在超市里销售的鸡肉平均每100克就有22.8克脂肪。克劳福德认为"这种以高能量、高谷类为基层的盲目刺激生长的饮食习惯，已经改变了鸡肉本身的油脂构成"。[3]鸡肉脂肪含量的改变固然和鸡吃什么有关系，但是或许最新的一些研究能解释这一改变其实和鸡的生活环境有关系。美国威斯康星州麦迪逊市的一家实验室从1982年起，一直沿用相同的喂食和训练方式饲养狨猴和猕猴，这些猴子的体重在每个10年中都会有所增加。美国亚拉巴马大学伯明翰分校的生物统计学家戴维·艾利森（David B. Allison）及其同事统计了20 000只动物的体重变化，这些动物包括用于研究的灵长类动物、啮齿类动物、家猫、家犬以及城市野生鼠。这些动物在每个10年中体重增加的百分比即肥胖概率都呈上升趋势。科学家们认为，居住环境可以影响新陈代谢，居住密度会影

---

〔1〕 陈琼、王济民："我国肉类消费现状与未来发展趋势"，载《中国食物与营养》2013年第6期。

〔2〕 程广燕等："中国肉类消费特征及2020年预测分析"，载《中国农村经济》2015年第2期；陈琼、王济民："我国肉类消费现状与未来发展趋势"，载《中国食物与营养》2013年第6期。

〔3〕［英］比·威尔逊：《美味欺诈：食品造假与打假的历史》，周继岚译，生活·读书·新知三联书店2016年版，第245页。

响动物的体重。而上述的动物都是豢养在一定空间里的动物，所以他们的体重很容易增加，而生活在居住密度较大的城市，人的体重也呈上升趋势。[1]

整个养殖工业化的实质，正如塔特尔所总结，养殖工业化创造了大规模繁殖、关押、饲养和屠宰动物的运作系统，每一个步骤都是按照工业化的标准，高效、节约、程序化地运行着。这套系统把动物监禁在拥挤的、充满毒气的环境中——这些毒气既来自它们的粪便又来自有毒饲料和药品。为了降低成本，喂养它们的是廉价的石化燃料的衍生品，并发明了一套迅速增重、增肥的喂养方法，给动物注射或喂养类固醇激素（Steroid hormone）进一步缩短了从出生到上市屠宰的时间。[2]养殖场里的动物成了一个活脱脱的化学加工品！更有甚者，一些激进的食品专家认为我们连养殖场都不需要了，只要按照不同种类的肉的基因不断复制就可以在实验室里“培育”出各种肉来。实验室里“生产”肉的方式将是更清洁、更“环保”、更有效的生产方式——从分子结构来看，蛋白质就是蛋白质，脂肪就是脂肪，这个和生产方式没有关系。对于这种实验室里的肉，我们的胃准备好了吗？我们的身体准备好了吗？

关于肉的各种负面报道非常让人担忧：烹饪过的肉含有杂环胺类化合物（Heterocyclic amine），包括咪唑喹啉（Imidazoquinoline，IQ）和甲基咪喹（Methylimida-zoquinoline，MeIQx），这是在烹饪特别是烧烤过程中产生的致癌物。[3]杂环胺类化合物是否在烹调过程

---

［1］《环球科学》杂志社：《谁是没有病的健康人》，外语教学与研究出版社 2013 年版，第 58~59 页。

［2］［美］威尔·塔特尔：《世界和平饮食》，凌谷译，陕西师范大学出版社 2016 年版，第 115 页。

［3］ 在烹调富含蛋白质的食物时，蛋白质的降解产物——色氨酸和谷氨酸——首先形成一组多环芳胺化合物，如色胺热解产物（Trp-p-1 和 Trp-p-2）和谷胺热解产物（Glu-p-l）。致畸研究发现，色胺和谷胺的热解产物对大鼠、仓鼠和小鼠动物均有致突变性。例如，向小鼠喂饲含 Trp-p-l 或 Trp-p-2 的饮料后观察到其肿瘤发生率提高。其他一些报道指出，氨基酸和蛋白质的热解对实验动物的消化道表现为致癌性。但是其他富含蛋白质的食品如牛奶、奶酪、豆腐和各种豆类在高温处理时，虽然严重炭化但仅有微弱的致突变性。另外，加热程度也会影响致突变活性的水平。（根据百度百科：http://baike.baidu.com/link？url=hLO2jYqmfQ_ L05n9ekvp24MuEjZyS2nCEEG_ F8ss7GTlTxsd7L7zMZO.）

中产生了对人类有害的物质？摆在我们面前的是一个两难的问题：如果不把肉充分煮熟，我们可能会感染沙门氏菌、E大肠杆菌、链球菌、弯曲菌、李斯特菌等致病微生物；但是煮熟了却又产生了致癌物。

正如塔特尔所言："要是化石燃料没有被大规模投入食品生产系统，人们今天不可能如此大量地吃着价格低廉的动物性食品。"[1]是的，我们已经改变了传统的饲养动物的模式——我们不是在"饲养"动物，而是在生产肉类！所以，正如安德鲁·威尔（Andrew Weil）所言："人类置于食物链的顶端，这可不是什么好位置……处于食物链顶端的后果之一是吃进大剂量毒素，因为当你一层一层向食物链顶端攀升时，生态环境中的毒素就会不断凝聚浓缩。豢养动物的脂肪内通常含有高浓度的毒素，这些毒素在谷物中的浓度则低得多。另一个问题是，人们通过养殖动物获得蛋白质的方法让有害物质进一步集聚。"[2]这些毒素包括致癌的重金属、致命的多氯联苯（PCBs，Polychlorinated biphenyls；Polychlorodiphenyls）、残留化学物、抗生素和各种病原体。

2.3 屠宰工业化：更卫生还是更具风险？

与大规模养殖相适应的就是大规模屠宰。在肉类工业中，生产—加工—消费的环节中任何一环脱节，都有可能导致严重的经济损失。如果看过《屠场》，你一定会被书中描叙当时芝加哥大型屠宰场的场面所震惊到：屠场区内的铁路线长达250英里，每天有10万头牛、10万头猪和5万只羊从这些铁路上运进来——这意味着每年大约有800万~1000万头活的畜生被宰杀掉，变成人们嘴里的食物。一群群的牲畜被赶上一条条大约15英尺宽的坡道，然后涌向一座座高过畜栏的栈桥。从栈桥上过来的猪会被两个黑人大汉用手中的锁链拴住一条腿，再把锁链的另一端拴在轮子的一个铁环上，随着轮子的转

〔1〕［美］威尔·塔特尔：《世界和平饮食》，凌谷译，陕西师范大学出版社2016年版，第259页。

〔2〕转引自［美］威尔·塔特尔：《世界和平饮食》，凌谷译，陕西师范大学出版社2016年版，第114页。

动，猪就会被吊离地面，悬在空中。升到轮子的顶端，猪就被卸到一部滑梯上，顺着滑梯向下滚去。紧接着下一头猪又被吊起来，这样空中就会悬着两排猪，每一头猪都吊着一条腿，猪用尽全力嘶叫着，震耳欲聋。工人们动作敏捷地在吊起来的猪的脖子上用刀割开喉咙，流完血之后就被丢进一大桶滚烫的沸水中。机器会把猪从桶里捞起来，然后把它送到下边的楼面，期间经过一台神奇的机器。机器上有大小不等、形状各异的刮刀，适应猪身体的各个部位，等它从这台机器上下来的时候，身上的毛已经被剃得精光。之后，猪又被另一台机器重新吊起，送进另一条滑道，滑道两侧站满了工人。猪从工人面前一一经过，每个人都有自己的固定工序：一个人刮猪腿外侧，另一个人刮同一条腿的内侧；一个人一刀割开猪的喉咙，另一个人两刀切下猪头，猪头落在地上，顺着一个桶滑下去；有人给猪开膛，有人给猪破肚；有人剔骨，有人摘肠——杂碎也顺着地面上的一个洞掉下去。经过清洗、整理，最后猪肉被送进冷库存放。[1]

而今天，在一座现代化的屠宰场里，只需要花 25 分钟的时间就能把一头活牛分解成牛排，流水线的速度是平均每小时处理 309 头牛。美国纪录片《食品公司》（Food Inc）里关于屠宰场的画面是一台台巨型的机器，由巨大的管道将它们连接起来，这些机器自动地运转着，车间里几乎看不到人的影子。管子的一端是一头死猪，另一端出来的竟然是包装好的火腿肠、根据脂肪含量和部位分好级的肉片！不同的流水线适合屠宰不同的动物。禽类的屠宰场也与之类似。一堆冒着烟的机器，鸡被装在一个筐里用自动传输带送进去，然后被倒挂在流水线上。鸡不知道是怎么被杀死的，有毛的鸡经过一个冒着蒸汽的机器就变成光身鸡了。接着是依次经过去掉头部、爪子、内脏的机器。整个屠宰场你看不到半点血迹，地板是干净得泛着光的瓷砖，机器是亮闪闪的不锈钢，这和我们看到的生产其他机器的工厂似乎没有太大区别。这情形让我目瞪口呆。我想不到我们的日常食物是这样生产出来的，我突然觉得超市里有着花花绿绿

---

〔1〕［美］厄普顿·辛克莱：《屠场》，薄景山译，四川文艺出版社 2010 年版，第 34～36 页。

包装的食物是如此的陌生，它完全超出了我对制造食物的想象，完全颠覆了厨房-厨师-食物之间的联系。这种惊讶、不解和陌生或许是因为我是一个生于20世纪中期的“老脑筋”，我对屠宰场的印象还停留在“庖丁解牛”的阶段。

2.3.1 食品安全面临的高风险

在我国，21世纪的集中屠宰场被认为是“更高效”“更卫生”“更节约”和“更便于管理”的。“集中屠宰，冷链配送，生鲜上市”是我国消费者耳熟能详的口号。在铁路没有普及之前，运送粮食是非常费劲和费钱的事，而且这些植物类的粮食很容易坏掉。一天的旅程大约是20英里，这是前工业时代欧洲陆运粮食的实际界限。但牲口相对于谷物和蔬菜有一个好处——它们能自己走。斯蒂尔记载，供给古罗马城市的绵羊生活在500英里远的草原，供给中世纪的德国和意大利北边城市的牛，来自像波兰、匈牙利和巴尔干半岛一样远的地方。一到屠宰的季节，人们就会赶着这些牲口走路到市场。“整个欧洲都是这样的景观，到处是牲畜贩子，连同那些由技术熟练的、高薪聘请的人驱赶的羊、鹅和牛走出来的纵横交错的道路——这些路与人行道完全分开。”“不管天气怎么样，晚上，牲畜贩子通常会和牲畜睡在一起，这些吃苦耐劳的人从不找客店休息。”[1]这样的方法可想而知，成本非常高。除去人工成本不说，光是这些动物们经过了十几天甚至更长时间的“越野马拉松”，也要瘦掉一大圈，在他们被宰杀之前，还需要再次养肥。

从经济账上来算，工业化前的屠宰业是非常低效率的。但是相比之下，现代大型屠宰场除了效率上的优势之外，在其他方面几乎是“鸡肋”。其中最大的风险就是肉类安全问题。

首先，病原体的传染问题。只要在屠宰过程中的一个环节出现疏忽，只要有一头牲口的肉感染了病原体，由于共用一条流水线作业，病原体也会通过这些设备污染其他上百头牲口。当然，我们可

〔1〕［英］卡罗琳·斯蒂尔：《食物越多越饥饿》，刘小敏、赵永刚译，中国人民大学出版社2010年版，第48~49页。

以把问题食品召回、销毁。可是，食物和其他商品不一样，很多问题食品在被吃到肚子里之后，才被发现是问题食品，这可怎么办?之前的屠宰场是非常简陋的，正因为简陋才更公开透明。很多屠宰场甚至是允许顾客看着屠宰的，不像现代化的屠宰场那样以“卫生”之名保护得像生物实验室一样，外人严禁进入。这就起到了很好的监督作用。动物经过“越野马拉松”，体弱有病的动物估计根本无法存活下来，经过自然淘汰之后，剩下的动物几乎都是健康的。在当时没有保鲜技术的条件下，要把在途中死去的动物送到城里去以次充好也不现实。

在中国的农村，杀猪、牛等大型动物一般都有特定的时节，而且销路也就仅限在村里或附近村子。平常猪和牛的生活怎么样村民有目共睹，如果牲口意外死亡了，农户想瞒天过海卖出去并不容易，因为人们就会心生怀疑，再说不是逢年过节的，农村的肉类需求量也非常少。所以正和很多媒体所揭露的“无良农户”的做法一样，农村病死的牲口一般要卖到人口集中，需求量大，不分时节都喜欢吃肉的城市去，经过屠宰、包装就可以上市了。

其次，一旦发生问题，经济损失将会很惨重。大型屠宰场虽然在屠宰之前会经过严格的检疫，但是食品污染和感染问题还是不时发生。由于大型屠宰场是批量屠宰，因此具体是哪一头牲口感染了细菌根本无从查起。唯一能做的就是把同一批次的产品全部召回，这将会导致严重的经济问题。

另外还有一个食品安全的风险来自于不法分子。由于大型屠宰场的废弃料非常多，利用起来才有规模效应，而小型的，甚至是家庭的屠宰的废弃料过于分散，收集起来非常困难，反而让不法分子有利可图。不法分子会将屠宰场的内脏、皮毛等油脂含量较高的废弃物加工成“新型地沟油”。所谓的新型是相对于之前从餐馆废弃物提炼油脂而言的。2012~2015 年期间，全国先后出现了几起重大新型地沟油事件。其中的一起事件追究了动物检疫人员“玩忽职守犯罪”。这些国家工作人员被追责的基本事实和理由大致为：没有严格依照相关法律法规等规定履行职责，未监督检查甲状腺、肾上腺和异常淋巴结的摘除；未作好宰后记录；未监督屠宰场对创伤性出血、瘀血组织和淋巴组织、腺体等不可食用的生猪加工废弃物进行无害化处理。[1]

面对先进的现代化屠宰场，小型或者说传统的屠宰场是否就没有存在的合理性了呢？波伦非常欣赏的维吉尼亚州的波里菲斯生态农场主就是自己动手一个早上杀了300只鸡。农场的每周三是固定的杀鸡日。为什么是每周300只而不是更多？因为这是一个不需要冷藏设备，能直接销售完的数字——这些鸡只销售给附近的邻居，而不在超市上买卖，这是一种更"环保的"销售方式。而美国超市里一般的食物都要"旅行"约2400公里才能出现在餐桌上！早上杀好的鸡，中午邻居们就会全部取走。邻居们会自己从水槽里挑出干净的鸡，自行装袋，然后拿到屠宰棚旁边的小店铺称重、付款。当然，邻居们也会提前来看看这些鸡活着的时候是怎么样的，是如何被屠宰的——这种公开透明的屠宰场，波伦认为有利于促进屠夫的"人道屠宰"，更能保障鸡肉的清洁卫生。农场主萨拉丁揶揄道："当美国农业部的官员看到我们在这里做的事情，会吓得腿都软了。这些督导员看了我们的屠宰棚，完全不知道该拿我们怎么办。他们会告诉我们，按照规定，屠宰设施一定要有防水的白墙，这样换班时才好清理。他们会引用法条，说所有的门窗都得紧闭。我指出我们连墙壁都没有，更别说门窗了，因为世界上最好的杀菌剂就是新鲜的空气和阳光。看吧，这让他们把头发都搔光了。"[2]看来，这位生态农场主还保存着20世纪60年代嬉皮士蔑视权威的风格。当然，农业部的官员们的无奈是建立在事实基础上的：萨拉丁曾委托第三方独立机构检验过该农场的鸡肉，事实证明，波里菲斯农场的自己屠宰的鸡肉比超市里合格的鸡肉里的细菌含量还要低——美国农业部法规规定了"合格"的屠宰场应该具备哪些设施却没有制定出食物含菌数的标准。所以，尽管美国官方很想关闭波里菲斯农场的"屠宰场"——其实就是一个砌在水泥地上的大厨房而已，搞一

[1] 阎晓东、陈向前："'地沟油'事件追责动物检疫人员的反思"，载《中国动物检疫》2014年第1期。

[2] [美] 迈克尔·波伦：《杂食者的两难：速食、有机和野生食物的自然史》，邓子衿译，大家出版社2012年版，第236页。

块铁皮搭在旁边的槐树上便是屋顶，不锈钢的水槽、清理台、烫毛池、拔毛机等排成马蹄形——但是萨拉丁总有办法把他们击退。

讽刺的是，在美国，发生食物污染的屠宰场几乎都是那些大型的“合格”的屠宰场。2008 年美国纪录片《食品公司》反映了从 20 世纪 90 年代到 2007 年所发生的各种食品（包括非肉类）重大污染事件都发生在大的食品公司的加工厂。

集中屠宰，并用高级的仪器检测病原体，确实可以在一定程度上有限地保障肉的安全。其实这是把公众对食品好坏的评判权利交给了国家，交给了专家。在没有强制集中屠宰之前，消费者习惯于判断鲜活的生命健康与否——我妈妈经常去菜市抓活鸡，她根据鸡的毛色、叫声、体态、活泼程度等形成了自己的一套判断标准。对食物的判断是一项最基本的动物本能，人类通过“科学”“先进”的方式，实际上是把食材好次的标准交给了屠宰场。屠宰企业也只能保证最低标准——安全。不同种类的家禽和牲口的价格相差很远，超市里杀好并按部位切块的肉我们怎么判断它来自于哪个品种的禽类或者畜类？对于食材很讲究的国人，“生鲜”意味着“现杀现做”，不同的肉可以做不同的菜。嫩鸡可以炒，而超过一年以上的老鸡则适合煲汤。当我们面对超市里包装好的一块块鸡肉，我们怎么判断鸡的老嫩？或许唯一的判断途径就是贴在上面的标签了。这也是在我国很难取消农贸市场和社区市场活禽销售、屠宰的原因。当然，猪、羊、牛因为体积太大，对于城市家庭来说不可能像一只鸡、一只鸭或者一只鹅那样能在短期内消费完，要不然我妈妈这样的主妇也会买下整个牲口自己请人屠宰。而事实上，我们小区的几户人家就是绕过了屠宰场和中间商，自己亲自到农户家选牲口，然后请人帮忙屠宰。这样，城里人也还能知道猪、牛这样的大牲口从哪里来，长得怎么样等。

如果我们只在超市根据分级、包装购买食物，我们就会慢慢丧失对食物好坏的基本评判，当发生食物风险事件的时候，我们就会无所适从。

2.3.2 社会面临的高风险

集中屠宰会导致生产和消费成本上升。屠宰场也是需要盈利的企业，一条生产线就十几万，这些多出的成本不可避免地都要加在养殖户和消费者的头上。这就给社会带来了一定的风险。2014 年 9 月 15 日，中央电视台农业频道《聚焦三农》栏目以“集中屠宰还是垄断——粤东生猪屠宰乱象调查”为题报道了广东省汕尾市陆河县的生猪集中屠宰改革问题。陆河县的生猪屠宰集中由一家屠宰场经营，这不仅没有让养殖户、商家和消费者吃上“放心肉”，还在价格上形成了自己的“一言堂”，价格高得连该县的老百姓都买不起，甚至出现了改革的“联合执法队”与养殖户、肉贩、普通消费者发生暴力冲突的情况。正如中国社会科学院研究员李国祥在节目中指出的，只看到高度分散的屠宰点，没有看到生产者和消费者的权益保护，盲目通过行政干预方式实现“现代化屠宰”，这很可能是本末倒置的。

波伦在批判美国的集中屠宰制度时说，集中屠宰并没有顾及小农场的利益。仅仅为了宰一两头牛，你就得把牛运到至少几十公里之外的有美国农业部五项认证的集中屠宰场，花上一两百美元的屠宰费，这对于小农场来说是一个不小的负担。

另一方面，由于大型屠宰场在某种意义上是政府行为，万一发生肉类食品安全问题，很容易导致群众把所有的责任都推到政府身上，导致紧张的政群关系。

此外，我们前面提到过，现代性大型屠宰场的建立，事实上是以“科学”“卫生”的名义剥夺了人们对肉类的判断权利。在食品安全问题日益严重的今天，民众对所谓的高大上的“大型公司”越来越没有信任感。这种不信任就表现在对现代化屠宰场的拒绝上。2004 年左右，新疆乌鲁木齐市耗资 3000 万元新建了“现代化”“标准化”的屠宰场，但是却面临着“无人喝彩”的尴尬。原来的旧屠宰场却是人山人海，好一片繁忙的景象。媒体这样描写这番情景：“遍地是牛羊的粪便和血迹；宰杀完毕的牛羊肉，全部挂在露天的铁钩上，成群的苍蝇在空中盘旋不肯离去；屠宰车间里的血水，直接流入水槽；在屠宰场的一角，有妇女在清洗动物的肉和内脏，在漂着粪便的黑水里一捞一抖……如果，这只是记者偶然看到的一幕，那么，更多的乌鲁木齐人已经习惯了在通往赛马场的路上看到这样的场景：运输牛羊的车辆浩浩荡荡经过市区，附近成群待宰的牛羊与行人抢道；屠宰场里，废弃物经常造成管道堵塞，污水横流。"赛马场是乌鲁木齐市目前最大的一处牛羊屠宰场，占乌市日屠宰量的80%左右。相关报道总结说："它的建成要追溯到 9 年前，由于历史原因，该屠宰场缺乏科学规划，污水处理、粪便处理等环保防疫措施均不健全，配套的羊舍、固体废物收集处置所、皮毛市场、肉类批发市场等也不规范。"[1]为什么"高大上"的现代化屠宰场兼配套的肉类市场无人问津，市民却钟爱"脏乱差"的农贸屠宰市场?除了习惯问题之外，更重要的是一种信任感。在市场里，每一头牲口的状态都是可以看得见的，屠宰的过程也清清楚楚，市民与小贩、屠宰户之间在这 9 年里建立了密切的伙伴关系。有的摊贩甚至建立了自己的顾客微信群，一旦有"好货"，就会在群里发个信息，顾客就会按约定的时间把货物抢购一空。这个营销方式有点类似波伦描述的波里菲斯农场。而所谓的现代化大型屠宰场却摆出一副冷冰冰的面孔，疏远了人与食物之间的亲密关系。像很多以科学主义为基础的现代化技术一样，它的目的单一而直接：它除了提供分级的肉之外，什么都不提供。现代化的屠宰场无助于我们构建诚信社会和温情社会。

2.3.3 生态面临的高风险

一百多年前，《屠场》里揭示了大型的美国屠宰场把屠宰后的一些废弃的下脚料（如血、粪便和不要的内脏）随便丢弃在旁边的洼地里，这导致整个芝加哥城臭气冲天，病菌、病毒弥漫。这种特殊的臭气甚至成了芝加哥的标志。不管你是坐火车还是汽车，只要你

---

[1] "乌鲁木齐屠宰场之痒：旧的不关新的难开：一个设备齐全空荡荡，开张没人来；一个臭气熏天好热闹，想关关不掉"，载新疆天山网：http://www.ts.cn/GB/channel3/98/200408/02/102116.html.

闻到这种气味，那就意味着芝加哥快到了。

一百多年过去了，由于各种技术的进步，各种新型化学品的发明，从外观上来看，大型屠宰场的臭气和污垢似乎少了很多。但事实上，为了处理屠宰场的废弃物，我们依然面临着很高的代价和风险。

首先是消毒药液的污染。大型屠宰场一般采用1%~2%的火碱进行冲洗消毒，其污水可使土壤含碱量增大，造成板结。本来屠宰场里的废弃物里包含的一些动物粪便，是很好的农家肥，可惜这些废料是和消毒水、血水、皮毛等混在一起的，根本不能作为肥料使用。就算我们把各类废弃物分类堆放，但由于其量太大，周围的农田根本消化不了这么多农家肥，如果运到别的地方成本又太高。当然，有的学者提出可以用来生产沼气，但目前还没有成熟的技术。如果我们的屠宰点能分散一些，每次屠宰的动物不太多——其废弃物刚好是周围农田、环境能消耗的量，这样是不是更好一些?

屠宰场最头痛的就是污水问题。污水里含有的各种有机质太多，如果处理不当会造成周围水体富营养化。水里的有机物分解还会产生大量的H_2S、NH_3和硫醇等恶臭物质。

此外，病原微生物污染也有很高的生态风险和社会风险。虽然我们建立了严格的检疫方法和制度，但是很多疾病是潜伏的，也就是说在潜伏期内的病用常规的方法是检查不出来的。大型屠宰场一天里屠宰的几千头牲口的血水、皮毛、内脏等混在一起的废弃物，其本身就是细菌、病毒、寄生虫等病原体的培养基。这将对人类和其他动物的生命健康造成很大的威胁。

当然，一些科学家正在致力于把这些废弃物“变废为宝”。这些废料有了更好的用途——制作成动物饲料！其中包括食草动物牛的饲料——这导致了“疯牛病”的蔓延。与其这样老想着用技术的方法去弥补技术导致的窟窿，我们为什么不反思一下我们的道路对不对呢？在我小时候的印象中，家里宰一只鸡几乎不会有什么废弃物。鸡血、鸡内脏都是美味佳肴，那时候肉吃得不多，所以不用担心鸡内脏的胆固醇问题；鸡毛可以扎成鸡毛扫；就连鸡肫里面无法进食很硬的内壁也可以扒下来晒干变成“鸡内金”，拿到医药公司去卖掉——当时的医药公司会收购鸡内金、干的橘子皮之类的中药。在波伦赞誉的波里菲斯农场，这些废弃物会被用来堆肥——动物们出生、成长、死亡都在这片土地上，最后还通过堆肥或人体转化的形式，回归自然，回到起点。

2.4 餐饮工业化：快餐生活

> 我们进食的方式代表了人类与自然界最深刻的关系。人类借由进食，日复一日地将自然转换成文化，将世界转换成我们的身体与心灵。饮食造就了人类。工业化饮食最棘手与悲哀之处，在于其彻底掩埋了人类与各种食品的关系与联系。
>
> ——麦可·波伦[1]

我们知道，人类食物史的第一项革命就是烹调的发明，烹调在人类进化史上有着重要的意义。费尔南多-阿梅斯托给予了烹调很高的评价："烹调是人类进行的第一项化学活动。烹调革命是破天荒的科学革命：人类经由实验和观察，发现烹调能造成物质性质的变化，改变味道，使食物较易于消化。"[2]烹饪对于人类来说是如此重要，但是我们却往往会贬低它的价值。或许也正因为烹饪如此重要又如此平凡，我们才忽视了，就像我们对待空气一样。

现代社会很不幸的是，阿梅斯托所赞誉的这项"破天荒"的科学革命正在更新的科学革命下、在科学的名义下土崩瓦解。做饭实现了工业化，原来各自在家的"化学实验"成了各大餐饮公司烹调师的专职工作，原来"众口难调"、多种多样的口味成了统一的"工业化"全球味道，烹调也从一项艺术变成了一道工序。

对比一下以前，我们的吃饭方式发生的最深刻的变化是什么呢？

---

〔1〕［美］迈克尔·波伦：《杂食者的两难：速食、有机和野生食物的自然史》，邓子衿译，大家出版社 2012 年版，序言。

〔2〕［英］菲利普·费尔南多-阿梅斯托：《文明的口味：人类食物的历史》，韩良忆译，新世纪出版社 2013 年版，第 12 页。

2.4.1 到快餐店去吃饭

首先从吃饭的地点上来看，在传统社会里，吃饭一般都是在家里。从菜的挑选、清洗到制作都是由家人共同完成的，有时我们甚至还要自己栽种和养殖自己的食物。在欧洲的传统社会，宫廷和大户人家都有自己的厨师，如果不是出远门或者去喝“花酒”，很少会在外面吃饭，请客也一般是在家里设宴席。家里厨师的手艺、仆人的服务水平、菜式的内容以及所用的餐具都会充分展现主人的地位和财富。讲究的贵族到别人家做客还会带上厨师、一两个仆人和自己的餐具。从意大利的餐具柜（credenza）到英国的“财富橱柜”，餐厅角落的餐具柜中装满了金的或银的各式最能显示主人地位的器皿，而客人们也会热心地揣摩这些器皿的成色、产地、手工、数量和摆设的分层，以及所显示出来的富裕程度。正如 C. M. 伍尔格（C. M. Woolgar）所总结的，欧洲中世纪饮食的关键性决定因素是展现社会等级和联系并进行社会竞争。〔1〕中世纪的法国或许有许多咖啡馆和酒吧，但都不是现代意义上的“饭店”。直到 18 世纪末 19 世纪初，现代意义的饭店才在巴黎——欧洲的美食之都——如雨后春笋般涌现。在法国大革命前，巴黎只有不到 100 家餐厅，到了 1804 年，这个数字翻了五六倍，到了 1834 年，餐厅的数量已超过 2000 家。当然，与此同时，外出就餐也成了欧洲人的习惯。根据让·马克·范豪特（Jean Marc Vanboutte）所宣称的，19 世纪上半叶，巴黎 80 万人口中有 6 万人每天都去餐厅用餐，如果算上小饭店和酒馆，估计有 10 万人每天去用餐。〔2〕在伦敦，第一家有据可依的餐厅是于 1865 年开业的皇家咖啡馆。皇家咖啡馆分为三个部分：餐厅、烧烤室和楼下的棋牌室，棋牌室后来变成了啤酒馆。在此之前，英国的中

---

〔1〕［美］C. M. 伍尔格：“宴会与斋戒：中世纪欧洲的食物与味道”，载［美］保罗·弗里德曼主编：《食物：味道的历史》，董舒琪译，浙江大学出版社 2015 年版，第 147 页。

〔2〕［美］阿兰·德鲁阿：“大厨、美食家和饕餮者：19、20 世纪的法国美食”，载［美］保罗·弗里德曼主编：《食物：味道的历史》，董舒琪译，浙江大学出版社 2015 年版，第 239~240 页。

产阶级找不到一个像样的餐厅，街上只有低档的酒店和小酒吧。[1]至于美国的餐厅，特别是高档餐厅是欧洲风尚引入的产物。艾略特·肖尔（Elliott Shore）甚至认为是法国人——在纽约开的第一家法国餐厅的老板乔凡尼·德尔·莫尼克（Giovanni Del-Monico）——“使用品质最上乘的食材以及最新的烹饪和上菜技巧，教会了美国人什么是真正的味道。他们是第一家使用英法一一对应菜单的餐厅，这样才使美国乡巴佬更快适用精英饮食”。[2]

与欧洲相比，中国古代的饭店——公共用餐设施——出现得较早，外出就餐的观念也较为普遍。有些大饭店可以一次供成百上千人用餐，也有一些小酒家和客栈之类的可以容纳几个人吃饭喝酒的地方。研究中国美食史的专家乔安娜·韦利-科恩（Joanna Waley-Cohen）特别提到，北宋首都开封以其南系菜系而著称，这些餐馆既提供本地产的淡水鱼、海鲜和大米饭等南方菜，也提供红肉、小麦面食等北方菜。迁都到杭州之后，餐馆更是蓬勃发展，从远方采购食材成为时尚——这既是因为当时的杭州不仅“满是口味挑剔的市民”，还有“在此逗留的商人和来自四面八方的无家可归的难民”，杭州的餐馆可以满足不同地域的口味，包括穆斯林等特殊人群的饮食习惯。[3]1280年，马可·波罗来到杭州，对中国的餐厅也只能望洋兴叹。

在我的印象中，吃饭的时间总是一家人聚在一起的时间，分享一天的工作或者学习情况，不论是高兴还是悲伤。遇到困境还可以提出来让家人帮忙出主意。在忙碌的都市生活中，或许也只有吃饭时间是一家人最齐全的时间了，饭后我们又是各自忙了。孩子要写作业，父母要干家务，爷爷奶奶要去散步或者看电视。但是工业化

---

〔1〕［美］艾略特·肖尔：“下馆子：餐厅的发展”，载［美］保罗·弗里德曼主编：《食物：味道的历史》，董舒琪译，浙江大学出版社2015年版，第279页。

〔2〕［美］艾略特·肖尔：“下馆子：餐厅的发展”，载［美］保罗·弗里德曼主编：《食物：味道的历史》，董舒琪译，浙江大学出版社2015年版，第277页。

〔3〕［美］乔安娜·韦利-科恩：“追求完美的平衡：中国的味道与美食”，载［美］保罗·弗里德曼主编：《食物：味道的历史》，董舒琪译，浙江大学出版社2015年版，第77页。

的社会节奏却不允许我们“在家吃饭”，特别是年轻的新城市一族，在他们没有成家之前，吃饭问题几乎都是在外面解决的。

如果说，在中国，随着经济的发展，外出就餐成了一种时尚，那么到了今天，“在外将就将就，凑合着吃”似乎成了一种迫不得已的选择。2014 年 7 月 8 日，本来生活网联合零点调查公司在北京发布了中国首份《中国大城市白领“回家吃饭”情况调研》。发布会上，零点调查公司总裁袁岳代表主办方提出了“7·17 回家吃饭”的倡议，号召大家将 7 月 17 日定为“回家吃饭日”，提倡当天“不加班、不应酬、回家吃饭”。该报告从北京、上海、广州、深圳选取了 1042 个年龄在 18 岁~60 岁、月收入 4000 元以上的都市白领，调查了他们回家吃饭的现状。大城市白领工作压力大、应酬多、节奏快，私人时间被严重压缩，回家吃饭变得困难。“工作忙，没时间”已经成为人们回家吃饭最大的“拦路虎”。以北京、广州、深圳三地为例，结果发现，近四成的大城市白领更多是在外解决吃饭问题。其中，深圳白领在外吃饭比例达到 42.4%，居三城市之首，北京白领中的 35.2%也在外吃饭。回家吃饭这一中国传统家庭活动已经被繁忙的都市生活冲淡，女人更顾家的传统观念似乎正在改变。有 40%的女性白领表示“不愿下厨”。男性白领却只有 32%对下厨不感兴趣。在“经常回家吃饭”的人群中，有 84%的人会为了健康特别注意饮食。人们越来越少回家吃饭，引发的问题也越来越多。例如，开销大和食品安全无法保证。以晚餐为例，49.7%的人在家吃饭开销低于 20 元，而只有 9.9%的人在外吃饭开销低于 20 元，40%在外吃饭的人开销高达 50 元/餐~100 元/餐。[1]

2.4.2 吃饭的高效率

我们的进餐革命其次是体现在效率上——就餐的速度和准备食物的速度都是传统社会望尘莫及的。在这方面，麦当劳是当之无愧的典范——不管是欧洲的咖啡馆还是中国的大饭店，提供食物的效

---

〔1〕 食品商务网：http://news.21food.cn/38/1716404.html；新浪新闻：http://news.sina.com.cn/o/2014-07-08/230330489043.shtml.

率和速度都无法与之比拟。我们前面提到过，法国以高档餐厅著称，但是美国在快餐方面却独占鳌头。世界上第一家自助餐厅——纽约交易所餐厅——于 1885 年开业，专门为交易所里忙碌的人们提供餐饮；世界上第一家连锁餐厅于 1888 年在纽约开业。

麦当劳作为美国文化的代表，它具有现代工业化的最基本特征——标准化和单一化。追溯到汉堡的诞生，其本身就是工业时代的产物。19 世纪末，美国的工厂如雨后春笋般在各个城市涌现，同时城镇化加剧，工人们住的地方离工厂较远，他们不太可能每天都从工厂回去吃饭。白天上班的工人们还可以去杂货店或街边的小摊进食，但是上夜班的工人们如何找到吃的就成了问题，因为当时的杂货店不是 24 小时营业的。一些小商贩看到了其中的商机，就搞了一些餐车开到工厂门口，通宵营业。当时香肠是最受欢迎的食物之一，由于餐车不提供座位，拿着盘子之类站着吃也很不方便，用面包夹着香肠的吃法便应运而生了。之后又产生了两片面包夹着牛肉饼的吃法。到了 19 世纪 90 年代，这种“夹式牛排”已经成了美国的经典吃法。到了 20 世纪早期，这种类似三明治的“汉堡三明治”被称为“汉堡”，而且成了美国家庭的主食。[1]而麦当劳就是把“汉堡”各方面的优点和缺点都发挥到极致的商家。

我们前面提到过，最初的餐馆的商业化在某种程度上提高了厨师的社会地位。烹调本身在古代社会中的地位并不高。在古希腊，烹调是奴隶的工作。亚里士多德在《政治学》中把烹调归为奴隶的知识技能，高贵的奴隶主进行的则是哲学的思考。在中国古代，厨师被称作“庖人”。庖人倒不至于是奴隶，在中国古代，厨房的活是技术活，能做一手好菜或许还能给庖人带来财富和官衔。但是，孟子却说“君子远庖厨”。这也说明了厨房的活是粗活，甚至很残忍。随着欧洲文艺复兴的兴起，宫廷瓦解，厨师逐渐从“家仆”变成了自由职业的“市场人”，“做饭”也成了“厨艺”。在消费主义盛行的资本主义社会，烹调占据了一席之地，厨师也成了厨房里的艺术

---

〔1〕［美］安德鲁·F. 史密斯：《吃的全球史：汉堡》，陈燕译，漓江出版社 2014 年版，第 16~21 页。

家。让·安泰尔姆·布里亚-萨瓦兰（Jean Anthelme Brillat-Savarin）在1825年的时候还出版了一本描写美食和厨师的著作——《厨房里的哲学家》。在中国，虽然国人好吃，但到目前为止，当一个孩子说要“成为厨师”的时候，我们仍不承认这是“理想”。但不可否认，无论在中国还是西方，厨师特别是顶级厨师都属于高收入人群。

但是随着麦当劳的出现，厨师这位“厨房的艺术家”马上被贬低了。麦当劳的生产有严格的类似工厂一样的分工和工作流程。麦当劳没有传统餐厅的大厨，而是采取像福特公司的流水线作业那样的生产方式。在工业时代，麦当劳兄弟的厨房就安装了大型烤肉架和制作奶昔的多重搅拌机。这种搅拌机可以同时在金属容器中打制多种口味的奶昔。制作完成后，机器容器中的奶昔还会自动倒入纸杯中。在新时代，麦当劳是第一家采取电脑控制烹饪时间和温度的快餐公司。由于麦当劳采取了标准化的工作流程，将复杂的厨房工作分解成若干简单的工作，既节约了时间又减少了劳动力成本——美国快餐业面临的最大的问题是劳动力成本的上升和高品质劳工的短缺。标准化流程让一些没有什么烹饪技能的工人只需要经过短时间的培训，就能做出同样美味的汉堡和薯条，更避免了类似中餐馆只要大厨一走，整个餐厅就面临倒闭的危险。

而且，员工的“去技能化”也意味着员工之间可以相互调换。要做到这一点，麦当劳就必须把每一个细小的步骤都量化：生的麦当劳汉堡包的重量必须恰好是1.6盎司——10个汉堡包必须要有一磅肉。预制的汉堡包直径尺寸要精确到3.875英寸，小圆包要精确到3.5英寸。为此，麦当劳还发明了“脂肪分析器”（fatilyzer）以确保汉堡包的精确性。脂肪分析器可以确保每一个汉堡包肉的脂肪含量不超过19%，因为如果脂肪含量过多就会导致汉堡包在加工的时候出现较大的收缩从而不能保证汉堡包的尺寸。烤炉可以一次烤8个汉堡包，一次38秒；前台收银现金交易平均12秒每人次。正是靠着一套标准化流程，麦当劳为顾客提供了快捷、可靠又便宜的食物，麦当劳才可以在全球迅速扩张，占据了全球快餐业榜首。

麦当劳的标准食物是汉堡、薯条、无酒精饮料。这些标准食物是麦当劳的特色，不管麦当劳把分店开到哪里，尽管会根据当地的饮食习惯做出一些调整，但仍然保持了基本的菜谱。除了基本菜谱，麦当劳的品种非常有限。这种单调的菜单在华生看来正是平等的表现：在麦当劳大家点的食物、品种和数量都差不多，没有什么攀比机会；而在传统餐厅，如果你只点了几个菜，而邻桌的土豪却是山珍海味，你就会觉得颜面扫地。[1]

瑞泽尔在总结麦当劳的体系时指出了四点：一是高效率，麦当劳不但制作食物高效率，服务客人也非常高效率，提供免下车服务，门店内的翻牌速度、点餐速度、收银速度非常快。二是可计算性，麦当劳开设的门店之间的距离是一定的，价格是统一的（在一定范围内），上餐的时间是一定的，食物的分量也是一定的，这些固定值带来了高度的可计算性。三是可预测性，麦当劳在全球的风格都是统一的，尽管有一些融入了地方食谱，但是基本的菜谱是不变的。我们无论在哪里、在哪一天去麦当劳吃汉堡，它的味道和分量都不会相差太远，连门店外形和里面的装修都差不多。这种高度的可预测性会给人一种安心的感觉，特别是给了在海外的美国人一种“家的感觉”——事实上，很多海外的麦当劳就是为当地的美国人而开的。四是控制，麦当劳对在麦当劳的所有人——包括员工和顾客——都施加了各种控制。员工的工作步骤、顾客的排队、食品的选择、自己收拾桌子、较少的座位等，使麦当劳里的一切都按照其设计者预想的那样行事。[2]这四点正是工业社会的核心原则，它们和麦当劳的程序化和单一性相辅相成。只有程序化和标准化才能带来高效率和高度的可控性，而菜式的单一则带来了高度的可计算性和预测性；而高效率的要求会进一步促进程序化、标准化；可计算性和预测性要求菜式不能太复杂，简单的几种食物价格相加计算不会太复杂，这也能提高收银速度。况且麦当劳还设计了一系列套餐，里面包含了汉堡包、薯条和饮料，菜式更为单一，更进一步强化了高效率、可计算性和预测性。正如所有的工业系统一样，麦当劳系统强

[1]［美］詹姆斯·华生：《金拱向东：麦当劳在东亚》，祝鹏程译，浙江大学出版社 2015 年版，第 41 页。

[2]［美］乔治·瑞泽尔：《汉堡统治世界?! 社会的麦当劳化》，姚伟等译，中国人民大学出版社 2014 年版，第 26~28 页。

调的不是质而是量，在麦当劳就餐的顾客从来没有被放到第一位，他们被当作“客流量”。而麦当劳式的快餐业的发展也正是“科学”的发展结果：快餐业的策略是建立在社会人口统计学、销售统计和其他各种统计的基础上的。

再者，我们的就餐时间发生了变化。之前，我们的传统是一日三餐，很少有夜宵吃，当然，富人或许能有个休闲的下午茶，但大多数人一日三餐基本还是正常的。而现在，我们常常掐着时间起床，为了多睡一会儿，常常把早餐给省了；有时候工作一忙起来连午餐也不能按时吃；晚上回到家，一般就是对付着吃点，而且随着对苗条的追求，越来越多的人把晚餐都省了。现代人睡得越来越晚，吃夜宵的人日益增多，麦当劳也变成了24小时的营业店。根据对重庆市21岁~35岁职业女性的饮食习惯进行初步探索，调查结果显示：接受调查的600名女性中近3个月来，有46%的女性不能每天定时用餐，有44%的女性做不到每天吃早餐，其中8%的女性表示自己不吃早餐，年龄段主要集中在21岁~27岁，有15.34%的女性做不到每天吃主食，有14%的女性不是每天吃蔬菜，有63%的女性不是每天吃水果。调查还显示出了一些年龄的变化，年龄稍大并且已婚的女性一日三餐的时间比较固定。[1] 另有一项针对合肥、天津等城市1115位城市单身生活人士的饮食习惯调查。调查显示，接受调查的城市单身生活人群日常平均每天就餐次数约为2.9次，其中平均每天就餐次数2次及以下的占14.5%，3次的占79.0%，4次及以上的占6.5%。其中男性平均每天就餐3次的频率比女性少，而非3次的频率比女性高；女性少就餐情况比男性多，男性多就餐情况比女性多；不同职业人群日常平均每天就餐次数也不相同，有固定工作的较无固定工作的日常就餐更有规律。[2] 由此可见，我们的就餐时间越来越随意了，这一方面是因为我们并不太看重“吃饭”这件事情本身，吃不吃，少吃点多吃点都无所谓；另一方面是我们身边随时

---

〔1〕 郑靖民等：“重庆市城市21~35岁职业女性膳食结构及饮食习惯现状调查”，载《重庆医学》2015年第12期。

〔2〕 黄伟等：“城市单身生活人群饮食习惯调查与分析”，载《卫生研究》2012年第4期。

都有很多小零食，随时随地，只要想吃就可以很方便地把它们塞进嘴里，等到真正的用餐时间到了，我们反而吃不下正餐了。

2.4.3 消灭厨房

最初提出“反烹调”的是一些激进的女性主义者和社会主义者。因为无论在东方还是在西方，顶级酒店或宫廷里的“大厨”往往都是男人，而家里日常做饭的却几乎都是女人。女性主义认为正是做饭、生儿育女这样的家庭生活阻止了妇女的解放，要实现妇女解放就要把女性从厨房里解放出来，以专业化的“科学”方式解决吃饭问题。美国女性主义者查勒特·吉尔曼（Charlotte Perkins Gilman）就直言不讳地说，要在大多数人的生活中铲除烹调这件事，使人们看不到、听不到、闻不到食橱和火炉，人们最好生活在没有厨房的公寓里，至于做饭这样的事情就交给专业的“制餐工厂”来做就好了。特别是现代的“反烹饪运动”更是远离了初衷，成了餐饮工业化的鼓吹手。社会主义者也认为我们的家庭不需要厨房。在贝拉米（Edward Bellamy）于 1887 年构建的乌托邦里，人们是按照报纸上的菜单订餐，然后聚集在宏伟庄严的“人民食堂”用餐。早期的苏联政府将私人厨房视作假想敌，担心人们会在那儿谈论政治。“厨房是资本主义的东西，一个家庭如果拥有了厨房，就在某种程度上有了私人生活和私人资产。”俄罗斯作家和记者亚历山大·吉尼斯认为：“当年，厨房是最危险的地方，‘共产主义厨房就是战区’。那时的厨房气氛紧张、冲突频发。水壶和锅上都做了标记，柜子要上锁。每个共产主义公寓人员都很密集，人们相互监督，互相举报，你永远不知道谁会出卖你——共产主义厨房可不是款待朋友的地方。”[1]一直到 20 世纪 50 年代，“赫鲁晓夫楼”的兴建才结束了苏联公众没有私人厨房的历史。1959 年，赫鲁晓夫还和时任美国副总统的尼克松发生过著名的“厨房辩论”。我国也有过“消灭厨房”的实践：在人民公社运动中，还产生了以“粮食烹调增量法”为主体的“做

---

〔1〕 张慧：“‘厨房政治’谈笑间改变苏联”，载人民网：http://history.people.com.cn/n/2014/0620/c372327-25177187.html.

饭技术革新运动”。[1]

不管是女权主义运动、苏联的“共产主义厨房”还是我国的人民公社运动都没有达到“消灭厨房”的目的。如今，在饮食工业化的浪潮下，无论是社会主义还是资本主义，“消灭厨房”的理想几乎都实现了。人们外出就餐的次数越来越多，我们不仅可以下馆子，还可以根据报纸的广告和外卖平台订餐，电脑、手机就在我们身边，鼠标一点、电话一拨，包装完好的外卖在半小时内就可以送到我们面前。既然我们几乎不用自己做饭，那么我们还要厨房干什么？特别是在大都市里，“寸土寸金”，厨房最先会被考虑在省略之列。我国《住宅设计规范》当中对厨房的面积做出过规定，5 平方米是最低限，6 平方米是温饱型，而 9 平方米及以上为享受型。西欧和美国近年来研究确定，独立型厨房面积为 6 平方米~8 平方米，餐厅式厨房面积为 7 平方米~10 平方米。当然，5 平方米的规定是相对于独立厨房而言的，很多“新概念厨房”远远达不到这个数。“厨房”只是在饭厅或者客厅边上装一排橱柜。在现代家居中，厨房的面积仅仅大于厕所。汉代厨房的面积在整个居住空间中的比例比较大，与正房和厢房面积大致相同或略大一些。[2]没有厨房的单间深受城市白领一族的欢迎。随着厨房的消失或者单一的功能化，与之相连的厨房文化也消失了。在传统社会，在房屋的建造中，人们首先考虑的要素是大门、堂屋和灶这三个要素。这三个要素必须放在“吉位”上。在东四宅中，震（东）、巽（东南）、离（南）、坎（北）四个宅位为吉位，其他四个方位是凶位；反之，在西四宅中，艮位（东北）、坤位（西南）、兑位（西）、乾位（西北）四个宅位为吉位，其他四个方位是凶位。而坐北朝南的北京四合院、山西晋中民居等，

---

[1] 1959 年，辽宁省黑山县大虎山卫星公社三台子管理区副业生产队集体食堂创造出了玉米“先蒸、后磨、再煮”的做法，即先将苞米蒸到五分熟，然后将半生不熟的苞米拿去磨，磨成粉状后拌水做成馍，最后再将馍蒸熟。经试验，旧做法 1 斤苞米只能出馍 1.5 斤~1.7 斤，而新做法 1 斤苞米能出馍 2.5 斤~2.7 斤，通过改进做饭方法能够大幅度提高苞米的出饭量。

[2] 郑勉勉：“论中国汉式厨房的发展与演变”，南京艺术学院 2014 年硕士学位论文。

堂屋都是设在坎位（北面），而大门都是设在巽位（东南方向），厨房一般位于吉位震和离。[1]中国还有每年农历腊月二十四祭灶神的习俗，一直延续至今——这只是对真正有火灶的农村而言。

另外一方面更为深刻的"厨房革命"是方便食品带来的革命。快餐化的方便食品已经全面入侵到我们的家庭并且十分流行：各种腌好的牛排，半成品的比萨、炸薯条、爆米花、炸鸡等。你只需要把这些食品买回家，按照说明把食物放在微波炉里转动几分钟，等听到"叮"的提示声，你直接把食品拿出来就可以说是"饭做好了"。这种家制的快餐方便快捷，不需要任何烹饪技巧，味道还不错，而且不会产生太多油烟。微波炉这样的做饭工具——身形轻小，美观大方，和其他电器没有太大区别，放在卧室都不会影响美观和气味。所以，我们实在没有理由要为厨房浪费空间。这些家制快餐比去麦当劳更方便。你不必非得出门或者打电话订餐之后等上一段时间，你只需从冰箱里拿出食物塞进微波炉就可以了。厨房因此很难在严格意义上说是"做饭的地方"，我们能把方便食品塞进微波炉里，或者烧个开水泡面称为"做饭"吗？现代的厨房与其说是"做饭"的地方，还不如说是食品储存室。在传统的厨房里，炉灶是重点；在现代的厨房里，冰箱处于中心位置。很多家庭的厨房实际上就是冰箱+微波炉。

家制快餐特别适合一边看电视、一边玩电子游戏一边做；吃的时候也可以一边看电视、一边玩游戏一边吃。这样既看了电视又吃了饭，是不是很符合现代人对效率的要求？等你吃完之后，你再也想不起来你吃的食品是什么味道，你甚至想不起来你究竟吃了什么——鸡肉？牛肉？还是马铃薯？其实吃什么味道都差不多。波伦对这些快餐化食品的"后现代"描述再恰当不过了："速食缺乏风味，所以我们很快就会吃完，而且如果你越专注，这东西吃起来越不像是食物的味道。我之前说麦当劳提供的是一种慰藉的食物，但是咬了几口了之后，我开始比较认为他们贩卖的是更概念上的东西：慰藉食物的符号。所以你吃得更多、吃得更快，希望在起司汉堡和

---

[1] 王其均："中国传统厨房研究"，载《南方建筑》2011 年第 6 期。

薯条的原始概念消失在天边之前能够抓住它们。所以，事情就是这样，你一口接着一口，依然无法满足，最后得到的只是单纯而可悲的饱足感而已。”〔1〕你是不是也有同感？

现代食品工业还有一个消灭厨房的狠招，那就是比家制快餐更方便的食品，不需要任何加工，撕开包装塞进嘴里就行。这些食品在超市里应有尽有：快餐面、火腿肠、饼干、蛋糕、各种饮料和各式罐头。以前我们只把这些方便食品当作零食、点心，但是现在越来越多的年轻人竟把方便食品当作正餐！这种新型的超市动物（supermarket animal）大多是城市里的白领，他们很多都生活在优越的家庭里，除了读书之外很少干家务，特别是一些孩子初中就住校一直到参加工作，他们不知道如何做饭。而如今，他们离开父母所在地，单独在大城市里工作，各种方便食品充斥着他们的房间。这些年轻人不需要厨房的主要原因是所谓的“忙”——忙着玩游戏，忙着和朋友们看电影、聚会，方便食品为他们节约了更多的时间。有新闻报道，一些女白领在零食上的开支已经超过了正餐。〔2〕

为什么这些非常不健康的食品可以占据我们的胃？和麦当劳的“科学化”“技术化”一样，这些工业食品也是“科学化”的结果。为了保证新出品的饮料能够激发人们的欲望，食品公司的专业技术人员需要用高等数学还原分析，绘制一系列复杂的图表来寻求人体味蕾所谓的“极乐点”，以精确地计算出各种味道的比例和使用量。食品工业的科学家们长期在追求如何增加食品的诱惑力，各个领域的成果都可以借鉴。一些食品巨头的科学家现在使用脑部扫描来研究我们的神经功能对某种食物的反应，特别是对糖的反应。科学家们发现，大脑对糖的反应与对可卡因的反应是一样的。这些最新的科学成果马上被运用到了食品制造上，糖在工业食品中的含量相应提高，以含糖高著称的各种产品如饮料、甜甜圈、巧克力等食品销量大增。位于美国费城的莫奈尔化学感官中心（Monell Chemical Senses

〔1〕［美］迈克尔·波伦：《杂食者的两难：速食、有机和野生食物的自然史》，邓子衿译，大家出版社2012年版，第127页。

〔2〕 http://money.591hx.com/article/2013-09-30/0000268055s.shtml.

Center）就是专门研究人类感官反应的科学研究中心。该中心成立于 1968 年，是一个非盈利的独立科学研究中心。莫奈尔中心采取运用跨学科高度协作的研究方式，40 年来，300 余名生理学家、化学家、神经学家、生物学家和遗传学家都曾多次受邀来到莫奈尔中心提供协助研究人体对食品的热爱和味觉、嗅觉以及心理上的关系。〔1〕除了口感，人体研究、心理学研究的成果也被广泛运用到食品包装和广告效应上。食品加工从一种厨房艺术变成了科学事业，厨师也变成了食品公司里的技术人员。尽管莫奈尔研究中心是“独立”的，科学家们选择研究课题的标准是基于自己的兴趣和好奇心，并且秉承着追求知识的原则，但是迈克尔·莫尔（Micheal Moss）却揭露中心每年能够得到的联邦补助仅为 1.75 亿美元，这仅够支付中心花销的一半。另一半经费基本来自于食品产业：百事可乐、可口可乐、卡夫、雀巢、菲利普·莫利斯等。在莫奈尔中心，这些公司因为对其提供研究资金而能够随意进出中心的实验室，能够在第一时间知道研究结果——这通常要比外界早 3 年左右，这些公司还可以聘请中心的一些科学家按照公司的特殊要求进行一些专门的研究。〔2〕在精确的“科学”计算下，人类似乎成了饥饿的蠢驴，只会跟着胡萝卜跑而失去了对食物的基本判断。

除去营养价值不说，方便食品的方便是以安全的高风险为代价的。我们可以回到 20 世纪看看美国的例子。

在 1906 年的进步运动中，厄普顿·辛克莱（Upton Sinclair）在《屠场》（*The Jungle*）中描写了芝加哥屠宰场——那里是美国最大的屠宰场，有着骇人听闻的恶劣条件：许多待宰的牛到达屠宰场的时候浑身都是脓包，或者是得了结核病、甲状腺肿大，甚至已经死亡，这些恶劣的牛肉都被做成了牛肉罐头。“所谓的‘五香牛肉’就是这样的牛肉做成的，”辛克莱写道，“被这样的罐头害死的美国士兵〔3〕

---

〔1〕［美］迈克尔·莫斯：《盐糖脂：食品巨头是如何操纵我们的》，张佳安译，中信出版社 2015 年版，第 7 页。

〔2〕［美］迈克尔·莫斯：《盐糖脂：食品巨头是如何操纵我们的》，张佳安译，中信出版社 2015 年版，第 8 页。

〔3〕当时牛肉罐头的食用者主要是美国士兵。

不知道比西班牙人枪口下死的士兵多多少倍。”[1]还有很多腐烂的、发霉变白的肉“经过硼砂和甘油处理后，倒进绞肉机的漏斗里”，又被做成了香肠。有些肉就胡乱地堆在地上，地上满是尘土和锯末，工人们就在地面上踩踏，往地上吐含有数十亿肺结核病菌的痰和口水。在阴暗的仓库里，大堆大堆的肉被老鼠屎覆盖着。屠场主们用下了毒的面包来毒死老鼠，工人们把“死老鼠、毒面包和肉一起送进了绞肉机漏斗——跟香肠里的其他东西比，死老鼠不算什么”。这些东西最终被制成火腿肠在超市里出售——更让人气愤的是这些劣质食品还被贴上“特制”“特等品”的标签！[2]之后，《纽约时报》也揭露，运往康尼岛的法兰克福香肠是用酒店扔掉的动物内脏和肥料制成的，而且是用其中“腐烂得最严重”的部分来制成的。20世纪60年代，拉尔夫·纳德（Ralph Nader）指控肉类加工厂使用了危险的新型化学品来处理变质的肉类，而加工厂用来制作肉制品的是“4D动物”，“4D”即死的（dead）、濒死的（dying）、患病的（diseased）和残疾的（disabled）。

正是辛克莱的著作促使了美国《联邦肉类检查法》（Meat Inspection Act）的出台。一开始，美国的肉类加工商非常反对该法案，特别是法律要求政府在屠宰场常驻观察员。但是，面对公众的担忧和愤怒，加工商意识到他们会失去大批量的消费者，而政府的建议能够向消费者保证他们产品的安全性。加工商们转而支持该法案。现在美国出产的肉类都被盖上了美国农业部的公章，加工商们在广告上广泛宣传：“美国检验（U.S. Inspection）标签，Armour公司[3]的每一磅、每一包产品都有，标记的真实性保证Armour出品的食品洁净、健康。”更棒的是，这不需要加工商付一分钱，因为整个检验费用都是由纳税人承担的。以至于后来辛克莱指责《联邦肉类检查法》是为肉类加工商而制定的。

---

〔1〕［美］厄普顿·辛克莱：《屠场》，薄景山译，四川文艺出版社2010年版，第96页。

〔2〕［美］厄普顿·辛克莱：《屠场》，薄景山译，四川文艺出版社2010年版，第136~137页。

〔3〕Armour & Company，是美国最大的肉类加工公司之一，于1867年由Armour兄弟在芝加哥创立。

当时的美国“肉加工危机”主要涉及肉类方便食品：罐头和香肠。20 世纪 80 年代，美国发生的“E. Coli 大肠杆菌中毒事件”也是由深加工的碎肉造成的。因为碎牛肉是在一个巨大的设备中被磨碎的，其中有几百头牛的肉混合在一起，只要其中有一头牛是杆菌携带者，杆菌就会污染所有的牛肉。20 世纪 90 年代的英国“疯牛病”的蔓延也是由深加工牛肉引起的。辛克莱描写的场面和今天我国媒体上披露的“黑心工厂”生产出来的“黑心食品”并没有什么两样，但是消费群体却大不一样：目前，中国的方便食品的消费主力是年轻白领和他们的孩子；而在美国，这些深加工的方便食品都是城市工人阶级的主食，其中一大部分是出生在外国的移民，或是教育程度低的美国农村移民。而这一群体恰恰是不太可能读类似《屠场》这样反映社会问题的进步作品的，《屠场》的读者主要是中产阶级。中产阶级深悉其中的危害。另外，罐头、香肠之类的深加工食品可以以次充好，添加剂可以让其保质期更长，所以价格远远低于鲜肉。美国城市的很多工人阶级除了吃这些深加工的肉类，根本吃不起鲜肉。[1]

除了致病菌和病毒之外，方便食品还有一些隐性的毒素。如果你是个足够小心的人，你一定会注意到超市里的方便食品的成分表里面有很多看不懂的化学成分：酪朊酸钠是什么？单硬脂酸甘油酯又是什么？还有很多看不懂的标签：国际 GB2760 标准，不含反式脂肪酸，富含 DHA……这些复杂的成分对我们的健康和环境有害吗？这些难懂的标签到底指的是什么？我们一般只能通过大众媒体对此略知一二，但媒体一般都会告诉我们，这是通过国家或者国际相关法规可以添加，并会被严格地控制在规定的范围内的。所以我们大可不必担心。但从食物的发展史来说，我们还是称其为“隐性的毒素”比较恰切。这些添加剂目前是安全的，符合标准的，随着科学的发现，我们有可能在许多年后才发现其中的危害，比如“苏丹红”。但是那时候我们已经吃进去多少这些化学成分了啊？

---

〔1〕 本段内容根据下列内容整理：［美］哈维·列文斯坦：《让我们害怕的食物——美国食品恐慌小史》，徐漪译，上海三联书店 2016 年版，第 40~47 页。

第3章

市场：是谁在操纵我们的胃？

有了这些饮食任务，
奴隶也逐渐享受到掌握食物的自由，
这点在此之前他们哪敢奢望。
然而能在食物上发挥判断力，
发展出比较法、奠定口味的特色（同时又被禁止这么做），
却有助于显示，
早在自由真正降临前，
奴隶就已经尝到了自由的滋味。

——西敏司（Sidney W. Mintz）〔1〕

3.1 自然成了商品

今天，如果你问一个3岁的孩子："没有米了怎么办?"他会很肯定地告诉你："去超市买呀!""没有饮用水了，怎么办?""去超市买呀!""没有呼吸用的空气了，怎么办?""去超市买呀!"……是的，不管你需要什么，市场几乎都可以满足你——只要你有钱。我们今天把市场当作是一个获得想要的东西的一个场所、一种方式，而且是合情合理的场所和方式。可是我们知道，市场并不是一开始就有的。1848年，苏魁米什人的西雅图首领（Chief Seattle）就曾经

〔1〕［美］西敏司：《饮食人类学：漫话餐桌上的权力和影响力》，林为正译，电子工业出版社2015年版，第30页。

责问入侵者："你们怎么能买卖天空和土地？"[1]在今天的一些偏远的农村地区，很多生活必需品仍然不需要购买：柴火、饮用水、野菜和清新的空气。让·雅克·卢梭（Jean Jacques Rousseau）说，谁第一个把一块土地圈起来说这是我的，并且能找到一些头脑简单的人相信他说的话，这个人就是文明社会的真正奠基者。

或许我们应该庆幸我们生活在一个"文明社会"；但同时也是生活在马克思所批判的"拜金主义"盛行、物欲横流的"文明社会"里。相对于农村，城市必然会产生"拜金主义"。城市里的生活必需品没有免费的。在乡村，你可以找到枯枝枯叶当柴火，在城市，你只可以付费买电或者燃气；在乡村，你可以找到能直接饮用的泉水，在城市里你可以找到的能饮用的水只有付费的自来水和超市里的瓶装水。当然，目前城市里呼吸的空气还是免费的，但谁能保证以后的日子里，新鲜的空气一直是免费的？可能因为空气污染，都市的人们需要从市场买来符合人体呼吸标准的灌装空气？美国当代思想家芒福德（Lewis Mumford）批判"我们时代的技术不把生命与空气、水、土壤以及他的全部有机伙伴关系看作是他的一切关系中最古老、最基本的关系，而是千方百计地设计、制作出一些能赚钱的蹩脚的替代品来维持有机体的需要，这既是一种愚蠢的浪费又是一种对集体活力的扼杀。"[2]不管怎么样，在城市里生活的逻辑是，为了活下去，你必须得有钱。正所谓："钱不是万能的，没有钱却是万万不能。"在这样的逻辑下，赚钱就成了都市生活的第一要务，拜金主义不言而喻。

3.1.1 普罗克鲁斯之床

不可否认，商品经济的出现是人类历史的一大飞跃，金钱虽然不能吃也不能穿，但是它作为市场交换的中介，方便了我们的生活。我们不用再扛着两袋稻谷到市场上交换想要的两只鸡。可是，市场

---

〔1〕 Vandana Shiva, *Earth Democracy: Justice, Sustainablity, and Peace*, Cambridge: South End Press, 2005: 1.

〔2〕 练新颜："论芒福德的技术生态化思想"，载《科学技术哲学研究》2012年第5期。

作为“看不见的手”是有其自身的内在逻辑的，只要把自然变成了商品，自然的产品就必须符合商品的特性，那些不符合商品特性的必将被淘汰。是的，市场就像普罗克鲁斯（Procrustean）之床，凡是不符合床长度的人都必将被砍断脚或者拉伸折磨致死。在超市里，我们转一圈就知道，里面的商品尽管琳琅满目，但所有的商品看起来都差不多。比如苹果，我们在超市能选择的不过5种~7种，这些苹果看起来都差不多：表皮光滑、颜色漂亮、形状饱满、很甜。这些苹果有很好的商品性，其他一些古老的苹果品种如黑牛津（Black Oxford）、兰博苹果（Rambo）等由于不符合商品的要求而被淘汰面临灭绝。“我们不能完全根据我们的个人喜好做出选择。”拉吉·帕特尔（Raj Patel）写道：“即使在超市里，我们看到的商品也并非按照我们消费者的喜好陈列，当然也不会是按季节变化陈列，更不会是摆上由我们自己找到的商品。”帕特尔进一步指出：“并非所有的应季水果都可以列入供应名单，也并非所有不同营养和口味的水果都可以找得到。某种水果能否被选入供应名单，完全取决于该种水果生产商的实力。”[1]我们总以为作为顾客，我们是“上帝”，实际上却是市场在操纵着我们，我们手里捏着钞票，但买什么，能买多少都由它决定。

商品生产出来就是为了赚钱。谁都希望自己的商品能卖个好价钱——正如马克思所言，赚钱是资本家的天职。那么食品行业怎么才能赚大钱呢？多买多赚啊。这在食品行业刚刚兴起的时候是可以的，在农业工业化的大生产的情况下，食品制造商能大量生产食品，在一段时期内促进了粮食的大消费。

可是问题又来了，食品尽管是每个人每天的必需品，但是一个人的胃容量总是有限的，我们不可能把自己撑死。在一些发达国家，粮食已经出现了过剩，资本家又要“往河里倒牛奶”了。要是单单为了满足“吃饱”的需要肯定赚不了大钱。在胃容量一定的情况下，怎么才能赚大钱呢？一个最有效的办法就是提高食品的单价。马克

---

〔1〕［美］拉吉·帕特尔：《粮食战争：市场、权力和世界食物体系的隐形战争》，郭国玺、程剑峰译，东方出版社2008年版，第2页。

思告诉我们，商品的价格是由社会劳动时间所决定的。也就是说，我们花在生产某一商品上的时间越多，这种商品就越贵。怎么多花时间在食品上呢？人为地多加工序是一个办法。我们知道在超市里的很多深加工的食品价格要比没有经过加工的生鲜食品贵很多——尽管一些科学家们论证了这些深加工的食品的营养价值还没有生鲜食品那么高。仅仅增加工序还不够，我们知道只要打上了“高科技”的标签，某些商品就会被卖得很贵。这似乎理所当然：毕竟在市场化之前，花在研发过程中的时间成本是非常高的，例如药的价格就比食品的价格高得多，因为药的研发成本很高。于是，在超市里我们看到了很多介乎于食品和药品之间的“功能性”食品，“食疗”也非常流行。2003年5月4号的《纽约时报》有一篇对食品行业至关重要的文章——《你的基因决定你吃什么》。文章预示着随着基因研究的商业化，食品行业的发展将发生重大改变：你的食品将由专门的公司根据你的基因特别定制。至于这些专门的基因食品会有什么好处和副作用，我不知道，但有一点可以肯定的是：价格不菲。

我们都明白一个很简单的市场规律，那就是价格围绕供求关系上下波动。某种自然的东西变成了商品，变成了有利可图的东西，对于生产地而言恐怕不一定是“有幸”。云南景洪的勐宋村由于其得天独厚的自然环境而盛产稻谷和茶叶。近几年，由于普洱茶市场的升温，云南各地都大量种植普洱茶，地处中缅边境的勐宋村也被卷入了茶叶扩种，从而卷入到了茶叶经济链中。在茶叶经济发展的上升期，勐宋村从茶叶贸易中迅速致富，当地人修了新房子，安装了太阳能，买了手扶拖拉机、摩托车等。由于茶叶的扩种，古茶园的生态受到了严重破坏，其他的传统农作物被忽略了，曾经种植的100多种旱稻品种目前只存在20多种。[1]由于受到希瓦思想的影响，作者罗燕并没有鼓吹勐宋村的经济发展，她反而认为勐宋村哈尼族的传统文化在把茶叶变成商品的过程中卷入了市场经济从而迅速崩溃。在片面追求经济效益的驱动下，勐宋村传统轮歇农业的多样性种植

---

〔1〕 赵捷、温益群主编：《全球化与本土化背景下的性别平等促进——中国与北欧国家的视角》，云南人民出版社2012年版，第359~371页。

方式逐渐被具有较高经济价值的茶叶所替代，这使得勐宋村原本多样性的物种面临着威胁，也增加了当地生态系统的脆弱性。一旦自然落入了以金钱为中心的市场的圈套，自然也逃不脱“看不见的手”，就不得不忍受市场的剥削和压榨。

很不幸的是，为了解决当前的生态问题，很多经济学家甚至环保主义者都提出了所谓的“环境经济学”，主张把以前没有算入成本的大气、河流、土壤、荒漠等折合成货币的形式算入成本；为了补偿保护生态而导致的不平等，我们也要把生态损失折合成货币形式进行“生态补偿”。“环境经济学”认为，通过这些成本核算和生态补偿机制可以很好地彰显“环境”的价值——因为之前大气、河流、土壤、荒漠、海洋、湿地等都是“免费的”。但是把所有的“免费的”自然都核算出一个“适合的价格”，是否就可以解决环境问题呢？这或许在近期内对于彰显“自然”的价值是有一定成果的，但是从长远来看，这种把自然货币化的背后，更进一步地加速了生态的矛盾。正如大卫·哈维所说，把货币价值分配给不依赖市场价格的自然，这是非常困难的——不管评价自然自产的方法多么细致，计算都必然依赖武断的假设。实际上，追求货币评价会使我们陷入彻底的“笛卡尔-牛顿-洛克式”的以及在某种意义上反生态的本体论错误。因为生态是一个动态过程，具有时间性，这必然和我们经济计算中运用的线性的、进步和牛顿式的时间是相对立的。[1]就食品生产而言，如果把农业的排放、土壤污染、水体污染统统计算在内，必然会引起食品价格的暴涨；食品价格的暴涨会引起连锁反应，从而导致整个市场的波动。况且，食品价格不仅仅是市场问题，它还包含了政治和社会的公平正义问题。当粮食生产和这些复杂的社会问题纠缠在一起的时候，如何能简单地用经济计算的办法来核定成本？

3.1.2 全球化的“看不见的手”

当市场经济把自然变为商品之后，根据资本的逻辑，全球化的

---

〔1〕［美］大卫·哈维：《正义、自然和差异地理学》，胡大平译，上海人民出版社2015年版，第172~174页。

粮食自由贸易市场也建立起来了。摆在我们面前的最大事实就是我们已经进入了一个“全球化时代”，市场这只“看不见的手”也从某个国家、某个地区的“手”变成了全球的“手”。于是，能操纵我们的胃的，不仅仅是国家范围之内的“市场”，甚至还有可能是来自于遥远的西半球的那只“看不见的手”。不管我们对全球化采取批判、赞赏还是其他什么样的态度，全球化都以其深刻性和广泛性使全世界相互联系、相互依存、深刻互动。毫无疑问，全球化首先表现为经济全球化，在西方资本主义发达国家和跨国企业的主导下，第三世界国家传统自给自足的自然经济迅速瓦解了，生产要素在全球范围内通过市场这只“看不见的手”而自由流动和配置，形成了全球性的市场。“资本主义的到来使人们逐渐告别了孤寂的乡村生活、封闭的社会图景，进入到由资本所带来的所谓的文明世界中，这也让那些还过着甚至是茹毛饮血的生活的人们也不得不涌入这股时代潮流风中。”[1]霍克海默精辟地概括：“市场全球化阶段是以资本主义生产方式的确立为开端的，它以商业发展和工业革命为主要的物质基础。”[2]简单说来，全球化就是各个国家在资本的逻辑下，遵循共同的游戏规则，从而使全球形成一体化和整体化的大市场。

全球化市场给我们的食品带来了什么样的效应呢？

首先，最直观的或许就是异国食品的增多。泰国的榴梿和香米、美国的新奇士橙、澳大利亚的黄油、英国的奶酪……这些食品在 30 年前看起来是不可想象的，但现在它们就安安静静地躺在超市里，明码标价，你只需要刷一下卡或者手机，就可以把它们带回家大快朵颐。这些来自发达国家或“正宗产地”的食品，离我们是如此的遥远，我们不知道它们是怎么生产的，也不知道是怎么加工的——除了标示在外包装的信息外，我们对其真实情况一无所知。这些食品安全吗？或许我们不应该怀疑它们：这些食品经过国际认证，经过严格的进出口检疫检验，应该是值得信赖的；或许我们也不应该盲目地迷信它们。媒体曝出来的问题食品还少吗？尽管商家采取了

[1] 《马克思恩格斯选集》（第 1 卷），人民出版社 1995 年版，第 276 页。
[2] 衣俊卿：《西方马克思主义概论》，北京大学出版社 2008 年版，第 113 页。

很负责的态度，及时召回所有产品，不计成本，但是食品已经吃下去了，这些补救措施对于个体来说有什么用呢？全球化拉长了食品的足迹，也拉长了食品与消费者之间的生理和心理距离，增加了我们与食品之间的不信任。而对食品不信任的背后，则是对食品行业监管当局的不信任，是对食品官员和专家的不信任，甚至是对科学、技术的不信任。

其次，我们会发现，食品的保质期越来越长了，有的肉制品保质期甚至长达 2 年~3 年！前段时间新闻上竟然曝出，我们现在吃的一些进口的鸡肉、牛肉竟是二战时的战备食品！我们前面提到过食品的保鲜问题，有很大一部分原因就是为了适应全球化市场的需要。要从几万公里以外的地方运输食品，其中还要经过海关、检疫等各种繁杂的手续，如果没有足够长的保质期，根本不可能实现食品的全球贸易。

以上两点是最明显的食品全球化贸易的直观印象。就更深层次而言，全球化对我们的食品系统影响更为重大，这涉及食品安全和公平问题。

一方面是粮食安全问题。贸易自由化政策于 1991 年被引入印度，当时的农业部长宣布："粮食安全并非依赖堆在仓库里的粮食，而是兜里的美元。"可是，兜里的美元能保证我们的粮食安全吗？郭胜祥用非常通俗的语言为我们解读了美国是如何利用"自由贸易"让自己成为世界霸主的。美国采取两手策略：一手是大量买入低端工业品，一手是廉价出口粮食，把各国农业击垮，进一步让农业上的主动权掌握在自己手中。美国进口低端工业品就会诱使亚洲等发展中国家忙于生产这些低端的工业品，如衣服、鞋子、毛绒玩具等。一旦这些国家忙于生产这些低端的产品，就会迅速在该地区掀起工业化、城镇化的浪潮，大量土地被用于盖厂房和工人们的住房，农业用地相应减少；大量的人口涌向城市，农业人口相应减少。这样第三世界国家的农业出现了下滑，粮食也就出现了缺口。这时美国的低价农产品就进来了。美国通过低价的农产品击垮了第三世界国家的农业之后，就会在能源自足的借口下把粮食（玉米）转化为燃料。美国的农业工业化程度非常高，大生产必将带来大消费。本国人民无法消费完的，必须通过国际市场来消费；而且也要通过食品深加工技术想方设法地消费。生产过度的玉米可以喂养动物、制成糖浆、深加工成淀粉，或者拿来作为燃油。这就导致美国粮食出口量的大减，世界农产品价格暴涨，从而打击了新型工业国家的经济。2007 年 12 月 18 日，美国通过了自 1975 年以来的首个能源法案，法案要求减少石油进口，大幅增加乙醇等生物燃料的添加比例，推动美国乙醇燃料的年使用量在 2022 年达到 360 亿加仑。2006 年，美国的乙醇产量已经超过了 50 亿加仑，投入玉米 4200 万吨，比 2005 年增加了 1/4。如果按照 2022 年的 360 亿加仑的目标，至少需要 1.8 亿吨玉米，这些玉米足够 5.8 亿人吃一年了。所以，美国的新能源政策引起了世界粮食价格的暴涨。据报道，从 2004 年到 2006 年，中国国内连续 4 年粮食丰收，2007 年，粮食产量也与上年基本持平，但是 2007 年，国内的粮食价格却上涨了 20%以上。2008 年，中国粮食涨幅高达 18%，高于印度尼西亚、巴基斯坦、印度等发展中国家。世界粮食市场的建立不仅打通了能源和粮食之间的通道，也打通了金融和粮食之间的通道。每逢美元贬值的周期出现，粮食也会跟着涨价；一些国际机构还会发布一些导向性的数据促使粮食涨幅高于美元贬值幅度，以促进农业增效。[1]

可见，把粮食安全维系在“兜里的美元”上是非常危险的。

另一方面是食品公平问题。市场经济形成的过程与分工所形成的过程是一致的，我们没必要像经典经济学家那样纠结分工在先还是市场在先，总之，这两者总是必然联系在一起的。分工导致了生产者专门生产自己有优势的产品，其他的必需品只能从市场交换而来；市场竞争导致了更加细致的社会分工，生产者更依赖市场。如果说小市场导致了人与人之间的分工，那么全球化市场就导致了国家与国家之间的分工：发达国家生产高科技产品如飞机、电脑等；欠发达国家只能生产低附加值的商品，如衬衣、玩具等。在农产品

---

〔1〕 以上材料根据郭胜祥：“这是一场什么样的战争”整理，具体参见［美］拉吉·帕特尔：《粮食战争：市场、权力和世界食物体系的隐形战争》，郭国玺、程剑峰译，东方出版社 2008 年版，第 5~42 页。

领域也一样，以美国为首的发达国家农业大国出口“高科技”的转基因大豆、转基因种子和各种经过精细加工的食品和保健品；欠发达国家只能出口未经加工的各种原农产品。在全球化的推行过程中西方发达国家的单边行为也引起了其他学者的关注。凯特·曼邹（Kate Manzo）在《现代性的争论与发展理论的危机》一文中讨论了“强行贸易”，指出印度、中国和其他发展中国家的困境在很大程度上是由全球化食品贸易所造成的，她认为所谓的世界贸易对发展中国家来说是极不公平的。〔1〕我国学者王宏在《跨国农业公司对粮食安全的影响：机理与政策》中也指出，跨国公司通过不平等的国际贸易体系正形成新的“农业巨无霸”。“20世纪90年代以后，跨国农业资本急剧扩张，使得农业生产资本高度集中。目前，全球90%的谷物贸易被5家公司控制，33%的加工食品属于30家农业食品公司。玉米种子市场的77%、大豆种子市场的49%被四大农业公司控制，其中杜邦和孟山都就控制了玉米种子市场的65%，大豆种子市场的44%。巴斯夫、拜耳、陶氏、杜邦、孟山都和先正达等6家公司控制了全球农药市场的70%~80%，更为严重的是在转基因种子市场，仅孟山都一家就控制了全球市场总额的91%。”〔2〕

此外，在全球贸易体系中，发达国家还通过价格刺激损害了发展中国家的农民利益。世界上主要的咖啡进口国是美国、德国、意大利和日本等发达国家，世界上主要的咖啡种植国家却是巴西、越南、哥伦比亚、印度尼西亚、埃塞俄比亚等发展中国家。在20世纪90年代之前，进口咖啡主要来自巴西、埃塞俄比亚等拉丁美洲和非洲国家。但20世纪90年代之后，世界银行向越南提供了大批咖啡生产贷款，在世界银行的帮助下，越南从2008年开始就是世界第二大咖啡豆出口国。而这样刺激咖啡生产的结果却是，咖啡价格降到了70年代以来的最低水平。在2000~2004年的咖啡过剩危机中，越南的农民为此付出了惨重的代价，咖啡种植国之间竞争激烈，咖啡

---

〔1〕 Manzo Kate, “Modernist Discourse and the Crisis of Development Theory”, *Studies in Comparative International Development*, Summer 1991, Vol. 26, No. 2, 3~36.

〔2〕 王宏：“跨国农业公司对粮食安全的影响：机理与政策”，载《甘肃理论学刊》2013年第1期。

的销售价甚至低于生产成本。而另一方面雀巢等跨国咖啡加工商却一再降低咖啡豆的收购价格，对咖啡收取更高的溢价。

我国大豆生产的情况和咖啡豆的情况非常类似。1995年以前，中国一直是大豆净出口国，此后美国依靠巨额财政补贴生产的大豆进入中国市场，我国本土的大豆市场节节败退。2000年，中国大豆年进口量首次突破1000万吨，成为世界上最大的大豆进口国。此后几年，中国的大豆进口额连续攀升，而中国大豆生产却没有补贴，这种不公平竞争的结果使中国农民生产的大豆越多越赔钱。结果，本土的大豆生产逐渐萎缩：2006年，黑龙江省大豆种植面积比2005年减少了25%；2007年又比2005年减少了40%左右。最近十多年来，中国大豆产量由原来的世界第一，退居为继美国、巴西和阿根廷之后的世界第四。[1]紧闭国门是不现实的，我们应该如何应对粮食贸易全球化呢？相对于“大国之间的博弈”，我们最关心的是没有定价权也没有知情权的广大市民怎么办？在超市里，我们只是看到大豆的价格很实惠，但是我们却不知道这些大豆是来自美国的转基因大豆，我们买了这些大豆或者它的制品相当于帮助这些粮食巨头摧毁自己的民族产业；食品价格暴涨的时候我们却只能茫然哀叹，不知所措。或许，更公开透明的食品来源和定价是我们应该重点考虑的。

作为消费者，我们本来指望在食品全球化的今天能吃到不同国家的“风味”，不同地区的“特产”，然而事实却事与愿违。在超市里，我们可以买到泰国香米、美国苹果、新西兰奇异果、欧洲牛肉、澳洲大虾——但不管是哪里生产的，这些食品经过冰冻防腐处理长途运输后味道都不怎么样。与此同时，一些地区的特产会因为无法工业化而导致几乎灭绝。一些我们小时候经常吃的家乡的食品几乎在城市里绝了迹，比如家乡的鸭脚黍。现在我要是想吃黍粥，就得回到老家的小镇上，恰好家里的亲人种才能吃得到。别说在大城市的市场里就是镇上的市场里也买不到。我真担心要是种植鸭脚黍的农民越来越少，如果没有哪个有心的农民小心保存好种子的话，我

---

〔1〕［美］拉吉·帕特尔：《粮食战争：市场、权力和世界食物体系的隐形战争》，郭国玺、程剑峰译，东方出版社2008年版，第6页。

们将永远吃不到鸭脚黍了。在这一点上，农民获取食物似乎比我们自由得多，他们至少可以留着种子自己种自己想吃的食物。但也就仅此而已，全球化贸易并没有给他们留下太多的余地。

总之，农业全球化为粮食安全带来了新的挑战，粮食安全也成了生态危机中的重大问题。粮食安全包括三个层面：一是人体健康层面的。我们在前面探讨过了为了增加牛奶的产量而给牛奶大量注射激素。现代医学已有数据表明，这些激素会随着牛奶的饮用进入人体并对人体产生不良影响。而今天，转基因粮食的安全性引起了全球的重视。转基因食品会不会对人体健康产生严重的影响至今还是一个粮食安全领域争论不休的热点。二是生态层面的。农业的全球化使得物种入侵变得更加容易，例如有毒的杂草——银胶菊——正是随着美国进口小麦来到印度的。一些外来物种对本地的生态安全构成了威胁，也给粮食安全带来了威胁。希瓦在著作中更关注的是转基因作物带来的生物污染、超级病虫害对生态环境的破坏，致使粮食生产受到了严重威胁。三是政治层面的，特别是第一世界与第三世界之间的政治关系。粮食安全问题除了“健康”和“环保”之外，更重要的是粮食是生命的本钱，生命的基础，因此它在政治关系中尤为重要。我们可以清楚地看到，粮食安全是和政治紧密相连的，不管粮食生产的哪一个环节被西方资本主义控制了，都有可能带来国内政治的动荡，例如印度尼西亚的食用油事件。一个国家的粮食完全一旦被控制住，那么这个国家便失去了自主性。

3.2 自由贸易下的食品灾难

《诗经》里有一首诗——《黍》，把一种很普通的粮食描写成现代诗中“丁香花”一样的充满愁绪和浪漫：

彼黍离离，彼黍之苗。行迈靡靡，中心摇摇。
知我者，谓我心忧；不知我者，谓我何求。
悠悠苍天，此何人哉？
彼黍离离，彼黍之穗。行迈靡靡，中心如醉。
知我者，谓我心忧；不知我者，谓我何求。

悠悠苍天，此何人哉?

彼黍离离，彼黍之实。行迈靡靡，中心如噎。

知我者，谓我心忧；不知我者，谓我何求，悠悠苍天，此何人哉?

——《诗经·王风·黍离》

黍从先秦时代至唐宋时代，一直是中国人的主食，在《齐民要术》中，谷类的首章便是介绍“黍稷”。黍作为一种我们祖先的主要粮食，估计今天没有多少人能认得。黍的命运与很多传统的食品一样，由于不符合市场这张“普罗克鲁斯之床”而被全球化淘汰了。全球化本来应该是整个地球各个民族、各种文化的平等交流，但不幸的是，利益的驱动使全球变成了单一文化。在此我不想像从资本主义批评的角度谴责第一世界对第三世界的剥削一样，来谴责全球化对第三世界经济制度和社会的伤害。从食品的角度看，市场化和全球化直接导致了两大食品的灾难，这也正是我们城市食品问题的原因所在。

3.2.1 食品多样性的灾难

从新石器时代人类开始培育粮食以来，农民们便用自己的经验知识培育出了不同的农作物，同一农作物也培养出了不同的品种以适应当地的气候和环境以及居民的饮食需要。目前，人类培育出了数以千计的稻米品种，3000 多种马铃薯，5000 多种甘薯。今天尚存的 25 万~30 万种植物中，至少有 10 000 种~50 000 种可以食用——我们在各大超市看到的可选择的充其量也就 1000 多种。由于农业全球化的结果，大多数发展中国家种植的是能参与国际贸易的作物，这就把农作物集中在了 4 种主要作物——稻米、玉米、小麦和大豆。由于这 4 种作物的挤压，其他非商品类的作物几乎灭绝。而在这 4 种主要作物中，它们的种子不是农民通过自然的过程培育的，而是实验室的产品。

绿色革命在两个层面上减少了遗传多样性。首先，它取代了混合耕作的方式，如小麦、玉米、黍和油菜籽同种植在一片田地里，而采取单一栽培小麦和稻米的方式。其次，绿色革命推广的小麦和水稻品种来自一个非常狭窄的遗传基础。这些被认可的高产的品种都来自于实验室。布劳格培育了成千上万的矮秆小麦品种，最终只有三个被用于绿色革命。粮食作为人类最根本的需要，是生命的基础。把印度数亿人口的粮食供应建立在这狭窄的和外来的遗传品种上是非常危险的。

美国作为世界的粮食超级大国，美国人们是不是有更多选择？事实恰好相反。正如波伦所感慨的，美国人本质上是“玉米人”，美国人吃得最多的就是玉米。鸡、猪、牛、羊都是通过玉米来喂养的，吃肉类相当于间接吃玉米；玉米可以制作成和蔗糖甜度相当的玉米甜味剂，这种甜味剂正在取代蔗糖广泛添加到可口可乐、饼干等各种饮料零食中；玉米还被深加工成玉米粉、玉米淀粉、早餐玉米片等，当然，这些深加工的食品你还能从感官上感觉出来它们是玉米。玉米能加工成一些你根本不知道是玉米的食品和添加剂：麦芽糊精、三仙胶、明胶等。为了迎合人们对健康的变态追求，玉米还被加工成“抗性淀粉”。这是一种不含糖，几乎无法被人体消化的新型淀粉。它只会在你的胃里、肠子里走走过场，不会变成热量和糖分！这也算食物？我们吃东西不就是为了获得热量和能量吗？对于追求苗条但又很馋，无法忍受饥饿感的吃货来说，这真是个福音！这种抗性淀粉可以加上香精做成任何风味的食品。不仅人类在吃玉米，我们的车也在吃玉米：生物燃油使用玉米加工而成。这样玉米就成了美国人别无选择的粮食，由于别无选择，所以对玉米的需求量也很大，种植的面积要求也很大，其他的物种统统为玉米让路。美洲本来是一个物种多样性的地方，而如今却成了“玉米王国”。只有在南美洲一些不发达国家才保持了原有物种的多样性。

农民拥有土地，他们有决定自己种什么的权力吗？如果农民过着一种与世隔绝的生活，种粮食仅仅是为了自家人“活口”，那么他可以决定种什么。但是，农民不可能自己生产一切生活必需品，他们的孩子要上学，他们自己也会生病，这些都得花钱。如果农民要用粮食来换钱，那么他就必须种一些“好卖”的粮食而不是随心所欲。如果农民没看好市场，选择了错误的作物，那他就算不至于倾家荡产也要白白忙乎一季了。此外，农民能选择的耕种方式也不多。我们前面提到过“绿色革命”在种子和耕种方式上都进行了革命，这是个要命的“连环杀”。其他农民都用上了化肥、农药、除草剂，你就算不想用你的土地也受到了污染；你想保持以前的耕种方式根本不可能，况且新的耕种方式确实省事不少；如果你采取新的耕种方式，那么原来的种子就不合适了，你必须得到种子市场上买实验室里培育好的种子。经过这样的“连环杀”，我们的生物多样性迅速减少，我们很多小时候吃的粮食，估计我们的下一代只能在博物馆里看到它们了。

3.2.2 生物的灾难

众所周知，我们的食品源自于地球上的生物：菌类、植物、动物等。那么要发展“食品大产业”就必须要让这些经过自然几千万年进化而来的生物符合市场这张“普罗克鲁斯之床”的需求，也就是要经过人类的技术改造原有的自然生物，并通过广告、制度安排、社会语境等把他们市场化。当然，我们的食品毫无疑问几乎没有什么是“纯天然”的，都经过了农民的改造。从一些科普书上我们可以看到，没有经过培育的西瓜又小又多籽，味道肯定也不咋的；而现在的西瓜又大又甜又多肉还很少籽，甚至无籽。另一个被食品史学家斯坦迪奇称为“古代基因工程”“人类在驯化与基因改良上最了不起的功绩”的例子是玉米的诞生。[1]玉米的祖先是“墨西哥类蜀黍”（teosinte），是一种野草。我们今天几乎遍布全球的玉米正是来自于墨西哥蜀黍的基因突变：控制谷粒外壳的基因 tgal 的突变，谷粒外露了——人类和其他动物更容易吃掉它、消化它；控制构造的基因 tbl 的突变，使得墨西哥蜀黍由多量的小穗变成了量少的大穗——这样更易于人类的采集。这些生物经过改造之后，变得更适合人类的需求，但对于其自身而言却是一场灾难。它们离开了人类无法在野外生存，不仅植物如此，动物也如此，很难想象我们的宠

---

〔1〕［美］汤姆·斯坦迪奇：《舌尖上的历史：食物、世界大事件与人类文明的发展》，杨雅婷译，中信出版社2014年版，第5~7页。

物狗离开了人类在荒野里要怎么生存。万一有一天，人类主人把它们抛弃了，它们就会面临灭顶之灾。

或许你会认为，既然在古代的时候，人类的农业和自然就能好好相处，基因突变所导致的玉米现在看来也没有造成什么危害，那我们有什么好担心的?

我们不要忘了我们今天的实验室生产出来的食品和古代的食品有多么不同。

古代对生物的改造虽然有一些是有意识的，但很多是在自然的状态下偶然发生的。例如，前面提到的玉米，墨西哥蜀黍刚好在自然的状态下发生突变了，又刚好被生活在那里的人类发现了，人类就开始有意识地栽培它们，直到它们发生第二次突变。也正因为是在自然环境下发生的基因突变，这些突变后的生物可以与自然好好相处。而我们今天的基因技术则是在完全非自然的实验室下产生的，这些实验室产生的基因突变或基因植入会对自然和人类自身产生什么样的影响目前还是个未知数。

这种自然发生的偶发突变是人类无法控制的，人类对自然还是怀着一种敬畏。但是现代基因技术却是建立在机械论和还原论的哲学基础上的。一是把生命看作机器，代表物种的基因信息像机器那样任意拆装组合，用还原论的技术进行改造；二是否定生命自身的能力。古代农产品的改造是一个非常漫长的过程，这一漫长的过程足以让新物种和自然慢慢磨合。而在“时间就是金钱”的教条下，现代农业可没有这个耐心，科学家们要极力排除自然中的偶然性和不确定性，把自然的种子的繁殖能力变成控制的对象。在自然状态下基因突变的种子是有繁殖能力的，在实验室产生的种子却是“终结者”。

随着自然变成商品的范围不断扩大，基因的商业价值也被充分挖掘出来了，全球化的贸易还导致了全球物种基因大战。跨国公司只要通过《国际知识产权协议》(Intellctual Property Right，IPRs）和《世界关税贸易总协定》(General Agreement on Tariffs and Trade，GATT）把第三世界国家的生物基因资源申请为专利，就能占为己有。目前以孟山都公司为首的西方跨国公司已把印度、马来西亚等欠发达国家原有的一些重要物种基因申请了专利。如果这些国家以后想要利用自己国家独有的物种的基因，还得从美国、欧洲等跨国公司购买专利。

基因工程不仅仅否定了自然，也否定了传统农民的劳动。现代农业技术体系是建立在科学的基础上的，也就是说育种，不但要有实效，更重要的是要明白其中的“科学原理”。如果你在田间培育了一个很好的种子，但是却没有变成权威期刊上的文章，那么你就没办法申请专利。事实上，很多基因改良的种子是在农民培育成熟的品种上进行的，但农民却没有在育种企业中分得任何好处。相反，他们还被禁止私留种子，以免损害育种企业的利益；育种企业的种子都是没有繁殖能力的，农民还不得不花钱买种子，而相应的技术风险、生态风险和财产风险却是由农民自己承担。

3.3 饮食文化的大反转

每个人都需要相同的基本营养物——蛋白质、碳水化合物、维生素和矿物质等。为了满足这些基本的营养需要，不同的人群通过不同的方式和不同的物种都能满足基本的需要。历史学家皮尔彻指出，农耕民族维持健康的素食结构中有高达80%的淀粉类谷物，北极地区的因纽特猎人几乎一度完全靠鲸鱼肉为生，这可能是高碳水化合物饮食和低碳水化合物饮食的两个极端。[1]这两种传统的饮食习惯显示了不同的自然环境下不同的民族和人们在历史进程中形成的饮食文化适应性。这在我们现在看来肯定会导致严重的“营养失衡”。我们的教科书经常指出原始人类生产力落后，过着“茹毛饮血”的生活，常常过着有一顿没一顿的生活。但是，美国生物地理家贾雷德·戴蒙德（Jared Diamond），在他著名的《枪炮、病菌与钢铁》一书中却认为原来狩猎、采摘时期的男性平均身高大概1.77米，女性达到1.67米左右。但是进入新石器时代、定居农耕被发明

---

〔1〕［美］杰弗里·M. 皮尔彻：《世界历史上的食物》，张旭鹏译，商务印书馆2015年版，导言。

以后，男性身高下降到了1.62米，女性下降到了1.54米。[1]我们自以为我们现代化的饮食更为“先进”，比任何以往时代都要优秀，但事实却并非如此。事实或许正如皮尔彻所总结的，过去三百年中，现代工业社会的崛起增加了个人选择，却减少了人类食物供给的整体多样性，就如同新奇的食物和个性化的就餐习惯破坏了在餐桌上形成的群体感一样。

饮食文化的大反转除了由于现代人的自我感觉良好之外，另一个重要原因是文化的全球化。前资本主义社会，在农耕生产的主导作用下，自给自足及各种民族和地区之间经济交流的世界是偶然的、有限的。正是这种有限性使各族人民生活在自己的文化背景下，从而形成了世界文化的丰富多彩。然而，全球市场的建立和发展为全球文化传播和发展提供了条件，不可避免地带来了基于经济全球化的文化交流、文化冲击和文化融合，我们开始进入“世界历史的时代”。全球化使得原本丰富多彩的世界各地的人们开始摆脱自己的文化领域，不同的民族和文化身份逐渐被解构，进入所谓的单一文化的“现代”。随着信息和网络等基础设施在全球的建立，全球性的生活方式的趋同变成趋势。希瓦在《绿色革命的暴行：第三世界的农业、生态和政治》一书中指出，20世纪80年代以来，第三世界面临的两个主要危机，除了生态危机外，第二个危机是文化和种族的危机。[2]这两个危机和市场化、全球化交织在一起，导致了我们目前进退两难的食品危机。

一提起文化危机，我们首先想到的是“世风日下”“人心不古”，之前淳朴的农耕文化变成了赤裸裸的金钱至上的文化，这是从道德层面上讲的；我们可能还会想到“文化霸权”“话语权”的问题，这是从国际关系层面来理解的。其实，在全球化的过程中，饮食文化受到的冲击并不亚于道德和国际关系，但是这种冲击却很少引起人们的关注。饮食，虽然可以成为“饮食文化”，可只是作为一种非常

---

〔1〕 具体参见［美］贾雷德·戴蒙德：《枪炮、病菌与钢铁》，谢延光译，上海译文出版社2016年版。

〔2〕 Vandana Shiva, *The Violence of the Green Revolution——Third World Agriculture, Ecology and Politics*, Lindon: Zed Books Ltd., 1991, p. 1.

弱的意义上的“文化”而言的。毕竟吃什么、怎么吃就现代的观点看来是一个私人问题，是属于自由的“生活范畴”，对于一种个人的生活方式我们有什么好评论的呢?

或许事情并没有我们想得那么简单。由于我们的时代变迁，我们原来多样性的饮食文化已被“连根拔起”，实现了大反转。

3.3.1 圣牛和疯牛

饮食文化作为某个地区从古代以来固有的习惯和风俗，并不仅仅是满足生理需要的吃，填饱肚子而已，饮食文化作为民族文化的一部分，是镶嵌在其中的。希瓦引用了两个隐喻来指代印度和现代两种不同的文化：一种是代表西方工业文化的“疯牛”文化——疯牛是食草动物和食肉动物之间的界限被打破的产物，是对其他生物非伦理的态度和暴力摧残的产物，是西方资本主义为了加大利润满足贪欲的产物；另一种是印度传统的“圣牛”文化，这是一种生态的文化，它既尊重生物的自然本性也尊重自然本身的生态平衡作用。

首先，传统的生态农业是主要依靠大自然本身的作用而达到人与自然的和谐，农业的两大部分——种植业和畜牧业——达到和谐的结合。例如传统的养牛业是农作物的副产品，牛与农作物相互依存、相互支持。牛的粪便可以当作肥料提高耕地的肥力。施农家肥的土壤中的蚯蚓数量是适当使用化肥的土壤 2 倍~2.5 倍。蚯蚓能使土壤变得疏松，空气含量增加 30%，降解有机物，促进土壤中微生物的生长。农作物除去人类食用的部分外，其余的部分都可以作为牛的饲料。牛吃不完的部分还能留在田里当肥料。有机田里生长着各种真菌、节肢动物、软体动物和田鼠这样的大型底栖动物。牛基本上是食草动物，它们吃掉人不能吃的杂草和秸秆等。但为了提高牛奶和牛肉的产量，工业化的畜牧业要求给牛喂玉米和其他谷物制作而成的高蛋白精饲料，甚至把动物尸体加工成饲料喂牛——这最终导致了“疯牛病”的产生。牛需要粗饲料，这样的精饲料不适合牛的胃。为了促进精饲料的消化、吸收，工业化畜牧业养殖场会给牛喂塑胶性瘤状摩擦填料，这种填料会终生留在牛的胃里。

其次，牛不仅仅对全球的生态系统的维护做出了贡献，它还代表着印度的农耕文化。在欧洲，食用牛肉很平常，但在印度，牛被赋予了“圣牛”的含义，牛本身具有神性，是世界原初的动力，有自己的精神和自我组织能力。奶牛被视作财富女神吉祥天（Laks Himi）。奶牛作为女神和宇宙的寓意，表达庇护、怜悯、可持续和众生平等。牛被视为是印度文明的象征和核心，是农耕文明可持续发展的象征。印度的食品是和种姓联系在一起的：最高的种姓必须吃素，因为“吃素最纯净”；比较低的种姓才能吃肉饮酒，而只有最低种姓的“贱民”才会去吃牛肉。生的食品可以在所有种姓之间流通，但熟食却不可以，直接可以吃的熟食意味着食品的纯净程度。尼泊尔唐区（Dang）第三阶层的塔鲁人（Tharu）喜欢吃猪肉和鼠类的肉，但他们不和种姓低于自己的人交换食品，也不能让种姓低于自己的人到家里来吃饭。从生态学的角度来看，牛是大自然伟大的土地改善者，它们提供有机质，使土壤变得肥沃。印度的牛每年排出7亿吨可回收的农家肥，其中一半用作燃料，释放的热量相当于2700万吨煤油、3500万吨煤炭或者6800万吨木柴。印度村庄所需的能量有2/3来自牛粪燃料。

但是，在以畜牧业工业化为目的的“白色革命”中，奶牛被看作“产奶机器”，食用牛被看作“产肉机器”。牛失去了其神圣性，与之相连的生态文化也不复存在。印度的“新畜牧政策”也直指“圣牛文化”对印度畜牧业的负面影响：“一度没有专门用来种植饲料的地皮，甚至没有一种专门仰赖食用的动物……仍然存在多种宗教感情反对宰牛，甚至反对宰杀野生水牛，阻碍了对数量巨大的公牛的合理利用。”〔1〕为了加快畜牧业的发展，印度农业部提供了100%的优惠来刺激鼓励屠宰场的建立，积极鼓励牛肉出口。当西方富裕国家的经济不景气或者其他方面的原因使得牛肉出口受损时，政府为了减少损失，就千方百计把素食者变为吃肉者。素食是印度传统的饮食习惯，在印度，大多数人是素食者。素食，不杀害动物本来是“圣牛”文化的重要组成部分。这已不仅仅是吃什么的问题，

〔1〕 New Livestock Policy, Section 2.10 on “Meat Production”, Ministry of Agriculture, Department of Animal Husbandry, 1995.

而是文化的一部分。素食者的世界观不同于肉食者。素食者和一些宗教教义联系在一起，发展出了一套“众生平等”“心怀慈悲”的世界观。希瓦的隐喻是非常恰当的，而且她进一步指出，英国“疯牛病”的出现正好是西方工业化的崩溃的迹象，我们必须重树“圣牛”的生态文化才能把人类文明从崩溃边缘挽救回来。

3.3.2 忘记芥子油

土壤、气候和植物的多样性哺育了各个民族的不同饮食习惯和世界饮食文化的多样性。中美洲是以玉米为基础的粮食体系，亚洲是以稻米为基础的粮食体系，非洲则以木薯为基础。这些所谓的粮食体系不仅仅是吃什么的问题，更重要的是其中的文化内核。在这个体系中的每一种食物都有其特殊的文化意义。哪一种食物能进到这个体系中来，在体系中处于什么位置，是由该地区的人们在漫长的历史发展中、在与当地的自然环境的适应中产生的物质和文化条件决定的。

芥子油在印度人的日常生活中有重要地位。黄色的芥子花是春天的象征，很多印度乡村歌曲都以歌颂芥子花为主题。在屠妖节——印度教中最为重要的节日期间，芥子油会成为点燃凯旋灯的燃料。除了这些特定的文化含义，芥子油是印度传统的食用油之一，它还被当作药材，芥子油加大蒜和姜黄可用于治疗风湿和关节痛，也可以直接用来推拿按摩，芥子油点灯时释放的烟气可以驱虫和净化空气。更重要的是，芥子油加工是印度农村家庭的生存技能之一，办法简易，成本低，是印度贫困人群不可缺少的食品。但是，在全球化背景下，本来占据印度主要市场的芥子油却被跨国农业公司以一种极为不公平的手段用大豆油取代了其在印度的市场地位。希瓦在2002年发表的文章《孟山都和芥子油》和在2000年发表的著作《失窃的收成》中都详细地介绍了这一“芥子油悲剧”。1998年8月，德里（Delhi）发现芥子油大量掺假。之后芥子油贸易在印度很多邦被禁，9月政府禁止一切散装的、非达标的桶装食用油出售。与此同时，印度政府无视市民团体的抗议，大量进口大豆油。希瓦指出，这事实上是跨国公司和印度政府组织的“阴谋”，目的是为了让美国大豆油打入印度市场。之后，芥子油生产和贸易迅速萎缩，农民们种植芥子的热情下降，现在这一曾象征着印度的美好春天的植物只是零零散散地长在村落里。希瓦悲观地认为，随着人们对芥子油的遗忘，芥子很快就会绝种，最终，印度将再也找不到芥子油，市场上只会有从美国进口的食用油。[1]

芥子油的悲剧不仅仅是让印度的民众少了一种传统的食用油或少了一道春天的景观，芥子油市场的消失让底层人民迅速面临食用油短缺问题，他们买不起大豆油也买不起被认为更符合卫生标准的桶装食用油。在印度农村，芥子油市场为大部分的家庭提供了生计。芥子油加工由100多万个工坊和2万个小型榨油户完成，产量占所有加工食用油的68%。芥子油市场的破坏已成为印度的一个社会问题。希瓦指出对进口食用油的高度依赖很容易引发暴乱和不稳定。

我们并不是说反对一切现代化的食物。在历史来看，这些所谓的"现代化"食物可能更适合西方人而不是东方人。例如在食用油方面，传统的印度芥子油和我国南方常用的花生油等，除了油的特性外，还具有浓郁的芳香，不算太纯的色泽；而欧美比较普遍的大豆油、葵花籽油等，除了油的特性外，如果从气味、形态来看，我们几乎不知道它是什么油——除非看标签。这些油非常符合西方人的审美特性。首先是功能单一，只要实现"油"的功能就行，最多考虑一下健康因素，其他文化因素不在考虑范围；其次是纯净，几乎无色无味，清纯透亮。这和白糖而不是蜂蜜或其他的糖在西方流行，在国际市场流行具有同样的原因，对此，我们在后面的章节将做具体的论述。

3.3.3 世界的麦当劳

> 未来是一片繁忙的景象：飞速发展的经济与科技，快节奏的音乐、高速运行的电脑、快速饮食。MTV、苹果电脑、麦当劳将一个个国家和地区带入同质化的全球主题公

〔1〕 Vandana Shiva, "Monsanto and the Mustard Seed", *Earth Island Journal*, 2002, Vol. 16: 23~26.

园——一个被传播、信息、娱乐与商业连接在一起的麦当劳世界（McWorld）！

——本杰明·巴伯尔（Benjiamin Barber）

1990年，中国第一家麦当劳在深圳开业。1992年4月23日，北京麦当劳开张的第一天就吸引了40 000名消费者，完成了13 214笔交易，创造了麦当劳公司日交易的新纪录。[1]根据詹姆斯·华生（James L. Watson）在东亚的研究，麦当劳对东亚饮食形态的影响是微观而不容忽视的。在香港地区，麦当劳已经取代了传统的茶楼与街头小吃，成为最受欢迎的早餐。在台湾地区的青少年当中，汉堡、炸薯条成了主食。在麦当劳出现之前，孩子的生日是不被重视的，给孩子举办生日庆祝会并不多见，通过广告，麦当劳把蜡烛、蛋糕的西式生日聚会推广给了东亚的年轻人。香港人注重严肃认真的工作态度，期待工作中的人应该表现得面部表情严肃，而麦当劳的"微笑服务"与这背道而驰，但现在"微笑服务"却被广为接受。日本传统的饮食规则有两条：一是吃东西的时候不能用手接触食物（一些寿司和饭团除外），而应该用筷子，因为手被认为是脏的，筷子却是干净的。二是不能够站着吃饭，日本人看来，人与动物之间的区别就在于是否站着吃东西，日本人正确的餐桌礼仪是挺直着跪坐在矮桌边用餐。在接受麦当劳以前，日本人很少用手取食，但现在这已是被普遍接受的用餐方式，麦当劳的风行还改变了跪坐的仪态。[2]这一点，我在日本东京工业大学开会时深有感触，会议方招待我们的晚宴食物是日式的，但却采取西式自助餐的形式——没有吃饭用的桌子，只有盛放食物的环形桌子，也没有椅子，人们手捧着装着食物的碟子，边吃边谈话。这多少让我这个也不习惯站着吃饭的中国人有些惊诧。因为当时参加会议的只有三个东亚国家：中国、日本和韩国。按照东亚的习惯，我以为会议方会按照传统的日

〔1〕［美］詹姆斯·华生：《金拱向东：麦当劳在东亚》，祝鹏程译，浙江大学出版社2015年版，第210页。

〔2〕［美］詹姆斯·华生：《金拱向东：麦当劳在东亚》，祝鹏程译，浙江大学出版社2015年版，第16、30、43、188~189页。

本方式招呼我们——起码应该不用站着吃饭。1996年7月的《纽约时报》专栏作者罗纳德·施泰尔（Ronald Steel）就直言不讳地说："真正的革命并非来自苏联，而是美国……我们传播一种基于大众娱乐和趣味之上的文化……借助好莱坞与麦当劳，这种文化传播到了世界各地，掌控并摧毁其他社会……不同于传统的侵略者，我们不只是统治对方，还要强迫他们和我们一样。"〔1〕

麦当劳不仅在美国，在西方传统之外的地区也取得了巨大成功。麦当劳的成功带来的第一个担忧就是：麦当劳的入侵会不会改变甚至破坏当地的饮食传统，让当地的特色食品消亡？很多学者给出了肯定的答案。来自意大利西北部的左派记者卡洛·佩特里尼（Carl Petrini）认为食品的工业化会造成口味的标准化，导致上千种本土和地方美食消逝。现代人似乎也逐渐失去了烹饪的技能。英国食品专家卡罗琳·斯蒂尔（Carolyn Steel）记载，在英国，24岁以下的人中，有一半人声称他们每次烹饪都免不了受伤；每3顿饭中就有1顿是速食。"这很难说是美食革命。事实上，英国的食物文化无异于精神分裂症。"〔2〕当然，连美国本身也不能幸免。美国作为一个移民国家，应该是世界各地风味的总汇，但是发展到今天，世界各地的风味都统一到"麦当劳"的口味之下了。当你问一个美国人，美国的特色食品是什么，他多半会回答：可乐、汉堡、薯条以及各种包装好的工业化食品。这种全球几乎是一样口味的，在哪里都可以买得到的，算是一种"特色"食品吗？或者说美国本身的特色就在于"全球化"？

许多美国学者感慨，美国的"传统文化"正在流失。美国的"传统文化"指的是建国初期"五月花"号的清教徒们从英国带来的清教徒文化。这种清教徒文化在马克斯·韦伯的著作中有了很好的归纳和表述：勤俭节约，工作至上。但是麦当劳化却意味着短暂的享乐主义。清教徒作为一种宗教文化，最重要的是对上帝的感恩，

---

〔1〕《纽约时报》1996年7月21日。

〔2〕［英］卡罗琳·斯蒂尔：《食物越多越饥饿》，刘小敏、赵永刚译，中国人民大学出版社2010年版，第3页。

这种感恩体现在餐桌上就是饭前的祈祷，感谢神赐予我们食物，免去我们的饥饿。但是在快餐店里，我们付钱，用钱换来了等份额的食物，这就从“神赐予的食品”转换成了“我自己挣来的食品”，既然这样，我们为什么还要感恩呢？我们为什么还要“上帝”存在呢？作为自然的上帝不存在了，我们为什么要敬畏上帝或自然呢？我们为什么要“顺应自然”呢？在中国传统文化中，虽然没有宗教神的存在，但是每当我们看到妈妈或者奶奶为我们忙碌准备每一餐的时候，我们总是心存感激。不仅仅是因为她们很辛苦，还因为她们的劳作是免费的、义务的。在快餐店里，我们看到工作人员辛苦地劳动，可是我们却很少有感激之情，她们是拿了薪水的，辛苦也是理所当然的。从小接受这种麦当劳文化的孩子会逐渐对父母的辛苦做饭也漠然视之，他们会一边看电视一边等着父母开饭的通知。宗教传达的是一种集体精神，中国传统文化主张一家人聚在一起吃饭，强调的也是一种家族式的集体精神，麦当劳化的餐饮习惯却让我们习惯于个人就餐。各点各的食品，各吃各的，不像在家里吃饭一样，我们分享同一锅饭，同一碟菜，大家围着餐桌有说有笑。但这或许契合了城市单身族的需求。与其在家辛辛苦苦做饭，还得一个人孤单地吃还不如轻轻松松地坐在舒服的麦当劳餐厅里和陌生人一起吃饭。所以，本雅明指出了现代都市的一大特征是“爱上陌生人”。清教伦理倡导一种延迟的享乐，这是农业社会的一个重要方面，你必须得等到收获的时候才能获得某种食品。我们的老一辈和我们回忆起儿时生活的时候会告诉我们，他们养猪要养一年的时间，只有到了春节的时候，才能杀猪分猪肉。但是在麦当劳的世界里，他们的分店到处都有，你不必回到家，在回家的路上你随时可以享受到美味。麦当劳的快速服务让你几乎从进店开始用不了 3 分钟，就可以享受食物。在忙碌的都市生活中，时间就是金钱，效率就是一切。1955 年，通用食品公司的高管、现代便利食品（convenience foods）之父查尔斯·莫蒂默（Charles Mortimer）在世界大企业家联合会举办的公司高管年会上宣称：暨衣、食、住这几大人类基本的生活要素之后，现代社会出现了另一个基本的生活要素，那就是一个大写的“C”：Convenience，就是便利。这个大写的“C”作为人类社会的基本生活要素要求我们生活中的一切都要“便利”。即食、即穿、拎包入住……便利食品和麦当劳传递给我们的信息是，要享受趁现在，越快越好！当然，这种享受和一次性用品一样，是短暂的。在一个拥有 500 万人口的大都市里，我们去哪里寻找永恒呢？在这样的大都市里，一切都是短暂的。一个房子住不了多久就面临着拆迁的危险了——中国的建筑寿命大概也就 30 年左右；刚结婚没多久就离婚了——中国的离婚率据说接近 50%；刚找到工作没多久就辞了；刚谈恋爱就分手了……我们正深陷在快餐文化中，进入斯蒂尔所说的“重度消费者”循环。快餐诱使人们进入了一个依赖性的循环，使他们回来消费更多——快餐可以使人上瘾，它使人们沉溺其中，不只是因为它咸的、油腻的或是甜的口感，还因为它是一种我们在任何时候想要就能得到的“填塞物”。宗教伦理禁止人们贪婪而不负责任，但是麦当劳却鼓励我们贪婪：汉堡和可乐都那么便宜美味，为什么不多吃一点呢？况且周围只是些陌生人，他们不在意你吃多少、吃什么。而且你不需要对浪费负责——我可是付了钱了，吃不吃是我自己的事了。于是我们的城市里到处都是浪费的粮食，一些食品甚至买回来后包装都没有拆就过了保质期，只能直接扔进垃圾堆里。根据新浪财经的报道，当前全球仍有 7.95 亿人在遭受食物不足的困扰，虽然比十年前减少了 1.67 亿，但这一数字依然庞大。从相对数量来看，全球每 9 人中，仍约有 1 人在忍饥挨饿。一方面，全球依然面临着食物缺乏的危机，而另一方面，食物浪费在极大地消耗着人们的口粮。当前，全球每年约有 13 亿吨粮食被浪费掉，意味着约有 1/3 的粮食在上餐桌之前就被浪费掉了。而作为全球最重要的粮食生产与消费国之一的中国，每年仍有约 1700 万吨~1800 万吨的餐饮食物被浪费掉，这相当于 3000 万~5000 万人一年的口粮。[1]在快餐文化里，食物太轻易得到，食物没有和使用者之间发生根本性的关联，食物也就得不到根本的尊重和理解。与之相对应的是都市里流行的“一夜情”，你情我愿，没有责任，没有负担，吃完就走。

---

〔1〕 新浪财经：http://finance.sina.com.cn/roll/2017-01-04/doc-ifxzizus3674694.shtml.

为了防止社会的麦当劳化，瑞泽尔建议要像在烟盒上写着："警告：吸烟有害健康"那样，在麦当劳的门楣上写上"警告：社会学家已发现，习惯性地使用麦当劳化系统会损害你的身心健康以及整个社会"。[1]这个建议很好，只是治标不治本。正如斯蒂尔指出的，要想解决目前的食品危机，我们应该考虑到我们食品文化中的每个方面，我们必须知道我们要以怎么样的方式在城市中居住，比如我们应如何设计和建设城市等。[2]是的，食品问题和其他一切城市问题一样，不是某一方面的问题，而是一个系统性的问题。

3.4 谁是真正的上帝

生产商和消费者，作为市场经济的两大最基本主体，究竟谁是"上帝"呢？我们经常说，"顾客就是上帝""消费者的满意就是我们最大的满足"。这些话听起来就像真的一样，即消费者在市场中拥有充分的主动权，占主导地位。这或许只是我们根据常识一厢情愿地认为的。在工业社会，经典的经济学理论一般把社会定义为"生产社会"。生产不仅决定着消费，更是生活的主导。我们要根据生产来安排吃饭、睡觉的时间。马克思主义理论用人类社会的生产工具而不是消费特征来定义人类发展的不同阶段，足以看出生产对于人类文明的决定性作用。为什么工业社会那么强调生产的重要性？因为在工业社会里，资本的积累和社会的生产再扩大被认为是人类社会发展的经济基础，没有了这个基础人类的发展就会停滞不前。消费被认为是为了维持工人劳动力和提升劳动力素质的"生产成本"，甚至生育孩子也被理解为不是为了天伦之乐或者人的本能，而是为了劳动力的延续。任何超出了维持自身和提高生产率的消费都被定义为"奢侈消费"，必然受到社会的谴责。

第二次世界大战后，技术的发展带来了生产力的极大提高，西

〔1〕［美］乔治·瑞泽尔：《汉堡统治世界?！社会的麦当劳化》，姚伟等译，中国人民大学出版社2014年版，第154页。

〔2〕［英］卡罗琳·斯蒂尔：《食物越多越饥饿》，刘小敏、赵永刚译，中国人民大学出版社2010年版，第149页。

方发达国家出现了“生产过剩”。“简而言之，当代资本主义的基本问题不再是获得最大利润与生产的理性化之间的矛盾”，波德里亚在20世纪70年代初总结说，“而是在技术结构上潜在的无限的生产力与销售产品必要性的矛盾”。[1]是的，当供大于求的时候，消费者就有了更大的自由。我可以根据我的意愿任意选择，在选择中消费者就可以决定一家企业的生死存亡，没有了足够多的消费者的支持，企业就无法盈利。这种逻辑在推理上是行得通的，但是现实却是另一番景象。正如波德里亚一再提醒我们的：消费不是单独的行为，而是一系列社会活动。

3.4.1 消费者的天职

不可否认，购买行为是消费者的主要行为，选择是消费者的基本权利。但是我们却忘了消费者是被镶嵌在一定的市场安排和社会背景里的。沃尔玛和家乐福哪家好？我可能天天去沃尔玛而不是家乐福购物，并不是因为我对沃尔玛的认同，而是因为距离、机缘（家人或朋友恰好在沃尔玛上班等偶然因素）等原因。况且，在全球化大市场的背景下，大型超市的价格、款式、品牌都趋于相同，谁又能清楚地知道沃尔玛和家乐福有多大区别？当某一品牌在竞争中处于垄断地位时，我们就算对这一大商家的傲慢和漠视非常不满，但除了购买这一品牌之外却别无选择。当然，现在的商家和生产者会有很多形式来迷惑消费者，比如说同一系列的产品推出不同的牌子，让人误以为它们之间有多么大的不同，其实它们都是同一厂家，甚至同一生产线生产出来的。消费者的选择权也只能是一种“用脚投票”的无奈。

消费者只能选与不选，却无法足够清晰地表达自己真正需要什么。当我们的城市越来越现代化时，我们离食品却越来越远了。当我们选择这个品牌的产品时，是因为我们信赖它吗？信赖建立在了解的情况下。我怎么了解距我几千公里以外的一株麦苗，一头猪或

---

〔1〕［法］波德里亚：《消费社会》，刘成富、全志钢译，南京大学出版社2000年版，第59~60页。

者一头牛的生活环境和成长历程呢？当现代信息技术越发达，我们得到的消息就越间接。正如芒福德所言，我们生活在一个“二手信息”的世界里。我们得知塞进我们嘴巴，穿过我们的肠胃，最后变成我们的身体一部分的食物的信息几乎全靠媒体——或者更确切地说是广告！在广告里，我们吃的植物和动物永远生活在纯净的空气里，生活在明媚的阳光下，受到精心的呵护……这些广告告诉我们，商家永远是站在消费者角度来考虑问题的——直到有一天媒体的曝光。但那也只是让消费者像被蚊子叮了一下而已，过不了多久，消费者就会忘记疼痛，很快恢复对市场的信心。这些作为食品的动物是怎么被屠杀的？它们又是怎么变成我们在超市看到的食品的？这些问题几乎没有消费者会深究。我们在广告里看到明净的厂房，戴着口罩、穿着消毒服的工人，我们会深呼一口气，心想这样生产的食品是让人放心的。超市里肉制品的包装，十足地把食品浪漫化了。当我们购买一条火腿肠时，我们的感觉就像购买一束花一样自然和愉悦，我们完全忘了我们是在“谋杀”。被制作成火腿肠的猪也曾经是和我们一样会呼吸、会吃东西、会活动的生命体。威廉·克罗农（W. Cronon）如是说：“包装者的最高目标是推进肉的商品化，切断它和生命及其生态体系的更多联系。”〔1〕身在大都市的我们对食品的了解几乎是靠“广告+新闻+想象”来完成的。我们坚信城市发展就是人类文明进程的一部分。所谓的“文明进程”让我们和我们的食品隔离，是整个城市规划的必然，这种隔离也降低了我们对残酷的敏感性，让我们觉得吃某种动物是理所当然的。

当然，有许多消费者不满自己的被动地位，在无法选择自己满意的商品时，他们就会“逆袭”成为商家。但大多数消费者已经太习惯于被动消费，他们对“需求”一片混乱，朝三暮四，对新品牌、新口味、新广告甚至新的明星代言人趋之若鹜。我们当然很清楚地知道，我们吃什么、喝什么和我们将来会成为什么样的人没有太大关系，我们就算吃再多某种食品也不会变成某位体育或者影视明星。

---

〔1〕 转引自［荷］米歇尔·科尔萨斯：《追问膳食：食品哲学与伦理学》，李建军、李苗译，北京大学出版社 2014 年版，第 196 页。

但我们对广告中的暗示非常受用，如我是聪明的妈妈，所以我选择……我是一位孝敬父母的成功人士，关爱父母所以我选择……

荷兰食品哲学家在研究食品伦理的时候发现，消费者、公民虽然是同一个人，但他们之间承担的角色和责任却是分裂的。当我们是消费者时，我们一心只追求更便宜的商品，而忘记了作为公民所要维护的社会公平和正义，作为消费者所做出的短期行为是与社会的长期利益相冲突的；当我们切换到“公民模式”时，我们才会意识到对短期利益和便宜商品的追求会造成长期的危害，会对生态环境和动物福利等造成破坏。作为消费者，我们的天职就是：忘掉理性，买、买、买。

为什么我们会对消费这么执着？心理学家认为，作为人类，心理上的需求和生理上的需求是同样重要的，在满足基本的生活需求的同时，我们也在追求安全感、满足感和认同感。就现代人而言，这些感觉统统可以通过消费来满足。

安全感。我们囤积的东西越多我们就会觉得越有安全感，特别是食物。当我们加班到深夜，或者看电视肚子饿了，一打开冰箱，空空如也，一种沮丧、失望的感觉马上就会把我们压垮。尽管我们只需要用手机点几下就可以有餐送到楼下——现在很多店已经是24小时营业了，但是那种不安全感还是无法挥去，空空的冰箱或许会让我们一个晚上无法深睡。于是，第二天我们就会去超市几乎是不经思考地买、买、买，直到购物车装不下，足可以塞满冰箱。结果正如我们当中许多人的经历那样，我们根本消耗不了那么多食品。这些食品放在冰箱里静静地躺过了它们的保质期，最后我们只能把它们扔掉。在扔食品的时候，我们或许会有一丝愧疚：这都是粮食啊，我们可以这么浪费粮食吗？但是一旦冰箱被扔空了，没有安全感了，我们马上就会忘掉愧疚感，又开始大购物，如此循环。

满足感。购物是现代人获取满足感最简单、最容易的方式，我们不需要花太多的钱，几块钱就能买到一块制作精美（但是材质很差，全是化学品）的蛋糕。看着这精美的蛋糕，我们就会生出一种满足感。把蛋糕放进嘴里，那种甜味，让我们想象自己就像某巧克力广告里的美女一样，神情陶醉迷人，我们顿时会感到很满足。每个周末，我们都可以在超市里找到满满的满足感。哇，这个饮料买一送一啊，这个饼干大打折啊，这个新口味的火腿肠可以免费品尝啊。我们满载而归，我们满心欢喜，我们觉得自己捡了大便宜，我们感到自己衣食无忧。之后的情形是，当你喝了一瓶饮料，你就觉得很腻了，送的那一瓶只能扔掉；这些打折的饼干你仔细一看，才发现是因为它们已经非常临近保质期，而你肯定不能在这么短的时间内吃完它们——我总不能为了吃完它们而放弃其他美食吧?

认同感。现代社会的伟大之处在于，其打破了血缘作为人们联系的纽带之后，成功地把素不相识的人们维系在对某一品牌的忠诚上，特别是一些高档的消费品都建立有自己的俱乐部，通过各种活动把客户团结起来。是的，打破了乡村血缘的纽带之后，我们很多人只身在陌生的大城市里打拼，要在全是陌生人的城市里建立起“圈子”，找到认同感并不容易。但是通过消费，我们却很容易得到认同，把自己定义为某一圈子里的人。我女儿在学校里有一帮女孩子是某明星的粉丝，而这位明星恰好是某品牌奶制品的代理人，这些女孩子迅速打成一片。如果谁选用了其他品牌的奶制品，那么这个女孩子就会被其他女孩子视为叛徒，遭到冷落。我们或许会觉得这是一种很幼稚的行为，但是回想一下，我们扎堆购买某一品牌的产品不也是一样吗? 广告里不是说，是哥们就一起喝××啤酒吗? 这种扎堆消费的背后，正是我们要寻求同龄人、同伙认同感的表现。我们或许没有身价百万，但是我们却可以通过贷款购买某一产品而跻身“富人俱乐部”。同样，身为总统候选人也可以为了拉选票和普通工人抽同一牌子的香烟，喝同一牌子的啤酒。这种通过消费的认同甚至扩展到了外交层面上。某些国家领导人，来到中国吃火锅、吃烤鸭，总会被新闻媒体大写特写，吃某种特定的食品可以一下子拉近生活在相隔几万公里之外生活圈的不同的人们。有时候，我们明明不喜欢某一品牌，但是和我们一起到超市的同伴们都喜欢这一品牌，为了不显得离群，我们也会勉强买某种食品，并在转身之后把它丢进垃圾桶。

经过几代人的努力，我们就会把目前的一切视为天经地义，从而慢慢丧失对我们生活的警惕性和批判性。正如西敏司在研究糖的发展史时说，那时我并没有认真思考，为什么对糖的需求在这么多世纪中上升得如此迅速而又经久不衰，我甚至没有想过为什么甜味会成为一种人们想要的味道。我假定这些问题的答案是不证自明的，即谁不喜欢甜味？现在看来，比缺乏好奇心更糟糕的是我的迟钝。我把需求视为理所当然。而如果不把“需求”抽象化的话，那么在过去几个世纪内，糖的世界产量在世界市场的主要食品的产量中呈现出最为显著的上升曲线，而且它还一直在稳定地上升。只有当我开始学习加勒比人历史，了解到更多关于殖民地的种植者和银行家、企业家以及宗主国内不同群体的消费者之间的特殊关系时，我才开始被“需求”究竟是什么这样的问题困扰。在多大程度上，“需求”可以被视作“自然”？“口味”“偏好”，乃至“好”这些词究竟又有什么含义？[1]当我们追问“为什么”时，答案往往会颠覆我们的常识。

3.4.2 创造一个市场

相对于消费者的被动，生产者和商家则是积极主动的一方。以市场为目的的食品就像其他工业产品一样被创造出来了。所谓的“满足消费者的最大需求”，其本质是“满足商家（生产者）的最大利润”，商家在市场中拥有充分的主动权。

其中最鲜明的例子就是牛奶。我们一直以为东方人身材比较瘦小，性格比较温和是因为我们的饮食是以素食，其中是以谷类为主；相对而言，西方人（主要是指白种人）长得比较高大强壮的原因是他们牛奶喝得多，我们一直以为牛奶是西方人的传统饮食中最重要的部分。但是翻开人类的饮食史，我们却惊讶地发现，在美国，牛奶的普及竟然是市场化的结果！

在美国，20世纪20年代中期，两家大的乳制品公司垄断了全国零售奶业，即波顿（Borden's）和国家乳制品（National Dairy Products Sealtest）。牛奶的实际生产则被位于关键乳业州里的一小批富有影响

---

〔1〕［美］西敏司：《甜与权力——糖在近代历史上的地位》，王超、朱建刚译，商务印书馆2010年版，序言。

力的生产合作社所掌控。这两股力量，分别来自私营机构和合作组织，加上美国政府的支持，从此，牛奶变成了美国老百姓的“完美食品”。

1919年，美国农业部和行业性组织美国乳品业协会（National Dairy Council）共同在全国的学校里举办为时一周的“为健康喝牛奶”活动，以牛奶如何预防疾病为内容的海报、传单、戏剧和歌曲淹没了校园；1921年，纽约州乳制品商联合会（New York State Dairymen's League）开展了为学童每天免费提供一杯牛奶的活动，并附上一封给父母的信。信中以公共卫生当局的名义告诉父母，“所有的医生”都建议孩子每天喝一品脱（约710毫升）的牛奶。新英格兰地区乳品业协会告诉孩子们每天喝4杯牛奶才能保持身体健康，才能满足身体的全部营养。孩子们还被带领到市区附近的奶场参观、游玩。

除了对孩子们展开攻势之外，纽约州乳品商联合会在1921年说服了纽约市长，让市长和城市卫生专员们每天午饭时喝1夸脱（约946毫升）牛奶来显示牛奶真的有益于健康。

之后，美国的营养学家也加入到了牛奶推广运动中来。他们把儿童每天建议饮用的牛奶量从1品脱提高到1夸脱，并呼吁成人也应该每天喝1夸脱牛奶。其中最有名的专家是埃尔默·麦科勒姆（Elmer McCollum）。麦科勒姆是美国著名的生物学家，以研究营养学，特别是维生素和其他微量元素在人类饮食中的重要作用而著名，是第一个在营养学界用鼠类做实验的专家，《时代》杂志称其为“维生素博士”（Dr. Vitamin）。麦科勒姆广为流传的名言是：“在你想吃什么之前先要考虑什么是你应该吃的。”[1]更具有讽刺意义的是，麦科勒姆竟也运用了人类学的对比方法鼓吹说，西方饮食明显优越于“东方饮食”的原因是，东方人断奶后就很少喝牛奶，这导致他们身材矮小且不够强壮。他警告美国人，自从工业革命以来，西方的牛奶和奶制品消费一直在下降，其结果是美国人“体质恶化倾向明显”。美国人与以阿拉伯人为代表的游牧民族“积极、进取”的

〔1〕 https://en.wikipedia.org/wiki/Elmer_McCollum.

健康形象形成了鲜明对比。阿拉伯人由于喝了“不限量的牛奶”，他们“神奇地没有任何形式的神态缺陷”“是全世界最强壮和最高尚的种族之一”“经常达到人类寿命的极限仍然能保持健康”。

经过一番努力，到了20世纪20年代中期，牛奶行业和政府、科学界联手，成功地成了食品行业的老大之一。不仅是孩子，许多美国成年人，特别是中产阶级都在正餐时喝牛奶。到了1926年，美国“职业家庭”的食品预算中，平均有20%用在牛奶上，几乎双倍于肉类，接近面包和其他谷物食品的4倍；1930年，城市里的美国人饮用牛奶量几乎达到1916年的2倍。牛奶的消费量即使在20世纪的大萧条时期仍然逆势上涨，在第二次世界大战期间增长得更快——一战时期军队的主要饮料是咖啡，在二战时，军队的首选饮料成了牛奶。1945年，美国人均牛奶消费量是1916年的3倍![1]

在亚洲，牛奶的兴起也是和美国同样的原因。牛奶并不是亚洲人的传统食物（游牧民族除外），在“一杯牛奶强壮一个民族”的口号下，在政府和企业的合力推动下，牛奶几乎成了亚洲人的饮食必需品。在我国，牛奶迅速取代了传统的豆浆，成了大众早餐饮品。从1970年到20世纪90年代中期，发展中国家的牛奶消费增加了1.05亿吨，相当于同期发达国家消费增长量的2倍。根据利乐乳业指数的预测，2010~2020年，液态奶的消费量会从2700亿升增加到3500亿升。而这些增长大部分源于亚洲的消费增长。特别是在传统的素食国家印度，现在印度成了世界上最大的牛奶生产国。1963~2003年，奶牛和水牛的牛奶产量已经增长了4倍，奶牛成了印度最大的“农作物”。[2]随着牛奶产量的增加，印度的牛奶消费量也大幅增加。

另外一个典型的例子是白糖。我们总是一厢情愿地相信哺乳动物天生爱吃甜味，越甜越好。但是人类学家却在中世纪欧洲的菜谱上发现人类其实并不是吃得很甜，起码不像我们现在用白糖那么随

---

〔1〕［美］哈维·列文斯坦：《让我们害怕的食物——美国食品恐慌小史》，徐漪译，上海三联书店2016年版，第14~17页。

〔2〕［英］戈登·康韦、凯蒂·威尔逊：《粮食战争：我们拿什么来养活世界》，胡新萍、董亚峰、刘声峰译，电子工业出版社2014年版，第210页。

意。白糖在 13 世纪中叶已经被发明出来，但是那时的人们只把白糖当作辛辣料一样的调味品。与其说是为了增加甜味，不如说是为了增加香味。[1]在白糖普遍化之前，人类主要是靠蜂蜜来获取甜味。人类估计没有进化成为“人”之前就知道怎么采集蜂蜜了——我们总能从动物世界里看到大猩猩之类的灵长类动物拿着树枝偷蜂蜜吃。

为什么最后白糖却打败了蜂蜜，成为人类主要的甜味来源？对比一下白糖和蜂蜜的形态和性质就可以知道。在生产中，蜂蜜是蜜蜂辛勤劳作的产物，产量和品质的可控性都不高，无法大规模生产；而且只能在当地生产，不易于保存和运输。简言之，蜂蜜要成为工业化制造根本不可能，蜂蜜无法适用工业化制造的要求。相比之下，白糖则是工业化的产物。白糖的生产和提纯的历史，是一个对蔗糖的化学特性加以改进的过程，并发展出了一套国际化的商业评判标准：纯度、颜色、外观、颗粒大小等。白糖也容易保存，纯度越高保存的时间越长。白糖比蜂蜜更容易溶于液体或其他固体食物。总之，白糖更方便快捷，更具有目的性，更具有“现代性”。西敏司认为，早在手工场的工厂化之前，种植甘蔗的农庄、种植园就已经实现了工厂化。西班牙早期在圣多明各的一个甘蔗种植园占地 125 英亩左右，奴隶和自由劳工约有 200 人。这 200 人依据技能和工种，以及劳动者的年龄、性别和身体状况被分配到不同的“伍”“班”和“伙”。在榨汁磨坊和蒸煮间的劳动力大概只占总数的1/10，这部分工人的劳动需要和砍伐工的步调一致。在蒸煮间里，整个工作中唯一的休息时间是周六晚上到周一早上这段时间，除此之外，工厂里的工人会以轮班的方式 24 小时不断地进行持续劳动。明确的分工和严格的作息规定及纪律使得 16 世纪的甘蔗种植园从内部结构上看更像工业而不是农业。那时候的种植园主毫无疑问是当时的大业主。一种大概多达百人的“农夫与制造工的混合”才可以在 80 英亩的土地上种植甘蔗。要生产蔗糖至少需要 1 个~2 个榨汁磨坊，一个提纯

---

[1] [美] 西敏司：《饮食人类学：漫话餐桌上的权力和影响力》，林为正译，电子工业出版社 2015 年版，第 51~52 页。

和凝缩蔗汁的蒸煮间，一个用来使粗糖脱水并使糖条干燥的烘烤间，一个制作甜酒的蒸馏间，同时还有一个装船前存放粗糖的储藏间——所有这些都意味着成千英镑的投资，这些种植园主主要来自宗主国，并通过宗主国的银行贷款或投资。[1]甘蔗是亚热带或热带植物，无法在欧洲本土生产，但是当时的殖民地政策和航海技术突破了这一障碍。蔗糖最早用船直接运回英国的记录是1319年，到了1675年时，已经有400艘平均载货量150吨的英国船把蔗糖运回英格兰；从1544年以后，英国开始自己提炼蔗糖，到了1585年后，伦敦成了整个欧洲贸易服务的重要提炼中心。也就是说，白糖不仅仅是工业化的产物而且也是国际贸易的产物。

白糖从最初的奢侈品与珍稀品一跃成为一种大规模生产的无产阶级劳动者日常必需的舶来品，并不是什么“口味偏向”和“民族习性”，对蔗糖的消费正是基于工业社会的背景。一是随着制糖技术的进步和国际贸易统一市场的形成，糖的价格不断下滑。在1750年前消费得起糖的只有富人，而到了1850年以后，蔗糖的最大消费群体是穷人和城市里的工人阶级；糖在1650年是珍稀品，在1750年是奢侈品，在1850年时是生活必需品。二是民主社会、大众消费的兴起。工业社会的大机器生产使得很多原来是贵族富人的消费大众化。原来糖的使用仅仅限于皇宫里的宴会，是财富和身份的象征，但一旦糖的价格低到大众都消费得起的时候，大众便会跟风一样地消费糖——尽管有些人可能真的不喜欢太甜的食品。在1856年时，蔗糖的消费比150年前高出了40倍，而同一时期人口增长却不到3倍，19世纪90年代英国蔗糖的人均年消费量逼近90磅，1901年的统计显示，英国蔗糖的人均消费量首次超过了90磅。[2]所以，正如西敏司总结的：“在糖不断增长的消费得到保障之时，更为廉价的糖便随之而来；保障其消费的不是人们的习惯，而是在人们消费糖的

---

〔1〕［美］西敏司：《甜与权力——糖在近代历史上的地位》，王超、朱建刚译，商务印书馆2010年版，第57~59页。

〔2〕［美］西敏司：《甜与权力——糖在近代历史上的地位》，王超、朱建刚译，商务印书馆2010年版，第144~148页。

世界里四处林立的工厂以及日夜轰鸣的机器。”[1]而当糖成了英国大众的一种必需品时，政府向大众提供糖并保证糖的价格稳定就变成了一项经济和政治义务。“糖”和“甜”也在文学上和心理上被赋予了很多美好的、正面的含义：爱情的甜美、生活像蜜一样滋润、甜蜜的回忆、出生在糖罐里……“甜”的道德含义也发生了倒转性的改变。在基督教禁欲主义的背景下，“糖”和“甜”意味着放纵、堕落和魔鬼的诱惑——当初在伊甸园里夏娃偷吃的苹果就是甜；而今天“糖”和“甜”却意味着舒适宜人、美好和热爱生活。

糖的消费和人类作为哺乳动物所谓的“嗜甜”本性之间的关系似乎并没有我们想象得那么必然，人类的“嗜甜”更多的是工业社会的塑造结果。前面提到的莫奈尔化学味觉研究中心发布的一些研究结果表明，孩子嗜甜的特质不完全是与生俱来的——因为根据研究，孩子比成年人更喜欢甜食，很多人理所当然地认为是“生理本能导致”。其实在很大程度上，孩子的嗜甜在于他们吃的加工食品中含有大量的糖分。科学家们认为“嗜甜”是一种习得性行为。也就是说，食品公司将自己的食品做得越甜，孩子们对糖分的需求就会越大。而就在这个研究结果公布的时候，也就是1975年，一位美国牙医埃勒·夏伦（Ira Shannon）便对当时年轻人蛀牙患者人数飙升感到震惊。这位牙医去超市买了78种品牌的麦片回到实验室，对麦片中的含糖量进行精确测量。结果，有1/3的品牌的麦片含糖量在10%~25%之间，1/3的品牌的含糖量最高可达50%！更令人震惊的是，其中11个品牌的麦片含糖量竟高出50%，一种名为“超级橙子脆皮”（Super Orange Crisps）的麦片，含糖量不可思议得高达70. 8%![2]原本作为早餐的麦片，我们以为吃下去的是谷物，谁知道吃下去的几乎都是糖！2010年，该中心的心理学家朱莉·孟妮拉（Julie Mennella）结束了一项主题为“儿童与甜食”课题。这一课题对356个5岁~10岁的美国孩子进行了测试，测试他们对糖分的“极乐

---

〔1〕［美］西敏司：《甜与权力——糖在近代历史上的地位》，王超、朱建刚译，商务印书馆2010年版，第164页。

〔2〕［美］迈克尔·莫斯：《盐糖脂——食品巨头是如何操纵我们的》，中信出版社2015年版，第82~83页。

点”。实验人员既会根据孩子们最喜欢的零食来溶解分析其中的含糖量，也会让孩子来到实验室吃不同甜度的布丁，孩子可以根据他们的喜好选择最喜欢的甜度。让人吃惊的是，这些孩子们的“极乐点”都精确在食品美味的最高点，有些孩子达到“极乐点”的含糖指数高达36%。她的研究成果为食品行业的发展带来了巨大的收益。不管是研发饮料还是薯片、饼干，食品技术人员通常会参照糖分“极乐点”来开发他们的产品。[1]这将出现一个难以置信的后果：我们的下一代将比我们吃得更甜。这样下去，人类将会变成怎么样呢？人类会不会因为嗜甜导致的肥胖、糖尿病、心脏病等而自取灭亡？当我们的各种感觉都可以用数学或者计算机精确计算出来的时候，情况又会变得怎样？当所有的感觉的“极乐点”都掌控在各种大公司技术部手里的时候，他们是不是就可以由此而操纵人类？

3.4.3 消费城市的胜利

美国极简主义者乔舒亚·贝克尔（Joshua Becker）在清理自家车库时，本着“生活必需”的原则，竟处理掉了他家全部物品的50%！据他的观察，在美国，平均每个家庭拥有大约30万件物品，消耗物品数量是50年前的2倍。尽管美国人的平均家庭面积增长了3倍，但是根据美国能源部的统计，在拥有双车库的家庭中，由于各种杂物的堆积，25%的家庭车库根本没有地方停车；32%的家庭车库只能停放一辆车；每10个美国家庭中，就有一个家庭需要租用储藏室——在过去40年中，储藏室是商业地产行业中增长最快的一项业务。[2]

这超出我们生活需要的50%的物品就是消费城市的胜利见证！

如果我们冷静下来，看着一大堆只为了一时的爽快而购买的无用品，看着信用卡中心寄来的账单，我们会很懊恼自己为什么会丧失理性，如此疯狂地购物？因为我们的社会就是一个“消费社会”，

---

〔1〕［美］迈克尔·莫斯：《盐糖脂——食品巨头是如何操纵我们的》，中信出版社2015年版，第9~10页。

〔2〕［美］乔舒亚·贝克尔：《极简》，张琨译，天津人民出版社2016年版，第8~9页。

让你无处可逃！

通过对欧洲城市发展的研究，芒福德指出中世纪城市的主题是保护和安全，为了生产者和消费者两者的利益，市场受到了严格控制。但是14世纪以后，随着资本主义的发展和新兴企业主的权力增大，他们占据了自治城市政府的重要位置，整个城市的中心很快变成了商业中心。哪里有钱赚，哪里就要设立市场，没有一个地方可以幸免。芒福德写道："流动的资本犹如化学溶剂，它渗透了长期以来保护中世纪城镇的开裂的外层光泽面，把里面的木头腐蚀精光，在清除过去历史的组织机构与制度和他们的建筑物方面，资本比过去最独裁的统治者更加残酷无情。"芒福德如是写道。〔1〕在资本的溶剂下，旧的居民区被拆除，新的更高租金的封闭式的高层购物中心在城里遍地开花。为了保障购物中心的持续繁荣，政府投资了大量纳税人的钱在其周边建设相应的公共设施：公路、铁路、桥梁、学校、医院等，这些公共设施又进一步推进了地价和租金的上涨。租金的上涨，又促进了城市的扩张。"就这样，从19世纪开始，"芒福德总结说，"城市不是被当作一个公共机构，而是被当作一个私人的商业冒险事业，它可以为了增加营业额和土地价格而被规划成任何一种模样。"〔2〕

人类作为地球上唯一理性的动物，我们心理上的弱点却常常被用作赚钱工具，我们正在被一群具有高智商、高理性的专家们所掌控。心理学家们加入了生产商的行列，通过广告、促销等形式攻克我们的心理防线；生理学家和食品公司的产品研发部在积极地寻求人类味觉的极点；数据分析专家根据我们的消费地点、消费内容、消费时间来分析我们的消费习惯和偏好，利用这些数据来对我们的弱点进行攻破；医生和营养学家们在需要"振兴"某一产业时，就会帮助制造舆论，对我们发出警告："如果你再不……你就会……"；我们的行业部门精心制造了一系列的规则，让我们必须这样消费而

〔1〕［美］刘易斯·芒福德：《城市发展史：起源、演变和前景》，宋俊岭、倪文彦译，中国建筑工业出版社2005年版，第430页。

〔2〕［美］刘易斯·芒福德：《城市发展史：起源、演变和前景》，宋俊岭、倪文彦译，中国建筑工业出版社2005年版，第442页。

不是那样消费。更重要的是，我们的城市规划者和设计者通过种种设计，把我们圈在了非理性消费的环境里。他们把整个建筑独立起来，里面吃饭、购物、娱乐一应俱全，让你置身其中就像走迷宫一样，很难找到出口。正如阿德里安·富兰克林（Adrian Frankin）所描写的巴黎街头，步行者会遇到高度美化了的视角。一个整齐摆放着世界各地产品的高品质零售商店，不断地变换着陈列方式。它对行人消费者充满了诱惑力，发出了致意和召唤，创造了所谓的“欲望”，建立了一个审美诉求的焦点，同时，商品也为这些“欲望”设置了陷阱——这些“欲望”是不可知的欲望，它用各种充满新的诱惑力的符号吸引路人。[1]波德里亚在描写“欧洲最大的商业中心”帕尔利二号时写道：“这些商店的诱惑一览无余，连一个橱窗的屏障都没有。步行闲逛其中，会产生一种从未有过的惬意感。玛伊（帕尔利二号的主楼）一面朝和平街另一面朝香榭丽舍大街，装饰着喷泉、矿物树、报亭、长凳，完全摆脱了季节与反常的气候：一个室外的空气调节系统，只要有个 13 公里长的空气湿度调节罩之后，永恒的春天便常住于此。”[2]波德里亚看似从一种中立的态度来分析现代的消费社会，但他的分析却在某种意义上为消费而辩护。他继续用法国人特有的晦涩和矫揉造作的语言说：“舒适、美丽和效率结合在一起，帕尔利人发现了其他无政府城市拒绝他们的物质幸福条件……这里，我们处在作为日常生活的整个组织，完全一致的消费场所。在这里，一切都容易捕获和超越。抽象的幸福的半透明性是由解决压力的唯一办法所确定的。扩大到商业中心和未来城市规模的杂货铺，是每一个现实生活、每一个社会客观生活的升华物。”[3]什么样的升华和怎么升华，波德里亚没有说，但是他说的城市变成了一个大杂货铺却是事实。这些所谓的“商业中心”把周

---

〔1〕［美］阿德里安·富兰克林：《城市生活》，何文郁译，江苏教育出版社 2013 年版，第 47 页。

〔2〕［法］波德里亚：《消费社会》，刘成富、全志钢译，南京大学出版社 2000 年版，第 6 页。

〔3〕［法］波德里亚：《消费社会》，刘成富、全志钢译，南京大学出版社 2000 年版，第 7 页。

围的小店都赶走了，你只能选择它们，你一旦走了进去，就很难像在路边小店里买包香烟、买瓶水那样三五分钟就出来了。你看到林林总总的商品，你就算不买，匆匆走过时也会多看两眼，超市里收银台前排的长队，你在无聊的等待中又顺手拿了几盒摆在收银台旁边的口香糖和水果糖；他们把一些大型超市建立在市郊，必须花一定的时间才能到达。正因为难得去一次，你会本着不能空手而归的决心——上次就是因为你没有买某个东西，以至于之后的一个月里都抽不出时间再去一趟，当你再回到那家店时，发现这个东西已经没有卖了，你会为自己的犹豫懊恼不已，所以这次你一定不会再犹豫！而且你会发现，在道路设计上，去购物远比去学校和医院方便，商场的停车位远比学校、医院的要多！

芒福德在分析消费城市的兴起时说："君主们的欲望与资本家是一致的，资本家也在寻求更大的、更集中的市场和永不满足的顾客。强权政治和强权经济相互加强。城市发展了，大量的消费者增加了，租金提高了，税收增多了。"[1]所以芒福德得出了结论：消费城市的发展绝非偶然。17 世纪后，购物逛街在欧洲已成为一种新的时尚，几乎每个城市都有自己的中心商业街。而如今，在新的"资本主义"背景下，医生、营养学家、心理学家也统统加入到了消费城市的推进中来。在消费城市里，生产者、商家、消费者、专家（当然他们自己也是消费者或者生产者）都围绕着消费而轴心转动，如此得疯狂，以至于整个市场甚至超出了人类的掌控。芒福德称现代社会为"巨机器"。即整个社会被理性化组织起来以便于最大化追求经济发展和效率的机器，人类成了机器上的一个螺丝钉。人类在"巨机器"中失去了自我。人类的存在似乎只为了这部"巨机器"的正常运转，人类给它提供能量，发生故障维修它，不断发明新的技术以保持机器的先进性。[2]

那么，食物在消费城市发生了什么变化？最明显的变化是，我

---

〔1〕［美］刘易斯·芒福德：《城市发展史：起源、演变和前景》，宋俊岭、倪文彦译，中国建筑工业出版社 2005 年版，第 384 页。

〔2〕具体可参见练新颜："芒福德巨机器思想探析"，载《东北大学学报（社科版）》2014 年第 2 期。

们的食物在消费城市里变得越来越时尚。在食品行业工业化之前，我们的食品是从新石器时代以来长期培育的品种，近一万年几乎没有什么新的品种。但是食品工业的发展让我们的食品马上呈几何级上涨。在各种化学品的调配下，我们的食物就像变魔术一样。各种艳丽的颜色，各种刺激的味道，各种难以捉摸的香味冲击着你，诱惑着你。我们的食品消费变得多样化，我们不是为了吃而买，而是把它作为装饰品，比如造型优美的酒瓶配上五光十色的酒就是很多现代家庭的装饰品；我们不是喜欢才买，而只是想尝尝其中的味道，我们只是好奇。食品也像时装一样，一阵风流行过去之后，就销声匿迹了。有一句谚语“好奇害死猫”用在食品上最恰当不过了。我们成了为新奇食品付费的“小白鼠”，我们正在用我们的鲜活之躯检验食品行业的真假伪劣。

第4章

向左走，向右走：食品危机怎么办

4.1 向右走：第二次绿色革命

面对增长、生态和社会困境，第一次绿色革命似乎已经达到了它的极限。但是不可否认的是，全球的人口还在增加，世界还有大量的饥饿人口；第三世界城镇化加速发展，可耕种面积越来越少。我们将如何应对这些难题和困境?

我们很自然地想到了技术。但是现有的技术已经不足以解决我们的问题，我们必须再发动一次全新的“第二次绿色革命”。就像我们经常在某些药品广告中看到的那样，新的药品相比类似的旧药“更安全”“更有效”和“更少副作用”，技术带来的假象让人们误以为每一次技术的进步和改进都是产品不断完善的过程。是的，我们已经从工业革命走来了，我们见证了技术的伟大革命性力量，我们相信我们的美好未来会在技术的进步中到来。面对绿色革命遭遇的种种环境问题，我们仍相信技术的不断完善能解决困境，更先进的生物技术能开拓人类新的未来。其中，以美国为首的孟山都公司针对这些问题又发起了以生物技术、基因工程为主导的第二次绿色革命。

孟山都公司告诉我们：“我们的生物技术种子无疑已经在种子原有的基因结构中加入了有益基因，这些基因能帮助我们生产出抗病虫害的作物。……对让食物生产获得可持续发展而言，生物技术意义重大：化学药品用量更少，更节约稀缺资源，生产能力更高，抗病作物更多……”孟山都公司极力宣称，基因工程技术是绿色的技术，保护物种的多样性。

孟山都公司真的能解决目前我们面临的粮食短缺和农业环境恶化问题吗?

1995年，孟山都公司推出了能抵抗常见的棉铃虫侵害的转基因棉花——保铃棉。孟山都宣称种植保铃棉能不再使用现在用来控制虫害的合成杀虫剂，从而减少杀虫剂对人体和环境的伤害。但是，该公司同时承认，当棉铃虫长到长度超过0.25英寸以后，只用转基因的方法难以控制，而应该采取补充措施。1998年，孟山都公司在印度开始了保铃棉的田间试验。印度农业研究的一些资料表明，保铃棉根本不能够减少杀虫剂的使用。一些棉花的蛾类害虫（包括夜蛾和棉铃虫）甚至能够发展出对转基因保铃毒素的适应性——转基因技术开启了一场新的人与害虫、人与自然的军备竞赛。况且，基因工程植入的抗虫基因只能抵抗一种害虫，而农作物却必须面对多种虫害的侵犯。根据绿色和平杀虫剂信托基金的分析，转基因作物不会改变整体上的用药量。

所以非常讽刺的是，一方面孟山都公司宣传他们的生物技术是绿色的技术，另一方面农达（Roundup）除草剂、农药、化肥却是他们的拳头产品，他们的广告其实只是夸夸其谈。

不可否认，技术帮助我们解决了很多燃眉之急，但是从长远来看，选择通过技术来解决问题的办法真的可行吗?从孟山都转基因棉花的例子和对于转基因食品的各种担忧，我们真的可以信赖技术、信赖技术专家吗?或许，我们会认为，我们目前的问题只是由技术不完善而导致的，我们需要更多的新技术来解决问题。但是我们从历史却可以发现，我们的很多问题正是由所谓的“新技术”带来的，我们的技术不是太少了，而是太多了。我们以为是“技术问题”的问题，而问题却恰恰不是出在技术上。

目前，全球依然有10亿贫困饥饿人口。但是一些专家却指出，如果说真的存在粮食短缺，那也只是“结构性饥荒”。也就是由于分配不均引起的，这种分配不均在国家内部和国与国之间都存在。确实，我们还存在着贫富差距，“朱门酒肉臭”，虽然不至于“路有冻死骨”，但是在贫困地区饥饿问题还是存在的。从更大的范围来说，南北之间的差距确实很大。在网络上曾流传着一个段子，说一帮来自各个国家的孩子在面对“其他国家粮食短缺”这个句子时的困惑：美国的孩子不知道什么叫“其他国家”；欧洲的孩子不知道什么叫“短缺”；非洲国家的孩子不知道什么叫“粮食”！确实，“饥饿”对于发达国家或者发达地区的人们来说也就是当晚没有吃饭或者少吃一点所引起的轻微不适，但是在一些贫困国家，饥饿是一个长期的问题，是一个生与死的问题。虽然从理论上来讲，如果全球的粮食都集中起来再平均分配，那么不管男人、女人还是儿童都将得到每天 2800 大卡以上的食物，我们就能解决目前的饥饿问题。但是如何才能实现这种公平分配呢？这是个政治问题，不是技术问题。技术就算再先进，生产出再多的粮食，要是没有一个相对公平的全球分配体系的话，饥饿仍然是不可避免的。

除了“量的问题”，我们的食物还要面对“质”的问题。不管是地里长出来的粮食、蔬菜、水果还是养殖场里生产的肉类都面临着质量下降的问题。当然，技术激进者认为这都可以用技术来解决。借助生物技术我们可以提高西红柿的番茄红素，孟山都发明了富含维生素 A 的黄金大米，我们还有从医院到家庭一条龙的营养品产业，缺什么就补什么；针对肉类的脂肪和胆固醇含量过高，我们发明了和真肉口感差不多的“人造肉”；针对牛奶的脂肪含量过高，我们可以喝低脂和脱脂奶；针对我们摄入的热量过多，我们发明了 0 热量的“人造食物”，用香精、色素、明胶等制作出各种仿真食物……未来，我们的食品还可能完全来自于实验室。通过基因工程，我们复制基因就可以获得各种食物。这种在实验室里专门为人类定制的食物和自然提供给我们的食品相比，是不是更适合人类身体的需求？不管怎么样，我们都成了食品化学工业的付费小白鼠！许多食品技术的真正危害或许目前还没有显现，但是真正显现的时候，就像第一次绿色革命那样，要挽回的代价就太大了。

所以从长远看来，无论是第一次还是第二次绿色革命都对生态环境造成了极度的破坏，这种以技术问题来解决由技术带来的问题是十分荒谬的。

但是很不幸的是，我们除了有一批激进的技术专家外，很多政治家和农业政策研究专家特别是第三世界国家的政治家和农业政策研究专家也非常积极地主张推行这些已经让发达国家陷入困境的“先进”技术。我国很多的农业研究专家都认为，我们相比于美国等“农业大国”，在农产品国际贸易中屡屡处于劣势，就是因为我们的农业生产十分“落后”，没有形成像美国一样的大规模机械化生产。从我国政府的关于发展农业、农村的报告可以看出，我们始终是把农业的技术化、商业化和全球化作为我国农业发展的战略目标的。从 20 世纪 80 年代的《关于抓一批“短、平、快”科技项目，促进地方经济振兴》的发展计划（也就是轰轰烈烈的“星火计划”）到 1992 年 9 月 25 日颁发的《关于发展高产优质高效农业的决定》，再到 2001 年 4 月 28 日国务院发布的《农业困境发展纲要（2001~2010 年）》，直至 2009 年的中央“一号文件”——《中共中央、国务院关于 2009 年促进农业稳定发展农民持续增收的若干意见》都体现了这一战略目标。这些措施在短期内对提高粮食产量、增加农民收入、改善农村基础设施起到了积极的作用，但也积累了很多问题，特别是生态问题。

这些激进的政策实施效果如何？正如皮尔彻所观察到的，20 世纪后半叶最大的政治变化或许是欧洲帝国的垮台。然而，独立国家的新精英在创建城市和工业经济的努力中还是经常重犯他们殖民者导师的错误。独立国家在执行农业现代化计划时，重视的还是欧洲的经济作物而非更具持续发展性的本地替代作物，小农的利益也被剥夺，去为巨大的通常也是考虑不周的工业计划埋单。[1]在生态危机越来越严重的今天，如果我们还一味地追求美国式的“大农业”，只会东施效颦。在我国人口众多，农民土地较为分散的情况下，一味地追求农业工业化，只会适得其反。

---

〔1〕［美］杰弗里·M. 皮尔彻：《世界史上的食物》，张旭鹏译，商务印书馆 2015 年版，第 106 页。

4.2 向左走：回到传统

在经历了各种食品危机后，人们终于意识到农业工业化所提高的“量”是以牺牲“质”为代价的。一些学者在反思农业工业化的同时，也提出了各种解决方案。其中非常引人注目的是印度女学者万达娜·希瓦（Vandana Shiva）的“第三世界生态女性主义”理论。[1]希瓦可以说是世界反全球化、反生物技术、反农业工业化和反新殖民主义的斗争中最重要的活动家之一，在 1991 年曾任世界妇女与环境大会主席，1993 年获得“正确生存奖”（The Right Livelihood Award），该奖具有“另类诺贝尔和平奖”之称。希瓦现在为“替代性的全球化国际论坛”（the Alternative International Forum on Globalisation）的主席之一，“罗马俱乐部”和“世界未来”执行委员会委员。她曾参加 1999 年在西雅图举行的世界贸易组织峰会和 2000 年墨尔本的世界经济论坛。她创立了为保护本地种子，促进使用本地种子，保障物种多样性和“九种子”（印度语：“Navdanya”）基金会；她积极对世界银行施压，参与了印度与 WTO 有关知识产权和农业贸易方面的主要批判活动。在成为一个环保积极分子之前，希瓦是一位物理学家。她在加拿大取得了科学哲学硕士学位和粒子物理学博士学位。[2]她后来转向科学、技术和环境政策的跨学科研究，在班加罗尔（Bangalore）的印度理工学院和印度管理学院从事研究工作。1982 年，她离开班加罗尔，回到自己的家乡——在喜马拉雅山脚下的台拉登（Dehra Dun）设立了科学、技术和自然资源政策基础研究

---

〔1〕 本段得到了我的朋友侯潇潇的大力支持，她为本段的写作分享了一些她的博士论文成果，在此特表感谢。具体可参照侯潇潇：“万达娜·希瓦的第三世界生态女性主义理论研究”，中国人民大学 2014 年博士学位论文。

〔2〕 国内很多资料认为希瓦获得了科学哲学博士学位（参见刘兵 2006 年；邵南 2011 年），但国外一些资料却显示她获得的是科学哲学硕士学位，博士学位是粒子物理学，参见 http://www.godblessthewholeworld.org。“正确生存奖”的网站也介绍说：“希瓦博士是一名训练有素的物理学家。她的博士学位论文题目是《在量子理论中的隐藏变量和非局部性》，她在加拿大西安大略大学取得博士学位。”参见 http://www.rightlivelihood.org/v-shiva.html.

中心。[1]

希瓦指出，当今世界的生态危机主要是工业化导致的，而作为工业化的理论基础就是目前统治世界主流思想的“男性的”“资本主义的”科学。为什么这么说呢？希瓦把男性特征归纳为“排他性”“等级性”“攻击性”——而这也是我们目前的主流科学所具有的特征，科学的知识源自于计算、理性、实验室里的自然数据；女性特征则被归纳为相反的“包容性”“平等性”“非攻击性”等——这些正是近代科学革命之前各种知识体系的特征，这些知识来自于传统、直觉、自然的启示。

首先，女性的知识体系是包容性的，而不是排他性的。父权制下的科学是排他性的。科学有一整套严密的概念、方法和推论，如果没有通过这一套严密的概念来表达或者用这套严密的方法得到的知识都被排除在“科学”外——也就排除在“合理”“理性”之外了。“有知识的”意味着有专业的知识，而无知则意味着没有专业的知识。女性的知识技术体系不排除科学，但不把科学作为唯一的知识。例如，在从事农业生产中，各地的农民都会根据不同的地理、气候等条件发展出一套自己的育种技术，但是现代农业在“科学”的指导下，排除了农民的育种权，而通过专门的科研机构和农业巨头的“资本主义方式”来专门育种。又例如农民几千年来的堆肥方式被认为是“低效率”的，从而被工厂里的化肥取代。但是女性的知识传统就不一样了，女性充分肯定直觉、感觉、信仰等非理性因素甚至以巫术、神话等作为知识的来源。希瓦和她的德国合作者米斯指出，父权制的科学和技术是在杀死女巫，摧毁所有女巫的知识和智慧传统以及与自然之间的友好关系上建立起来的“精神”，女巫和自然的交往不是资本主义父权制所强调的“物质性”的，而是“精神性”（spiritual）的。这种“精神性”的交往是把自然看作是有魔法、有精神的主体。而且不同的人和民族，对精神的理解是多样的，因为“精神”是建立在生活经历的感受上的。因而和自然的

---

[1] 本段根据侯潇潇：“万达娜·希瓦的第三世界生态女性主义思想研究”，中国人民大学2014年博士学位论文。

“精神”交往就是多样性的。这也意味着我们应该放弃一神教的传统，而回到多神的女神崇拜。[1]如果把这种包容性扩展开来，我们就必须承认各个民族的文化都是平等的。然而在全球化、信息化时代，文化的经济化即文化的商品化衍生出文化侵略，导致了西方资本主义父权制的单一文化对世界文明的主宰，这在客观上构成了对其他民族文化发展的威胁。

其次，希瓦认为女性的知识延续的是“祖母大学”[2]的传统。她说黑森林地区和奥地利山区的每一位老农妇都知道，她的土地最适合种什么，她们拥有古老的知识，拥有传统的种植方法。而这就是她们乐意传授给下一代的宝贵资源。女人因为担负着生育的责任，每个月要承受月经来潮的身体、情绪上的变化，承受怀孕和生育之苦，用乳汁喂养孩子，从这一层意义上来说，女人和大地、自然作为“母亲”而言是心灵相通的。相比之下，男人作为“狩猎者”，与自然只是一种“利用”与“被利用”的关系，也就是说男人仅仅把自然作为“资源”而没有任何亲密的天然联系。也就是说，女性的知识和技术传统来自于生活和自然的环境，是与自然合作的经验总结的结果。这是有别于父权制下的实验室传统的。实验室的传统是把自然关在牢房里严刑逼供的暴力行为。

希瓦给我们开出的处方是：彻底回到传统——就算不抛弃现在所有的科学，也要仅仅把它看作是“西方的”，和巫术、传统、习俗具有同等合法性的知识；放弃农业工业化，回到以前的古老耕种系统，尊重各种生物在人类生活系统中的位置。当然她并不是站着说话不腰疼或者仅仅说说而已，她是“动真格”的。她放弃了新德里的城市生活回到了自己偏远家乡的小村子里从事环境保护工作。她在《土地非石油：气候危机时代下的环境正义》一书中针对由于石化工业发展带来的各种问题，提出用生物的多样性取代石化工业。

这片绿色大地的生物多样性便可取代化石碳。我们从化石工业

---

〔1〕 Maria Mies，*Vandana Shiva*：*Ecofeminism*，London：Zed Books，1993，pp. 16~18.

〔2〕［德］格塞科·冯·吕普克编：《危机浪潮：未来在危机中显现》，章国锋译，中央编译出版社2013年版，第243页。

得到的任何事物皆可以在生物多样性中找到替代途径。植物和动物的世界里存在替代合成化肥、农药、化学染剂、动力能源的永续方式。我们有固碳的豆科植物、蚯蚓或微生物回收的生物肥料（蚯蚓粪或堆肥）取代化肥；用植物染料取代合成染料；用骆驼、马、牛、驴子、大象取代汽车。

希瓦的激进理论让很多人难以接受。女性主义研究者罗斯玛丽·帕特南·童很无奈地说，尽管批评者发现以希瓦和米斯为代表的社会主义生态女性主义的观点很有吸引力，但是却让人怀疑一般的民众能否接受，因为它的要求太有挑战性了——是的，要让马、牛、驴来取代汽车，这种想法本身就很有挑战性。按照希瓦提的重返生态文明的方案就要把大多数人变成素食者、和平主义者和像抱树妇女那样的生态主义者，要人们几乎放弃所有工业化，这并不容易也不可能。

希瓦关于女性主义的论述，在很多人看来或许过于牵强附会，为了提高女性而刻意贬低男性。但是一些社会学的数据却支撑了希瓦的观点。位于哥伦比亚卡利的国际热带农业中心（CIAT）的科学家注意到他们根据研究中心标准开发的作物品种常常不被接受，他们要求农民就不接受他们新开发的四季豆的原因排序。排序的结果显示农民之间对于种子的要求差异性很大，男女之间也有不同偏好。女性偏爱小而美味的品种，男性偏爱个头大而能在市场能卖个好价钱的品种。[1]女性在农业上的表现在某些方面比男性出色。在由国际热带农业中心和卢旺达农业科学研究院（ISAR）进行的长达5年的实验中，逐步让农民参与到育种过程的更早阶段。实验发现农民，特别是女农民更擅长培育连育种专家也难以改良的当地混合品种。一些女农民特别精通如何识别不同品种。[2]

希瓦作为第三世界国家的学者代表对农业的工业化进行了反抗，其实美国20世纪60年代兴起的“有机运动”也是一场非常激进的

〔1〕 转引自［英］戈登·康韦、凯蒂·威尔逊：《粮食战争：我们拿什么来养活世界》，胡新萍、董亚峰、刘声峰译，电子工业出版社2014年版，第230页。

〔2〕 转引自［英］戈登·康韦、凯蒂·威尔逊：《粮食战争：我们拿什么来养活世界》，胡新萍、董亚峰、刘声峰译，电子工业出版社2014年版，第231页。

反抗工业社会的运动。当然这相比于希瓦关心印度和其他第三世界的广大人民特别是贫穷妇女的疾苦和生存状况，美国的“有机运动”显得很随意和“孩子气”。1969 年，一个名为“罗宾汉委员会”（Robin Hood Commission）的组织在加州大学伯克利分校南边的一块空地上种上无污染的蔬菜和树，他们自称为“农业改革者”，并声明要在这块土地上建立一个全新的“互助社会”。他们的灵感来自于英国 17 世纪新教徒激进主义运动“掘地者”（Digger）。掘地者们在公地上自己种植食物分给穷人们，他们要建立一个“耕地社会主义”（agrarian socialism）。“人民公园”是加州大学伯克利分校买下的一块空地，2.8 英亩（1100 平方米）。可能是由于资金问题，那块地自从买下之后就留空着，杂草丛生，碎石堆积。那块土地的不远处是学校计划拆除的废弃低租金房屋——而这区域是当时嬉皮士、吸毒者和拒绝传统社会者的集聚地，是他们的天堂。1969 年 4 月 13 日，大学的学生和当地居民开会商讨如何处置这块地。居民迈克尔·德拉库尔（Michael Delacour）提出要回收这块土地，把它变成“公园”。之后，自称为“罗宾汉的公园特派员”的斯图·艾伯特（Stew Albert）在地下报纸《伯克利讽刺》（*Berkeley Barb*）上写文章呼吁当地居民从加州大学夺回这块地，把它建成“人民公园”（People's Park）。艾伯特是 1964 年“伯克利自由言论运动”的老兵，是反对越战的青年党“易比派”（Yippies）的发起人之一。两天后的一个星期天，数百人来到这里清理场地，种花种菜和种粮食。但是时任加州州长的里根为了收复这块地却发动了“黑色的星期四”冲突。5 月 15 日，里根派出 250 名加州公路巡警和地方警察进入公园，他们驱除志愿者，摧毁了大部分植物，围绕公园设置了用铁链连接的篱笆，阻止人们进入。中午，数千名群众聚集在附近的斯普劳尔广场，学生会主席丹·西格尔（Dan Siegel）拿起麦克风鼓动人们：“让我们夺回人民公园！”群众也高喊：“我们要公园！”警察向示威者发射催泪瓦斯，示威者回以石块、瓶子和水管等。里根宣布进入“紧急状态”，派出 2700 名国民警卫队士兵。其不顾市议会反对，在伯克利宣布军事管制。实施戒严，在全市设置铁丝网路障，国民警卫队向所有聚集在公共场所的人群发射催泪弹。最终，在高压下，学校还是回收了土地，把它变成了停车场。“人民公园”只存在了3周。这片停车场很少有人使用，或许是因为这里曾发生过严重的流血事件吧。过了一段时期，这块地又回到了杂草丛生的状态。[1]

20世纪60年代的有机运动是对当时主流文化农业工业化和商业化的反叛，是20世纪60年代反叛文化的一部分。当然，其也是对生态问题的一个回应——1968年《寂静的春天》的出版引起了人们对生态问题的关注，也拉开了生态运动的序幕。在那一年，凯霍加河河面着火事件[2]和人民公园事件成了生态保护运动的早期推动力。[3]

另外一个20世纪60年代有机运动的重要组成运动是“公社（commune）运动”。[4]公社运动在本质上是一个“反城市”运动。嬉皮士厌恶城市生活，厌恶无节制的消费主义，厌恶城市里被工业污染的自然环境，他们要逃离城市，回到乡村建立“公社”，过一种简单、自给自足的快乐生活。嬉皮士青年组织遍布美国乡村，公社被广泛在西部和西南地区建立起来。加州塞瓦斯托波尔的“晨星（Morning Star）公社”、新墨西哥州的“洛利安（Lorien）公社”、科罗拉多州的“红石（Red Rock）公社”等。这些公社采取公社式土地共享的形式，集体劳动，自耕自种，自己教育孩子，自己制定法律，过着世外桃源式的生活。用他们自己的话说就是：“在农村地区买点土地，建一座木屋，自己种蔬菜，忘记当地选举办公室登记的未来副总统是谁。”[5]在1969年影片《逍遥骑士》（Easy Rider）中，

---

[1] 具体可参见［美］布罗·柯克帕特里克：《1969：革命、动乱与现代美国的诞生》，朱鸿飞译，光明日报出版社2013年版，第108~112页。

[2] 凯霍加河河面成了克利夫兰和其他沿岸城市的垃圾场，河水变成了棕色黏稠液体，并不断冒着气泡，终于在1969年的6月22日，垃圾和有毒化学品混合成可燃物，流经在克利夫兰的河面时着火了。凯霍加河着火的新闻引发了美国生态保护者对国家环境状况的极大不满，美国的公众开始关注工业废料对自然环境的影响。

[3] ［美］布罗·柯克帕特里克：《1969：革命、动乱与现代美国的诞生》，朱鸿飞译，光明日报出版社2013年版，第105页。

[4] Commune有“公社”“共同生活的人群”等含义，朱鸿飞在其翻译的《1969：革命、动乱与现代美国的诞生》一书中使用后一种含义，本书根据其“有机精神”，使用前一种含义。

[5] ［美］布罗·柯克帕特里克：《1969：革命、动乱与现代美国的诞生》，朱鸿飞译，光明日报出版社2013年版，第150页。

我们也可以看到这种反城市的“公社运动”的掠影：人们在播种前先祈祷，播下种子后也要为这种子祈祷、唱歌跳舞。他们祈祷：“我们播下种子，请让我们的努力有所收获，为我们的简单生活带来粗茶淡饭……”

在“人民公园”事件和社区运动之后，西方的“有机运动”逐渐走向平和。21 世纪，一批素食主义者走在了“有机运动”的前列。他们通过一种和平的方式自愿成为素食主义者，抵抗工业化农业。但更多的人，还是活在纠结里，活在折中的现实里。

4.3 折中的现实：超市里的田园诗

随着食品危机的显现和环境保护主义运动的高涨，“有机食品”和标榜“生态农场”的食物纷纷登上了各大超市专柜。

当我们看到“有机（绿色）食品”和“生态农场”的标签时，我们会想到什么呢？

或许在你脑海里浮现的是一幅令人陶醉的田园风光，一首优美的田园诗。是陶渊明的“开荒南野际，守拙归园田。方宅十余亩，草屋八九间。榆柳荫后檐，桃李罗堂前。暧暧远人村，依依墟里烟。狗吠深巷中，鸡鸣桑树颠。户庭无尘杂，虚室有余闲。久在樊笼里，复得返自然”的婉约还是“牧歌声里雄鹰叫，风拂葱茏现牛羊”“无边绿翠凭羊牧，一马飞歌醉碧宵”的雄壮？在我印象中最深的是 20 世纪 80 年代最流行的台湾歌曲《走在乡间的小路上》：

走在乡间的小路上
暮归的老牛是我同伴
蓝天配朵夕阳在胸膛
缤纷的云彩是晚霞的衣裳

荷把锄头在肩上
牧童的歌声在荡漾
喔喔喔喔，他们唱

还有一支短笛隐约在吹响
笑意写在脸上
哼一曲乡居小唱
任思绪在晚风中飞扬
多少落寞惆怅
都随晚风飘散
遗忘在乡间的小路上

是的，对于没有太多农村生活经历的“城里人”来说，这种田园风光的纯净、健康、新鲜的感觉更多的是一种“文学体验”。除了这些文字上带来的遐想之外，一些标榜着“有机食品”“绿色食品”的食品包装上也会印上食品产地的田园风光。看着这些赏心悦目的田园风光画面，我们不再计较这些食品的价格比没有这些标志的食物贵很多。波伦揶揄说：“在工业化食物链的体系下，沿着制造者与消费者之间的食物链所传达的讯息只有一个：价格。”[1]价格成了衡量有机食物品质的尺度，价格越高表明品质越好。

食品问题曝光得越多，我们在超市里看到的“有机食品”“绿色食品”就越多。我们会看到鸡肉盒子上写着“放养土鸡”，鸡蛋的盒子上写着“非饲料柴鸡蛋”，牛奶的盒子上写着“更高标准，限定专属牧场”，牛肉或者羊肉的盒子上写着“集草原之精华，养天地之美味”……这真是如波伦所说的“超市里的田园诗”啊。

那么真实的“有机农场”或“生态农场”是怎么样的呢？这些“有机食品”的消费者绝大部分都住在大城市里，生产“有机食品”的农场离大城市至少几百公里，消费者们既没有时间也没有精力亲自去了解一下这些“生态农场”是如何生产出“有机食品”的，生态农场里的禽畜是否真的在宽敞而又阳光充足的草原或者林子里长大。我们对生态农场的印象来自于广告再加上自己的想象力。

波伦是一位较真的消费者，他真的去了他最喜欢的有机食品超

---

〔1〕［美］迈克尔·波伦：《杂食者的两难：速食、有机和野生食物的自然史》，邓子衿译，大家出版社2012年版，第145页。

市“完美食物”的产品供应地。这些大型的有机农场大多位于加州，加州是美国工业化有机大农场的集中地。波伦先后考察了位于加州中部中央谷地的格林威斯农场和佩塔卢玛养鸡场，位于萨利纳斯谷地的大地农场——全世界最大的有机农业生产者的莴苣基地。这些有机农场的共同点是，农作物不允许用化学品杀虫剂，但不排除价格更高的生物性杀虫剂；不允许用化学品除草剂，农场的工作人员只能通过增加耕地的次数来除草；不允许用人工化肥，但转基因种子却被认为是“有机”的；有机牛奶来自于大型养殖场，里面的数千头奶牛和其他农场的奶牛的生活状况一样：它们每天都被关在围栏里，住在寸草不生的养殖场里，周围也没有一点草地，一日三次被拴到挤奶机上——唯一不同的是，它们吃着有机认证过的玉米和其他谷物饲料。当然在这些牛周围有更多的时刻带着听诊器的兽医，因为不能使用抗生素，他们十分警惕每一头牛的身体状况，一旦发现问题马上采取隔离措施。所谓的“自由放养”的鸡也是被大批量地圈在鸡舍里，鸡舍有个小门可以通往一块窄小的草地——鸡要长到5周~6周大的时候，这扇紧闭的门才会打开，这是为了避免它们在外面接触到不干净的东西，而且再过2周，这些鸡就要上市被宰杀了。

对有机大型农场的考察结果让波伦很无奈。是的，我们当初认为的农家菜园式的、反工业化的、嬉皮士式的“有机运动”“生态运动”，如今已经变得越来越现实了。激进的有机运动在美国的兴起是和种族运动、民权运动、生态运动、女性主义运动同一时代的，都是在19世纪60年代——叛逆年代的产物。戴维·斯泰格沃德（David Steigerwald）认为，那个年代开始的正式标志是1960年约翰·肯尼迪总统的就职典礼。肯尼迪在演说中说：“让每个国家都知道，无论它希望我们好还是坏，我们都会付出任何代价、承受任何负担、迎接任何困难、支援任何朋友、对抗任何敌人以确保自由的生存与胜利。”正是肯尼迪释放了美国的理想主义，鼓舞了变革的希望以及他和他的后继者都不能实现的令人激动的前景。[1]到了1968年，似乎

---

[1]［美］戴维·斯泰格沃德：《六十年代与现代美国的终结》，周朗、新港译，商务印书馆2002年版，第1~4页。

这种全面的对抗性、愤世嫉俗、理想主义成了美国的普遍情绪，各种边缘组织、激进组织占据了美国政治舞台的中央。随着那个时代的结束，理查德·罗蒂（Richard Rorty）、丹尼尔·贝尔（Daniel Bell）等一大批从20世纪60年代走过的知识分子感慨，美国已经进入了“冷漠时代”。激进变成了保守，叛逆文化几乎都被主流文化吸收了；理想主义变成了现实主义，人民公园变成了开放的免费公园、著名的旅游景点，原来嬉皮士们种植蔬菜的地方变成了“有机社区公园”（organic community gardening）；当初公社运动的卡斯卡迪亚农场（1971年创立时的名字是新卡斯卡迪亚生存与开垦计划园区，New Cascadian Survival and Reclamation Project）变成了通用磨坊的子公司；当初种养殖只为了免费给朋友们吃的食物成了美国大型超市“完整食物”的专柜销售品；当初卡斯卡迪亚农场的农场主、嬉皮士金·卡恩（Gene Kahn）成了“工业化的有机农夫”和出色的商人；有机运动变成了“超市里的田园诗”。波伦认为，早期的有机运动以生态为前提，提出了三大改革：一是建立了一套不同于工业化农业的无化学剂的农业；二是建立了不同于连锁大超市的“反资本主义的食物合作社”；三是另类的食用模式——“反精致烹调”。这三大改革被波伦认为是有机运动的三大支柱。[1]而如今有机运动式的反资本主义的有机食品销售方式被纳入主流的商业化模式生产，食物的生产和消费合作以及所谓的另类销售（反对远距离批量超市销售）已不复存在。反精致烹调的原意是鼓励人们支持现做的新鲜无添加食物，但是美国在19世纪90年代却大量推行“有机食品的超市化”——用有机食材深加工为各种“垃圾食品”。在加工的过程中不可避免地要添加一些人工化学品；一旦深加工的有机食品也是“有机的”“生态的”，那么这些食品进入全球化的超市销售系统就成为可能和必然了。这样，“有机运动的三大支柱”，还剩下一根支柱——用有机的办法生产有机食物。如今，这样的有机生产法在所谓的“国家标准”下正在歪曲地蓬勃发展——一旦被纳入体制，过

[1] ［美］迈克尔·波伦：《杂食者的两难：速食、有机和野生食物的自然史》，邓子衿译，大家出版社2012年版，第152页。

去的反叛性和评判性便不复存在。波伦认为在某种程度上，本应该是对工业模式批判的有机农业、生态农业，但经过了对现实的投降、种种折中了之后，有机运动进入了工业化的程序。而推销人员又编造出另一个谎言，在超市的田园诗中加入了更多违背事实的幻想，代价就是出卖了有机运动的灵魂。

我国的生态农业与美国的“反叛性”相比，更体现了中国人务实和圆融的特性。我国生态农业先锋之一蒋高明在搞生态农场的试验时，一开始便采取了商业模式——蒋高明希望生态农业能产业化，能通过“有机健康”食品的销售带动农民致富。2012年，蒋高明的弘毅生态农场有土地117亩，其中科研生活区、养牛区、蔬菜区20亩，本地森林恢复区8亩，严重退化耕地恢复区2亩，实验农田20亩，有机粮食种植区57亩，人工湿地5亩，有机果园5亩。农场养有牛123头，鸡2000只，鹅1200只；固定工作人员7人，其中管理人员2人，一线生产人员4人（不含季节用工人员），研究人员及研究生15人。[1]这是个具有相当规模的农场。农场实行“循环经济”。将以往废弃或烧掉的秸秆喂牛；牛产生的粪便既可以替代化肥也可以加工成沼气；而沼液则可以用来控制蚜虫和红蜘蛛等害虫，还能当作叶面肥；将交配后的害虫用诱虫灯诱捕或者直接让鸡吃掉；对于杂草则采取深翻耕地、放鹅、鸡吃掉等方法……生态农场有4条生态循环链：“秸秆—青储饲料—牛—牛粪—沼气—农田”；“庄稼—害虫—诱虫灯—母鸡—柴鸡蛋”；“秸秆—牛—牛粪—蚯蚓、黄粉虫—散养柴鸡”；“农田—杂草—鹅”。总之根据蒋高明的设想，农场里没有垃圾，一切都可以循环利用。[2]既然实现了零废弃的循环经济，就可以节约不少成本，那么弘毅农场的经济效益应该很可观吧？但事实却相反。以弘毅生态农场养的100头肉牛简单计算，每年就需要提供约10万元的秸秆饲料（青储玉米秸秆或者干花生糠），但是要达到育肥效果实现经济效益，农场还给肉牛喂了“精料”，而且这100头牛每年要保证有40万元的饲料投入，每头牛才

---

〔1〕 蒋高明：《生态农场纪实》，中国科学技术出版社2013年版，第56页。
〔2〕 蒋高明：《生态农场纪实》，中国科学技术出版社2013年版，第145页。

能实现月2000元的净效益。[1]农场的林下养鸡周期是120天~150天，这相对于目前工业化养鸡只需要40多天而言，效率实在太低。此外，蒋高明指出，有机农业需要投入更多精力和人力，精耕细作，比如为了除去杂草一般每年锄地3遍~5遍，这要看气候而定，雨多高温的季节杂草长得很快，就要多锄几遍。而锄草最好是在中午太阳最大、最热的时候，这样锄掉就会被太阳晒死，正是“锄禾日当午，汗滴禾下土”。其中的辛苦农民最清楚。所以从这方面来说，除草剂确实比较省事，这也是农民们明知道除草剂的害处却还是选择用其来除草的原因之一。这种劳动力的困境在美国的生态农场也一样。在波里菲斯农场里，为了做到“充分尊重”动物们的天性，充分利用它们的天性，农场里必需养有鸡——可以除杂草、吃害虫，猪——可以用鼻子翻地，有利于有机肥的发酵，牛——牛粪是很好的有机肥。这样，作为一个农场的工作人员，你就必须得具备饲养各种动物的知识，了解它们的习性和一些常见的疾病，这对于一个农民来说比单一只养殖一种动物的工业化养殖场所具备的知识要求高得多。可悲的是，和世界上其他国家的情形一样，“聪明”的，“有知识文化”的头脑都集中在城里的非农业部门。在农村里的农民不愿意多花脑筋想太多的“生态”的办法解决问题，而是选择最简单的方式解决，即用化肥、用农药、用杀虫剂。

而且要把目前被污染的土地和农田的生态系统恢复起来需要较长的一段时间，生态农场的高效是从长期而言的，短期达不到工业化农业高产的经济效益。他说：“如果我们养的牛价格能高10%以上，则稍有赢利，如果高于20%~30%就能发展为很好的产业了。国际上，有机食品一般比普通食品价格高出50%左右。但现在国内的市场还很混乱。”[2]这么高的价格，农民们可以留着自己吃，城市里的富人可以买着吃，工薪阶层只能望而兴叹。根据江南大学江苏省食品安全研究基地对我国沿海经济发达地区广东省的广州、珠海、深圳三市抽样调研数据的分析表明，有机食品的价格溢价与消费者

---

〔1〕 蒋高明：《生态农场纪实》，中国科学技术出版社2013年版，第149页。
〔2〕 蒋高明：《生态农场纪实》，中国科学技术出版社2013年版，第56页。

的支付意愿之间存在着较大差距，且试用型与偶尔购买者在有机食品购买者中的比重较高。[1]其实，如果真的按照一些生态专家的计算办法，把生态成本——也就是大型养殖场导致的环境污染的治理成本——也计算在内的话，有机食物相对而言是较便宜的。我们可以选择包含生态资源成本的有机食物，社会少花一些环境治理成本；我们也可以选择不包含生态成本的不负责任的工业化食物，而由全社会承担更多的环境治理费用。但现状是，我们的城市白领一族的工资收入水平太低、房价太高，绝大部分的收入都得用在租房、供房上，在事务开支上可以选择的余地就很少了。

当然我们也有一些权宜之计。在我所居住的西部省会城市南宁，由于目前南宁还不是像一线城市那样彻底从农村隔离开来，10 公里以内周边城乡接合部一些村民还有一些农地种种菜什么的。由于面积太小，这些农民也大多有房租收入，所以他们就把有机农业作为家庭收入的一个补充。一旦有什么质量好的农产品，就会很快传遍城里对应的整个小区，大家会在周末约个时间直接去到郊区农户家购买。价格会比普通的贵一些，大概贵 20%，但大家总觉得直接去到农户家里比在超市处理好的食品要放心一些。大多数市民的家乡都在省内的各个城镇，家里总会有一些好东西，每到逢年过节我们就会回到农村大吃大喝一顿，还采购不少好东西带回城里。所以我身边的很多“绿色食品”和“有机食品”根本不需要认证，也没有必要进到超市里销售。这样虽然对于个人来说似乎很方便，但是从环境保护而言并不划算。从城外 200 多公里的家乡带食品回到城里或者到郊区购买食品增加了碳足迹，况且这也不能常规化，运输和时间成本太高。为了节约成本，我们总是一次就买够一个星期甚至一个月的食品，然后放进冰箱里冷藏保鲜——这样又回到了上面提到的保鲜弊端，导致食品的口感和味道都失真。

农民要转向有机农业，往往需要更多的成本投入。一些调查显示，转向有机蔬菜生产后，54% 的农民都表示每亩农地的成本都要

[1] 具体参见吴林海、尹世久、王建华：《中国食品安全发展报告 2014 年》，北京大学出版社 2014 年版，第 26 页。

提高50%~100%。15%的农户认为成本增加超过1倍，仅有10%的农户表示成本增加在20%以下。增加的成本主要包括肥料和杀虫剂。尽管农家肥用来堆肥不需要购买，但是农家肥要买微生物发酵才能加速其堆肥效果；被认为“绿色”“无公害”的生物农药价格却更高。其他的成本包括种子、劳动投入及认证费用等。在各类成本中，农民普遍认为种子、劳动和认证费用的增加幅度较高。〔1〕在养殖方面，虽然有机养殖承诺不用激素、不用抗生素，只用有机饲料喂养，这一点确实对提高肉类食品的安全性有着重要意义，但是在不用抗生素的情况下就必须牺牲规模。为了追求经济效益的规模养殖无法阻止疾病的蔓延。弘毅生态农场用8亩林地放养了2000只柴鸡取得了成功，但是当他们进一步把柴鸡的数量增加到4000只的时候却“全军覆没”。〔2〕

弘毅生态农场的科研效应大于经济效应。农场吸引了各国特别是发达国家专家和研究人员的关注，已发表SCI、CSCD论文40多篇，国家农业部、环保部、山东省科技厅、农业厅等多次组织专家到现场参观指导。农场也实现了一定的生态效应。因为没有用农药、化肥、除草剂、农膜、饲料添加剂、转基因种子，农场里生物多样性迅速提高，约200只麻雀和6只燕子在农场安家，还出现了刺猬、野鸡等多年不见的动物。

如何能够既保证食物的“有机”品质，又能让普通的城市工薪阶层吃得起呢？在当今的“民主”时代，根据“吃什么”而区分你所在的阶级层次，有钱人就能免受劣质食品的危害，这是不可接受的事情。怎么解决这个矛盾，真是个问题。波伦说得很对，“有机农业”“生态农业”只是一首“超级市场里的田园诗”，〔3〕而且是一首“富人阶层”的田园诗。

---

〔1〕 吴林海、尹世久、王建华：《中国食品安全发展报告2014年》，北京大学出版社2014年版，第366页。

〔2〕 具体可参见蒋高明：《生态农场纪实》，中国科学技术出版社2013年版，第124~131页。

〔3〕［美］迈克尔·波伦：《杂食者的两难：速食、有机和野生食物的自然史》，邓子衿译，大家出版社2012年版，第144页。

我们有没有中间道路可以走？针对第一次绿色革命导致的环境问题和可持续发展问题，粮食专家康韦和威尔逊提出了“双重绿色革命”。既要保持绿色革命的高产、高效又要维护生态的多样性和可持续性，用他们的话来说就是，既要实现第一次绿色革命的生产力，在保护自然资源和环境方面更强调“绿色”，又要更高效地减少贫穷与饥饿。他们提出了5个“双重绿色革命”的关键词：高生产力——到2050年，要以一种更有效的方式实现粮食产量翻番；稳定——农业生产受天气和市场变化的影响更小；弹性——农业生产必须能够承受波动和震荡，尤其是适应气候变化；公平——我们必须为贫困人口和饥饿人口提供与富足人口同等的可获得的食物和收入；可持续——建立一种代际公平的增长模式，确保农业生产所依赖的环境和自然资源基础不遭到破坏。[1]为了达到这些非常高的目标，他们的建议用一句官话说就是，既要发扬传统又要展望未来；用他们自己的话来说是“可持续集约化”——“可持续”和“集约化”这两个词集合在一起怎么解读都有点像“方的圆”。所以，康韦和威尔逊提出的具体措施也只能是“半方半圆”。他们既提出了要用传统的办法堆有机肥，也提出要“适当”地在一些贫瘠的地区使用化肥；他们既欣赏传统农民的育种智慧，又觉得必须依赖现代生态学与分子和细胞生态学等相关技术，提高操控生物体的能力，康韦和威尔逊都认为转基因技术也是有机的；他们既主张用综合治理的农艺方法控制病虫害也要求研发毒性更小但是价格更高的生物杀虫剂。康韦和威尔逊的“双重绿色革命”主要集中在粮食生产也就是农作物的种植领域，对于养殖业如何实现“可持续集约化”的“畜牧业革命”更是感到矛盾重重以至于无法像种植业那样深入讨论。他们认为这些矛盾中最尖锐的就是需求和有机生产之间的矛盾。如果预测市场需求的增长不可避免，最终还是会加速转向集约化养殖——放养和他们所主张的“混合饲养”都无法满足庞大的市场需求。为什么有如此大的市场需求？康韦和威尔逊还是按照传统的想

---

〔1〕［英］戈登·康韦、凯蒂·威尔逊：《粮食战争：我们拿什么来养活世界》，胡新萍、董亚峰、刘声峰译，电子工业出版社2014年版，第99页。

法——素食无法完全提供人类完全的蛋白质和其他营养。在发展中国家由于人口基数大，消费模式也正在向更多肉食摄取变化。他们认为发展中国家应该停止这种以肉食为主的消费模式的转变，但又担心这将影响国民的营养状况。[1]可以说，康韦和威尔逊的粮食危机解决方案做了最大的折中，立足于全球的10亿饥饿人口问题，这种折中对传统技术和激进技术都采取了欢迎态度。尽管我对他们的折中方案中对于转基因技术的过于乐观表示怀疑，但是他们提出的“变革理论”却在精神上非常有借鉴意义（我们还会在下一章中做一些具体讨论）。或许情况就像波伦引用别人说的话那样：“目前另类农业最大的问题，就是想要把工业化模式与手工模式中的零碎片段整合起来，这不会成功。走中间线路就如同邯郸学步。”[2]

---

〔1〕［英］戈登·康韦、凯蒂·威尔逊：《粮食战争：我们拿什么来养活世界》，胡新萍、董亚峰、刘声峰译，电子工业出版社2014年版，第338页。

〔2〕［美］麦可·波伦：《杂食者的两难：速食、有机和野生食物的自然史》，邓子衿译，大家出版社2012年版，第256页。

第5章

城市之殇：何以为继？

每一个文明化的社会，都会在其城镇居民与农村居民之间形成巨大的商业市场。农村为城镇提供生活必需品和工业生产的原材料，城镇把一部分生产的工业产品作为对农村的回报。城镇既没有也不能生产任何的生活必需品。因此，可以恰当地说，是农村养活了城市，并成为城市所有财富收入的来源。

——亚当·斯密（Adam Smith）

我怀着惊诧、沉重的心情读完了美国普利策奖得主查理·勒达夫（Charlie Le Duff）的《底特律：一座美国城市的衰落》。这本书于2013年在美国出版，没错，是2013年！一开始我还以为这是一部发表在100多年前进步主义运动的进步小说，里面所描写的场景让人不敢相信这是21世纪的美国——全球第一霸权大国——的一个城市的场景：在大雪堆里，竟会碰到冻死的尸骨，抢劫、谋杀随时可能发生，吸毒、酗酒随处可见……这竟然是底特律！要知道底特律曾经是美国崛起的先锋，著名的汽车城——福特公司、通用公司就在底特律。底特律作为工业时代的先锋诞生了大规模生产、汽车、水泥路、冰箱、冰冻豆类食物、工薪蓝领、住宅私有化、金融信用体系等，可以说，底特律是美国生活方式的发祥地。“底特律曾经是美国最富有的城市，现在成了美国最贫困的城市。”勒达夫写道：“底特律是文盲和辍学之都，学生必须把课本留在学校里，必须从家里带手纸上学。底特律是失业之都，一半的劳动力没有固定的工作。

消防队员没有靴子，警察没有警车，老师没有粉笔。”这还是个“法律形同虚设，理智近乎疯狂”的城市，房屋年久失修，城区一片荒芜，富人相继逃离，因为“不想呼吸有毒的化学味空气”。〔1〕勒达夫悲伤地断言：“底特律这个曾经最能代表美国的城市如今成了一具僵尸。”〔2〕我们不禁要问，底特律怎么了？

要知道底特律的基本情况很容易，百度百科就会很明确地告诉你：底特律（Detroit），位于经纬度42°19′N，83°2′W，建立于1815年，面积约370.2平方公里，其中陆地面积为359.4平方公里，水域面积为11平方公里。海拔最高点位于城市西北部，海拔约为204米。底特律是美国密歇根州最大的城市。1701年，底特律由法国毛皮商建立，是位于美国东北部，加拿大温莎以北、底特律河沿岸的一座重要的港口城市、世界传统汽车中心和音乐之都，是美国人口第15大县。城市得名于连接圣克莱尔湖和伊利湖的底特律河，它源自法语“Rivière du Détroit”，意为“海峡之河（River of the Strait）”。受五大湖的影响，底特律气候为典型的美国中西部温带气候。冬季寒冷，伴有适度降雪；夏季温暖。7月平均最高和最低气温分别为29℃和18℃，1月平均最高和最低气温分别为1℃和-6℃。夏季温度通常超过32℃，冬季比较寒冷但很少低于-17℃。有记录以来的最高气温出现在1988年6月25日，为39℃；而最低气温出现在1994年1月19日，为-27℃。按照这样的地理气候条件，底特律既不是很冷也不是很热，既有宽广的水域，地势还相对平坦。这样的一块宝地应该是繁华的宜居城市。

况且底特律还是美国大湖区的重要港口，与湖滨各大城市联系密切。五大湖—圣劳伦斯深水航道通航后，底特律成了远洋船只的主要起讫点，对加拿大贸易的最重要口岸之一。有10条铁路和多条公路通往各地。与温莎有跨越底特律河的大桥以及河底公路隧道相联系。底特律国际机场位于西南郊，开辟有19条航线。底特律是远

〔1〕［美］查理·勒达夫：《底特律：一座美国城市的衰落》，叶齐茂、倪晓晖译，中信出版社2014年版，第56页。

〔2〕［美］查理·勒达夫：《底特律：一座美国城市的衰落》，叶齐茂、倪晓晖译，中信出版社2014年版，第61页。

洋船只的主要依靠港，美国、加拿大贸易的重要口岸，有稠密的铁路及高速公路网与其他城市连接，建有3个航空港 。有圆形塔式建筑群——73层的文艺复兴大厦、通用汽车公司大楼（47层）、退伍军人纪念馆等一系列建筑，还有世界上最长的吊桥。市内设有底特律文化中心、博物馆、美术馆、亨利·福特汽车博物馆及州立韦恩大学、东密歇根大学分校等文教设施和机构。

我们中国有句俗话："饿死的骆驼比马大。"也就是说，以底特律的天然条件和曾经的辉煌，再不济也不至于在2013年破产吧？[1]

5.1 是谁毁了底特律？

关于底特律的失败我们同样可以找到许多文献，找到许多原因。有的学者将其归咎于严重的种族冲突和黑人骚乱，认为这导致白人撤出底特律，从而使底特律被教育程度和收入都较低的黑人占领了。确实，在20世纪60年代的"反城市"浪潮和种族冲突中，底特律发生了严重的城市暴乱。但许多观察者却在调查中发现，底特律的暴乱分子和其他很多城市的暴乱分子一样，是来自于被称为"新聚居区居民"的社区人。相对而言，这部分人群很年轻，受过较好的教育，这些城市暴乱者90%以上都受过高中教育，这比未参加暴乱者的比率都高；这部分人一般都有工作，且暴乱者的失业率也稍低于没有参加暴乱者的。[2]悉尼·法恩（Sindney Fine）在对底特律的全面研究中指出：许多城市暴乱者只是为当时的热烈气氛所吸引，他们参加暴乱只是为了"开心"。也就是说，参加暴乱的人并不是我们想象中的走投无路的贫困者，也不是真心要"反城市"。法恩的结论是，底特律暴乱是自发的、偶然的，其主要原因是警察与第十二

---

〔1〕 2013年7月18日，底特律申请破产，从而成为美国规模最大的城市破产案。当时的密歇根州州长施耐德于当天批准了底特律申请破产的有关文件，表示底特律已经无法收取足够的税收来满足各项义务，只有通过申请破产来避免局势进一步恶化。同年12月，底特律正式宣布破产。

〔2〕［美］戴维·斯泰格沃德：《六十年代与现代美国的终结》，周朗、新港译，商务印书馆2002年版，第313页。

街居民之间的关系普遍紧张。[1]法恩的观点非常值得我们考虑：当时美国的主要大城市如纽约、洛杉矶、芝加哥等都发生了严重城市暴乱和种族冲突，但这些暴乱和冲突却并没有导致城市破产，况且底特律在当时是全国最支持“伟大社会计划”改革的政府，他们在消灭贫困上动用了大笔资金，经济呈上升趋势，失业率极低，黑人的绝大多数工作是对技术要求很低的岗位。市政府与州政府以及汽车生产厂家联手组织了模范职业培训计划，这个计划被誉为“全世界最好的计划”，而且主要为黑人服务。[2]有的学者将底特律的失败归咎于政府的软弱和无能，自由市场和有限政府成为被抨击的目标。密歇根前州长詹妮弗格·兰霍姆（Jennifer Granholm）认为自由贸易导致了底特律汽车产业和底特律市的衰败。《纽约时报》专栏作家保罗·克鲁格曼（Paul Krugman）总结道：“很大程度上，这座城市（底特律）是市场力量的无辜受害者。”当然也有相反的观点。美国加图研究所（CATO）研究员米歇尔·D. 坦纳（Michael D. Tanner）认为强大的政府压制了市场，导致了底特律的失败。底特律人均税负在密歇根州最高，房屋财产税和商业物业税冠绝全国，工业物业税也仅居次席。底特律的所得税（居民 2.4%、非居民 1.2%、企业 2%）在密歇根州位居榜首，这迫使大部分富人离开这座城市。同时，底特律还是密歇根州唯一一个向公共设施使用者征收消费税（excise tax）的城市，此外底特律还有不少反商业的管制措施。2013 年，针对那些不符合该城市繁杂的许可标准的商业活动，底特律政府关闭了大约 1500 个“非法”商业活动，例如位于废弃仓库外的轮胎商店和二手器械商店。这些商店大约占底特律商业活动的 10%，并且为 70%的居民提供服务。[3]有的学者将底特律的失败归咎于底特律一支独大的汽车行业，单一的支柱产业让底特律的经

---

〔1〕 转引自［美］戴维·斯泰格沃德：《六十年代与现代美国的终结》，周朗、新港译，商务印书馆 2002 年版，第 315 页。

〔2〕［美］戴维·斯泰格沃德：《六十年代与现代美国的终结》，周朗、新港译，商务印书馆 2002 年版，第 315~316 页。

〔3〕［美］米歇尔·D. 坦纳：“政府毁掉了底特律”，黄懿杰译，载《国际经济评论》2013 年第 5 期。

济非常脆弱，一旦汽车行业不景气，底特律的经济就要承受很大的波动，特别是 2008 年的金融危机让底特律深受打击。那么，是否发展了多元的工业就可以避免"底特律的悲剧"呢？我们也可以看看日本北九州[1]的历史。北九州是日本战前领先的工业中心，也是战后 20 世纪 60 年代日本经济飞速增长期的工业中心。自 1901 年第一家钢铁厂开办以来，北九州就成了许多重工业的基地：如化工、钢铁、玻璃、水泥、制砖和发电。北九州工业的多样性按理说可以避免类似底特律的集群所带来的高风险。但是，北九州却随着工业的没落而同样不可避免地走向衰退。

上面提到的各种原因确实是底特律的致命弱点，但我们认为还有至关重要的一条被人们遗忘了：那就是生态危机。

正如勒达夫所分析的，汽车造就了底特律，汽车也毁灭了底特律。底特律是以某种一次性的方式建设起来的。[2]底特律作为汽车之都，汽车工业却促成了其衰落：汽车工业让底特律的生态环境变得非常糟糕。底特律的天是灰白的，烟熏火燎的，呈现出脏抹布似的色彩。那时底特律的水是有毒的水，据说拿个瓶子装上底特律的河水就可以当涂料稀释剂卖。[3]《新闻周刊》（*Newsweek*）刊登了佐伊·施拉格尔（Zoe Schlanger）的文章《致病的底特律》，引起了广泛的关注。施拉格尔写道，在从底特律机场驾车东去鲁热河的路途中，尽管为了防寒关上了车窗，但车内还是弥漫着浓烈的臭鸡蛋气味。一路上又增添了塑料烧焦和汽油的味道。周围是一派繁忙的重工业景象，烟囱浓烟滚滚。附近是名为楚格岛的一片土地，美国钢铁公司的炼钢炉就伫立在此。人们告诉施拉格尔，每个月有好几次整个天空都会因为炼钢而变成肮脏的橘黄色。楚格岛比邻底特律废水处理厂和水泥制造厂，前者会散发出苯、甲醛等高度致癌挥发性

---

〔1〕 北九州是位于日本福冈县的一座城市，因地处日本九州岛的最北端而得名。面积 488.78 平方公里，政令指定都市之一，是日本主要的工业城市和港口城市。

〔2〕［美］查理·勒达夫：《底特律：一座美国城市的衰落》，叶齐茂、倪晓晖译，中信出版社 2014 年版，第 62 页。

〔3〕［美］查理·勒达夫：《底特律：一座美国城市的衰落》，叶齐茂、倪晓晖译，中信出版社 2014 年版，第 6、134 页。

有机物，后者排放二氧化硫、可吸入颗粒物 $PM_{2.5}$、氮氧化物、盐酸、汞和铅。根据最新数据，底特律 15%的成年人患有哮喘，比例比其他密歇根人高 29%。底特律人因哮喘入院治疗的次数是其他密歇根人的 3 倍多。黑人的数据更触目惊心：底特律黑人因哮喘入院治疗的频率是白人邻居的 1.5 倍，而底特律 84%是黑人。〔1〕关于底特律作为汽车城的另一个悖论是，汽车产业推动了城市扩张，家庭主妇们有了汽车便可以到生态环境比较好的郊区生活，正是汽车工业的发展使人们逃出底特律这个有着肮脏工厂和冒着蒸汽尘烟正在闷烧着的城市有了方便的交通工具。2007 年诺贝尔和平奖得主、美国前副总统艾伯特·戈尔（Albert Arnold Gore Jr）在纪录片《难以忽略的真相》（An Inconenient Truth）中直指是汽车工业造成的污染和三大汽车巨头的顽固不化导致了底特律的失败。三大汽车生产巨头完全忽视今天的生态危机，继续生产耗油巨大、高排放的老款汽车，导致在新市场竞争中输给了更节能、更环保的新型汽车。戈尔甚至认为，底特律不仅仅要为自己的生态危机买单，它还是造成全球变暖的罪魁祸首之一。比尔·弗里斯科（Bill Vlasic）在其讲述底特律汽车工业的重要传记《底特律往事》（*Once Upon A Car*）中对底特律的惨败充满着哀伤："底特律不仅成了一个肮脏的单词，还成了失败的代名词。随着工作岗位的消失，城市的高速公路和老旧的市中心开始越发空旷和安静。密歇根州的失业率超过了 10%，并不断上涨。准备打包离开的人口数量不断创造新的纪录。不断聚集的阴霾仿佛在为这片垂死挣扎的社区默哀……"〔2〕

前面提到的日本工业城市北九州的衰退在一定程度上也是因为生态问题，工业的多样化带来的是重污染的多样性。空气中弥漫着"七彩烟雾"，附近的海域成了"死亡之海"——海水的毒性大到连细菌都难以存活。当然，现在的北九州痛定思痛，正在努力转型成为"北九州生态城"，目标是要实现零排放和零废弃，实现资源的循

〔1〕 参见 http://www.fox2detroit.com/news/local-news/114630713-story；http://finance.sina.com.cn/stock/usstock/c/2016-04-19/doc-ifxriqqx3026309.shtml.

〔2〕［美］比尔·弗里斯科：《底特律往事》，郭力译，中信出版社 2014 年版，第 440 页。

环利用。目前，北九州是日本第一个重复使用日光灯管的城市，汽车的回收利用率达 99%。[1]

5.2 经济，何以为继?

底特律的悲剧是从什么时候开始的?《美国城市史》一书认为，美国城市中心商业区的活力在 20 世纪 70 年代就出现了极大的下滑。这种下滑在中西部和东北部尤为明显，其中以底特律为典型代表。在底特律，至少有 23%的大型企业在 1974~1976 年间搬迁到了阳光地带（sunbelt，即南部和西南地区），这意味着 15 万个工作岗位的消失。在 1973~1974 年间，底特律的市中心零售业业绩大幅下滑，百货商店举步维艰。位于底特律的 J. L. 哈德逊百货在 1983 年年初的倒闭成了这个密歇根州最大城市开始衰退的标志。市中心的行人越来越少，数千人都移居到了郊区或远离城市的远郊，甚至离开了这个州。在 1950~2008 年间，底特律的人口下降了 100 万以上，占其人口总量的 58%。而今天，1/3 的底特律市民处于贫困状态。底特律中等家庭的年收入为 3.3 万美元，大约相当于美国平均水平的一半。2009 年，底特律的失业率高达 25%，比美国其他任何一座大城市至少高出 9%；2008 年，底特律的自杀率为美国最高，比纽约高出 10 倍以上。[2]底特律最常见的一个玩笑是：“最后一个离开底特律的人，请关掉灯好吗?”[3]

底特律给我们的反思是：工业化是否真的可以带来城市的永远繁荣？城市聚集着大量人口，自己却不能自给自足，城市不仅在资源上难以为继，还像一个巨大的癌细胞一样，侵蚀着周边地区，导致所谓的“大都市贫困带”。农村和城市的分工、隔离是否合理?

---

〔1〕联合国人居署编：《城市集群竞争力》，应盛、周玉斌译，同济大学出版社 2013 年版，第 48~49 页。

〔2〕［美］爱德华·格莱泽：《城市的胜利》，刘润泉译，上海社会科学出版社 2012 年版，第 38 页。

〔3〕［美］丽莎·K. 鲍姆、斯蒂文·科里：《美国城市史》，申思译，电子工业出版社 2016 年版，第 307 页。

那么当初这些工业城市是如何打败了乡村，成为人类文明发展的主导？工业城市是靠什么发展起来的呢？为了回答这个问题，我们可以回到当初工业革命的英国看看工业和农业之争。

5.2.1 工业的崛起

在工业革命之前，不管是东方还是西方，人类几乎所有的生活必需品都由农业提供。从吃的粮食到动物饲料，从制造衣服的纤维到现在被塑料取代的生活用具等，从作为建材和燃料的木头到制作交通工具的各种植物都直接或间接来自农业，都是由土地和光合作用提供的。那么在人类的发展史中，为什么是英国最先爆发了工业革命，最先摆脱了对农业的依赖，发展了工业和制造业？英国用工业产品与其他国家交换食物，英国本国的资源主要放在工业上，强调进口粮食而不是自己种植。英国成了世界上第一个工业化国家。到了1800年，英格兰只有40%的男性劳动力从事农业，而欧洲大陆这一比例高达65%~80%；19世纪，英国人口增加了3倍以上，但由于工业革命带动的经济高速增长，英国人的平均生活水平也迅速提高。〔1〕当然，当时英国的农业也在发展，新的农业技术得到了广泛的应用，如利用苜蓿和芜菁配合小麦与大麦轮种以提高谷物收成。很多专家把英国工业革命的爆发归结于科学的发展或者商业的作用。因为英国相对于其他欧洲大陆国家而言有着悠久的航海和贸易传统，正是因为贸易中的供求关系失去了平衡——求大于供——才导致了技术上的工业革命的爆发。这与经典的马克思主义和古典经济学理论是一致的，当然，马克思主义理论中的解释还包括资本家对利润近乎无理性的疯狂追求。与那些强调贸易和商业的基础作用促进工业革命的爆发的专家不同，斯坦迪奇总结说，英国工业革命其背后的支撑力量，与食物息息相关。英国通过进口食物摆脱了“生物旧体制”的束缚，也让更多劳动者从土地上解放出来。驱动工业化的燃料，不只是那些埋在地底的死去的植物——煤炭，更是马铃薯加

〔1〕［美］汤姆·斯坦迪奇：《舌尖上的历史：食物、世界大事件与人类文明的发展》，杨雅婷译，中信出版社2014年版，第116页。

蔗糖所构成的动力。种种与食物相关的因素，最终导致了这场席卷世界的工业革命。斯坦迪奇通过对英国历史的考察发现，在英格兰西部和北部，重黏土比较难发挥作用，因此这些地区的人们转而致力发展畜牧业和制造业，并用其收入从南部购买粮食。随着工业的飞速发展，英国越来越依靠进口农作物来维持自身的发展。英国除了从西印度群岛的属地“进口”蔗糖外，还从爱尔兰进口小麦。虽然 1801 年的《合并法案》（Act of Union）规定爱尔兰是英国的一部分，但是它实际上却是英国的殖民地，被用以全力支持英格兰的工业发展。到了 18 世纪末，从爱尔兰进口的牛肉增加了 3 倍，奶油增加为 6 倍，猪肉增加为 7 倍。到了 19 世纪 40 年代初期，来自爱尔兰的进口产品供应了英格兰 1/6 的粮食。爱尔兰农民在最肥沃、最容易耕种的田地上工作，以生产英格兰所需要的粮食，但他们通常只拥有一小块贫瘠的土地，用来种马铃薯供自家人维生。正如斯坦迪奇所说，英格兰人之所以能够继续吃面包，完全是因为爱尔兰人在吃马铃薯，通过供养爱尔兰的农场工人，马铃薯助长了最初数十年的英国工业革命。〔1〕在 1845~1850 年间，马铃薯严重歉收而引起爱尔兰大饥荒，将近 10 万人死于营养类疾病或直接饿死，50 万人死于传染病。但是除了马铃薯外，爱尔兰其他粮食的收成却很好，但是这些粮食却被源源不断地运到英国的其他大城市去。〔2〕

其实，不仅仅是英国，很多国家都是通过农业哺育工业发展起来的，我国也不例外。问题是，当爱尔兰的工业也发展起来时，爱尔兰的耕种面积也会相应减少，英国不可能无限度地剥削爱尔兰的农民，到时，英国的工业将何以为继？

随着工业的进一步发展，为了支撑工业大军的生活和物质基础，英国在海外广泛建立殖民地，开始了全球的疯狂掠夺。英国对殖民地的统治方式与法国、葡萄牙、西班牙、比利时等欧洲列强国家不同。法、葡、西等国采取直接统治的方式，英国却在进行物质掠夺

〔1〕［美］汤姆·斯坦迪奇：《舌尖上的历史：食物、世界大事件与人类文明的发展》，杨雅婷译，中信出版社 2014 年版，第 120 页。

〔2〕［美］杰弗里·M. 皮尔彻：《世界历史上的食物》，张旭鹏译，商务印书馆 2015 年版，第 47 页。

的同时，更注重大力灌输“英式”文化与生活方式，以文化和生活方式来同化殖民地，使被统治民族对统治民族产生深切的认同感。殖民地当地的社会制度和风俗习惯几乎得不到保存，当地语言在教育系统中很少被应用。正如马克思在《不列颠在印度统治的未来结果》一文中指出的：“英国在印度要完成双重使命：一个是破坏性的使命，即消灭旧的亚洲式的社会；另一个是建设性的使命，即在亚洲为西方式的社会奠定物质基础。”英国占领孟加拉之前，印度尚处于莫卧尔王朝的统治下，农业和手工业相结合的自给自足的自然经济使印度形成了一种类似中国封建社会那样的超稳定的社会结构，“不列颠侵略者打碎了印度的手织机，毁掉了它的手纺车”，“不列颠的蒸汽和不列颠的科学在印度斯坦全境把农业和手工业的结合彻底摧毁了”。[1] 当然，英国统治印度的根本目的是要使印度成为英国工业品的销售市场、原料产地和投资场所，而且要掠夺印度的农产品，使其成为英国的附庸。为此，早在18世纪后半期至19世纪30年代，英国殖民当局就强迫印度农民种植各种经济作物，如罂粟、靛青、甘蔗、棉花、桑树、亚麻、咖啡等。但除罂粟、靛青的种植取得成功外，其他作物的种植都没有取得成功。19世纪30年代以后，特别是50年代以后，英国资本开始输入印度，直接开办殖民地工业。其一方面是为了继续满足英国国内工业原料的需要，另一方面是为了直接满足英国在印度发展轻纺工业原料的需要，以经济作物为主的农业商品化生产开始发展起来，主要是棉花、黄麻、烟草、花生、甘蔗等作物。除了这些经济作物，更重要的是粮食的种植，以便能源源不断地出口到宗主国英国。印度大米的对英出口由1862~1863年度的1430万英担增至1894~1895年度的3440万英担，增长了1.4倍；同时期内小麦的出口由110万英担增至690万英担，增长了5.27倍。[2]

以我们今天“全球化”的眼光看来，这应该是好事，可以多赚

〔1〕《马克思恩格斯选集》（第2卷），人民出版社1972年版，第65页。

〔2〕黄思骏：“英国殖民统治时期印度农业的商品化”，载《历史研究》1995年第3期。

外汇，但事实上由于英国帝国主义的疯狂压榨，印度农民过着非常贫困、悲惨的生活。英国殖民统治期间，印度农民起义贯穿整个过程。在殖民主义早期（约 1770 年~19 世纪 50 年代），英国由于还处于资本主义的原始积累阶段，在印度农村采取了榨取地租的方式，这种赤裸裸的暴力掠夺的方式给殖民地人民带来了深重灾难，这一时期的农民起义包括朗布尔的抗税起义、梯图·米尔起义、法拉兹运动和桑塔尔人部落起义。殖民主义中期（19 世纪后半期），印度民族大起义后，印度政府开始直接管理印度。为继续把印度变成英国的原料产地，殖民政权进行了地税改革。这次地税改革非但没有给农民带来任何好处，还使得土地兼并日益严重，越来越多的农民失去土地而沦为佃农，生活也更加困苦不堪。这一时期的农民起义包括印度民族大起义中的农民斗争、蓝靛农民暴动、帕布纳和博格拉的农民抗租运动以及德干农民起义。殖民主义晚期（20 世纪上半叶）英国对印度的剥削进入帝国主义阶段，英国除了对印度的原料需求有增无减，还加大了资本输出，大多数农民的地位继续恶化。这一时期所发生的农民起义包括东孟加拉反放债人运动、西孟加拉的三次民族主义群众骚乱、边境地区的分成农骚动和特仑甘纳起义。[1]

也就是说，英国的资本主义工业发展先是依靠压榨邻近的爱尔兰农民，然后通过压榨全球农民来实现的。也难怪马克思说，资本主义来到世间，从头到脚，每个毛孔都滴着血和肮脏的东西。

其实在 18 世纪的时候，工业发展与农业之间的矛盾在欧洲内部就表现出来了。城市飞速发展，聚集的大量人口消耗大量的粮食。18 世纪的工业化把自给自足的农村结构打破了，农民们背井离乡到城市里打工，这使农民原来的大量农用土地集中在大庄园主手里，也促使粮食的销售直接转到了城市商人手中。当地方贵族将稀缺的粮食运往城市而不是供给本地人时，粮食骚乱便会爆发。在 18 世纪的欧洲，许多地方如农场、公路和运河都发生了对粮食的哄抢，但粮食骚乱最经常发生的地方还是市场和面包店。妇女们成群结队地

〔1〕 路伟：“殖民地时期印度农民起义探析”，河北师范大学 2015 年硕士学位论文。

去购买一家人日常所需的面包，却发现价格已经涨到她们无力承受的地步。买卖双方会为此恶语相向，如果商人拒绝降价，人群便抢夺店铺，但同时也不忘给店家她们认为合理的价格，这种行为在法国被称作“大众税”（taxation populaire）。1774 年，法国财政大臣将粮食贸易自由化，而当时恰逢法国农业歉收，这引起了一场被称作“面粉战争”的暴乱。妇女在城市里制造骚乱，男人则成群结队地进入农场，夺取正在用马车或者渡船运输的粮食。欧洲很多国家在那时候都废除了中世纪时制定的阻止来自地方市场的粮食打乱本地市场的法律和规定。这些法律和规定的废除，进一步促进了粮食远程贸易的发展。〔1〕

但是现在国际形势已经发生了翻天覆地的变化，工业化的国家越来越多，作为发展中国家的我们和其他国家再也不可能像英国和欧洲一些先发展的国家那样通过殖民的方式获取粮食和工业发展的物质基础，我们的发展应该怎么继续呢？中国的历史就是一部“自力更生”的历史，我们是怎么发展工业的呢？我国“三农”（农业、农村、农民）专家温铁军在接受《商务周刊》采访时，一针见血地指出：我国尤其是在 1957 年之后，是一个在客观上没有条件追加资本投入的压力下的内源性原始积累。在一个内源性积累，靠内部化地占有劳动力创造剩余价值来完成国家工业化的历史过程中，一定是从“三农”提取积累，因此社会出现了“三农问题”。百年中国是一个政府追求工业化的内源性的积累过程。〔2〕很可惜，这样的历史事实却总是被忽视。有的学者甚至认为农业、农村就具有先天的“弱质”性，农村、农业的落后似乎是必然的；由于没有认识到农业的基础性作用，就会本末倒置地认为，我国的一些工业发达省份广东、浙江和江苏等也是农业较发达省份，是工业带动了、支撑了农业的发展。〔3〕其实，在历史上，这些省份首先是农业发达省份，之

〔1〕［美］杰弗里·M. 皮尔彻：《世界历史上的食物》，张旭鹏译，商务印书馆 2015 年版，第 52~54 页。

〔2〕郑霄：“温铁军：回望改革，从反思开始”，载《商务周刊》2008 年第 13 期。

〔3〕谢杰：“工业化、城镇化在农业现代化过程中的门槛效应研究”，载《农村经济问题》2012 年第 4 期。

后富余的农产品才支撑了其工业发展而不是相反。经济学家舒尔茨在其著作《经济增长与农业》也有力地论证了农业并不比工业收益差——如果我们对农业的投入和工业一样多的话，如果我们在政策制定的时候没有歧视农业的话，如果我们注重农民的教育和市民的教育一样的话。总之，舒尔茨认为“在经济、政治和社会歧视的共同压力下，农业已经成为国家经济计划中的瓶颈”。[1]确实，在鸦片战争中，我们明白了“落后就要挨打”，而这个“落后”就表现在工业的落后。西方列强的机器、大炮、火车让当时的中国人非常震惊，我们从“中央帝国梦”中惊醒了，我们发现自己在西方列强面前是如此的软弱无力。于是从洋务运动一直到现在，我们都希望工业能振兴我们的国家。工业强国是大多数后起国家的发展道路。但是我们千万不要认为这是千篇一律的人类发展规律，作为后发展国家我们不应该太迷信工业对经济的贡献而忽视农业的价值。舒尔茨在考察了拉丁美洲的农业和工业后得出结论：“阿根廷试图工业化，结果迅速地、极大地损害了它的经济；巴西的工业化是以牺牲农业作为代价的，巴西为此付出了高昂的代价；墨西哥大量地投资农业，结果大大受益，成为拉美国家中经济状况较为乐观的国家；尼加拉瓜和秘鲁依靠棉花生产，成了较为富裕的国家……”[2]尽管我不同意舒尔茨把农业现代化作为第三世界农业发展的最佳路径的观点，但他却让我们明白，农业是国民经济的一个重要组成部分，工业也是，顾此失彼的经济结构是不合理的。

所以，从这一点上来讲，完全没有农业的支撑，完全靠周边农村供养的城市，哪怕就是曾经拥有像底特律一样超级发达的工业，也不足以支撑其长期的繁荣。

5.2.2 工业城市的捉襟见肘

你或许会认为，我对工业的看法太悲观，对农业的重要性过于

〔1〕［美］西奥多·舒尔茨：《经济增长与农业》，郭熙保译，中国人民大学出版社2015年版，第3页。

〔2〕［美］西奥多·舒尔茨：《经济增长与农业》，郭熙保译，中国人民大学出版社2015年版，第165页。

看重。因为一方面，依靠技术的进步，人类完全可以避免“马尔萨斯陷阱”（Malthusian trap），农业工业化和食品工业的发展可以让我们的食物产量翻好几倍，如今，人类似乎不再可能发生重大的饥荒；另一方面，只要我们的工业发展好了，口袋里有了钱，还愁买不到粮食？我们的逻辑是，要吃饭不一定要自己去种田，只管挣钱就是。是的，这种逻辑或许是合理的，但是一旦所有的人都这么想，所有的国家都在拼命追求全面的工业化——而目前的第三世界国家也正是这么干的——那么谁来生产粮食？况且，农业工业化和食品工业化真的解决了食品危机吗？本书第一章和第二章的分析恰恰表明我们现在的许多问题正是由食物链的工业化带来的。

我们或许不应该那么悲观，城市问题或许可以通过一些运动的修补来解决。事实上，美国的城市一直在不停地修修补补，不停地在进行着这个“运动”、那个“计划”。在美国的城市历史上，从19世纪末期到20世纪七八十年代一共进行了两次比较大的修补。那么是否重视“生态”、改善了空气、治理了污水、改善了居民的居住条件、多建一些公园、多搞绿化就能保证城市的繁荣昌盛呢？是否就能改善我们的食品问题？事实上，工业在解决这些城市问题上只能是捉襟见肘。

底特律为了挽救城市也做了许多努力。在18世纪末到19世纪初，美国开始注意到城市里乌烟瘴气的环境，并开展了“城市美化运动”（City Beautiful Movement）。当时的华盛顿规划是城市美化运动的典型代表。1900年是华盛顿作为首都的100周年纪念年。为了庆祝这一事件，密歇根州参议员詹姆斯·麦克米兰（James Mc Millan）建议对华盛顿进行重新“美化”。1901年，在国会授意下，华盛顿成立了一个公园委员会，由伯纳姆任主席。委员会对首都进行了系统研究，并对欧洲的历史名城进行了为期7周的考察。1902年1月，委员会提交了华盛顿规划报告，即“麦克米兰规划”。麦克米兰将林荫大道的规模扩大为宽800英尺、长2英里，并将穿越该大道的铁路拆除。在大道两旁种植橡树，并在大道的尽头建立林肯纪念堂。规划将公共建筑分布在三个区域：国会山周围，以林荫大道、宾夕法尼亚大街和白宫为边的三角形区域，拉法耶特广场周围。麦克米兰规划还建议在华盛顿特区征购近2000英亩的公园用地，并将原有的公园与新公园连接起来，并提供各种娱乐设施，形成一个庞大的公园系统。其实这样的规划方案在1791年设计师查理斯·朗方（Charles L'Enfant）就提过，当时的方案计划也包括一条大型林荫大道，宽400英尺、长1英里以上，从国会山直到波托马克河。但由于种种原因该计划没有能够实现，这一地带仅仅建成了一片普通的草坪。[1]趁着城市美化运动的东风，华盛顿终于如愿以偿地实现了"美化"。

此后，城市美化运动在美国各大城市遍地开花，各个城市都争先建设了种满了花草的休闲公园、开阔的广场和笔直的林荫大道。当然还包括完善城市基础设施：修路铺路、净化城市用水、集中处理城市垃圾等。与此同时，这一时期还是美国摩天高楼建设高潮的时代，纽约先后建了70层高的曼哈顿大楼、77层高的克莱斯勒大厦，之后是102层高的、位于第34大街和第33大街之间的著名的帝国大厦。帝国大厦是当时世界上最高的建筑，这一纪录被保持了41年，直到1970年世界贸易中心大厦超过了它。

在这个时期，底特律依靠联邦政府的城市改造资金，在城里大拆贫民窟并大量建造高楼大厦。底特律的住宅市场在20世纪50年代达到了顶峰。住宅市场的繁荣依然无法改变人们的离开，这就形成了一个恶性循环——房子越多人越少，最终变成了"鬼城"。

经过城市美化运动，美国的城市面貌和基础设施确实得到了很大的提高，食品的安全系数也得到了一定程度的提高。但是，人们却忘了城市的生态问题并不是这些漂亮的花花草草、整齐的林荫大道、开敞的广场能修复的，美国城市在工业化的道路上越走越远，城市与农村之间的分工越来越明晰，漂亮的城市在提高食品质量方面毫无用处。美国的城市美化运动正如很多批评者所说的那样华而不实，芒福德抨击城市美化运动是"城市的化妆术"。芒福德认为这些设施甚至违背了城市美化运动初衷：城市美化运动希望通过完善城市的设施来消除城市的不安全感，培养市民的美德；那些巨大的广场却让人有一种"恐怖广场"的感觉，"也就是一种空荡荡的感觉，这种感觉只有人们坐在车辆上不断前进，把空间分成碎片，才

[1] 孙群郎："美国城市美化运动及其评价"，载《社会科学战线》2011年第2期。

能消除”。[1]接着，城市美化运动走向了不可避免的衰落，美国城市也普遍进入了郊区化和市中心贫民窟化的可怕时期。

在19世纪七八十年代，为了应对市中心的没落问题，美国又进行了轰轰烈烈的城市复兴运动。大量的社会组织、商业团体和政界领导都参与其中，他们希望能重振败落的城市中心，重新唤起城市的经济和社会活力。在此期间，很多城市斥巨资大搞“都市景观”，如波士顿的法尼尔大厅、巴尔的摩的港湾广场和底特律的底特律文艺复兴中心。底特律的文艺复兴中心（Renaissance Center）被简称为“RenCen”，矗立在伊利河畔，与北部的加拿大城市温莎隔河相望，是由建筑师约翰·波特曼（John Portman）设计的，由7座塔楼组成。20世纪70年代，亨利·福特二世（Henry Ford Ⅱ）和其他的一些商业精英引导了底特律的城市复兴计划，并注资成立了底特律复兴非营利性发展组织。文艺复兴中心正是由福特二世构想，福特汽车公司提供基本的财政支撑建造而成的，底特律文艺复兴中心在1971年耗资5亿美元——那是当时世界上最大的一笔私人发展资金。中心第一阶段于1976年7月1日开放，包括5座高层建筑：中心的主建筑大厦73层，周围的附属建筑也高达39层，由大块的反光玻璃作为大楼的墙面，中心包括酒店、购物中心、办公区、花园区等，其总面积达51.58万平方米，是世界上最大的商业综合体。一期工程一共用了大概18.6万平方米的玻璃，约31万立方米的混凝土，耗资3.37亿美元，雇用了7000多名工人。中心承载着底特律政府和企业界对城市复兴的希望，中心也见证了底特律曾有的辉煌。1977年4月15日，该中心举办了感谢支持该中心建设的各界精英的晚宴，福特二世和当时的市长科尔曼·杨（Coleman Young）——首位非裔美国市长——一起主持了揭牌仪式，一共有650人参加了晚宴。[2]但是人们却发现，中心与周围的环境隔离开来，人们很难在中心的各座建筑之间自由走动，混凝土护栏甚至将中心从主干道中

---

〔1〕［美］刘易斯·芒福德：《城市发展史——起源、演变和前景》，宋峻岭、倪文彦译，中国建筑工业出版社2005年版，第407页。

〔2〕 https://en.wikipedia.org/wiki/Renaissance_Center.

隔离开来。中心并没有如精英们希望的那样成为吸引更多企业的新的城市中心，它只是吸引了之前已有的市中心企业搬过来。首先是福特公司，随后成了通用汽车公司总部。而这些企业的搬迁让原来的所在地出现了一系列的危机。正如一些评论家所言，这个中心成了“汽车城改变都市景观方面的巨大失败”，“这些主要面向上层和中层阶级的娱乐活动场所的唯一作用就是突出这些城市其他地区的金融不稳定性以及人口稀少的本质”，底特律文艺复兴中心的失败“同时揭示了这类雄心勃勃的都市政绩项目的微妙性质”〔1〕。“底特律的商业经营、地方政治家以及政府机构制造了一种公共过往，而这种情绪则会掩盖或者让都市浪漫化：经济差异、种族主义、限制工业化、郊区发展以及失败的都市项目重建。”〔2〕

此外，1987 年，底特律耗资 2 亿多美元开通了一个单轨的旅客快捷运输系统。这个运输系统全长 3 英里，预计每天运送大约 6500 人。但实际上，底特律根本就没有那么多人需要出行，而这个系统每年却需要底特律政府高达 850 万美元的营运补贴。这被格莱泽称为“全国最荒唐的公共交通项目”。〔3〕当然，底特律也走过“高科技”的路径想借此走出困境。1981 年，时任市长杨利用手中的征用权拆除了民族聚居区波兰镇的 1400 所住宅，建立了一家高科技工厂。但这都改变不了底特律的衰退。

底特律给我们的教训是深刻而沉重的，它证明工业化城市捉襟见肘，拆了东墙却补不了西墙的困境。不幸的是，我国很多城市正在“底特律化”：产业单一化，受市场波动而产生的周期性或季节性的空壳化，面临着类似底特律的风险。下面我们将列举几个曾经高速发展如今却陷入衰落的城市。

在我国，以汽车行业为主导产业的有两个典型的城市——长春

〔1〕［美］丽莎·K. 鲍姆、斯蒂文·科里：《美国城市史》，申思译，电子工业出版社 2016 年版，第 298 页。

〔2〕［美］丽莎·K. 鲍姆、斯蒂文·科里：《美国城市史》，申思译，电子工业出版社 2016 年版，第 318 页。

〔3〕［美］爱德华·格莱泽：《城市的胜利》，刘润泉译，上海社会科学出版社 2012 年版，第 58 页。

和广州。汽车产业占长春经济总量的70%，以生产汽车零部件为主。但金融危机让长春遭遇了寒冬。据统计，2008年前三季度，长春市累计生产汽车数量增长率同比回落17.2%，其中轿车库存高达9万辆，库存增长2.6倍，长春汽车企业停产或减产的消息成了新闻。捷达减产，新宝来、迈腾、速腾停产，老宝来、开迪生产线关停……[1]广州汽车产业以“日系”为主导：广州本田、广汽丰田和东风日产。据广州市经贸委主任王旭东介绍，2012年，广州汽车产业产值同比下降6.3%，其中，整车产值减少300亿人民币、汽车全产业链产值减少450亿元，拉低广州工业税收约3%，全市税收减少1%。[2]但是很明显，广州市仅仅把这当作正常的波动或者某个偶然事件而已，他们对汽车行业的信心反而更加坚定了。2016年，广州市政府常务会议审议并原则通过了《广州国际汽车零部件产业基地建设实施方案》，在现有产业基础上拟出资25亿元，选址番禺、增城、花都、南沙和从化建设新产业园区，力争于2020年汽车零部件产业基地新增产值2000亿元，关键零部件本地化率80%。而对于新引进的汽车零部件企业，每家最高奖励5000万元。[3]与底特律相比幸运的是，这两个城市背后有强大的政府作为支撑，况且还是省会城市，很快就恢复了元气。

不仅仅是以汽车行业为主导的城市容易受到影响，我国的其他一些产业城市也在全球化的经济背景下显得非常脆弱。如东莞这样的对全球市场具有很高依赖性的加工基地，当出口贸易正常时，整个城市一片欣欣向荣，并能吸引大量的外来人口。但是当出口受挫时，整个城市就会一片萧条，大量人口也会从城市撤离。这提出了一个更大的问题：作为世界工厂的中国，尤其是自然资源禀赋驱动型、传统企业带动型的产业集群容易产生路径依赖，使得产业形式单一，又因循环累积的作用，使得这种状况进一步加强且难以打破，进而一直伴随着产业集群的发展，其风险较之其他的产业

---

〔1〕 http://www.qlmoney.com/content/20160329-170173.html.

〔2〕 http://news.163.com/13/0122/22/8LRVIJF00014JB6.html.

〔3〕 http://news.163.com/16/1018/06/C3KVN85300014SEH.html.

集群要高。正因如此，在产业发展的过程中，这种产业集群最有可能丧失活力。[1]另一个中国富裕城市——温州——的发展路径也值得我们深思。温州发展了制鞋、服装、皮革、打火机等一批劳动密集型轻工业产业，成了温州现有工业的核心部分。但是近年来，相关媒体却报道温州企业借贷资金链断裂，温州的经济出现了危机："十一五"时期，温州工业增加值增速居浙江省后列，甚至在全省末位。[2]联合国人居署明确指出了集群城市的六大风险：脆弱性；锁定效应，即过度依赖现有的路径；僵化，密集的现有网络和结构使得重新调整集群发展方向和进行结构调整变得困难；自满现象，观察不到改变的浪潮；内在的衰落，因为社会资本可以是塑造集群的一个驱动动力，它也可能成为摧毁集群的一个因素。当成功的集群生产了更高的生产要素成本之后，它的邻居便可能会经历高昂的房地产价格，外来者可能因此被阻挡在集群外。[3]这六大风险正是悬在今天工业化城市头上的"达摩克利斯之剑"，稍有不慎就会遭受灭顶之灾。但是只要我们小心行事就可以避免灾难发生吗?

很可惜，我们的一些城市建设者在解决城市危机时，并不是"小心行事"，相反却是"大刀阔斧"——大上项目，大搞房地产开发。而这些新的投资最终却变成了加深城市困境的渊源。我们想想格莱泽对美国城市建设的忠告吧：许多来自遭遇困境的城市官员错误地认为，通过实施一些大型的建设项目——一个新的体育馆或者轻轨系统、一个会议中心或者一个住宅项目——他们就可以领导他们的城市重现昔日的辉煌。新开发的地产项目可能会为一座日益衰退的城市涂上一层亮色，但无法解决其深层次的问题。城市日益衰退的标志是建设对于其经济实力来说过多的住宅和基础设施。鉴于供应过剩而需求不足，利用公共资金建设新的项目是没有任何意义

[1] 林柯、吕想科："路径依赖、锁定效应与产业集群发展的风险——以美国底特律汽车产业集群为例"，载《区域经济评论》2015 年第 1 期。

[2] 本部分根据搜狐财经网整理：http://business. sohu. com/20130731/n382995896. shtml.

[3] 联合国人居署编：《城市集群竞争力》，应盛、周玉斌译，同济大学出版社 2013 年版，第 18~19 页。

的。以开发建设为中心的城市振兴计划是非常愚蠢的，它提示我们：城市不等于建筑，城市等于居民！[1]

或许我们真的需要转变思路，反思一下我们城市的发展模式——特别是对于发展中国家而言：目前，我们的城市正在步着发达国家的后尘急于实现工业化，这真的是一条可持续的路子吗？工业化能保证一个城市的持续发展吗？生态女性主义者希瓦对西方所谓的“可持续发展”提出了批判，她和米斯甚至对“发展”持一种否定的态度。她们认为，第三世界的“赶超”根本就是不可能的，因为第一世界的资本主义国家的发展是建立在全球的资源掠夺的基础上的。目前，美国占世界总人口的6%，却消耗了世界30%的石油能源，美国、欧洲和日本这些发达资本主义国家就消耗掉了全球3/4的能源。米斯说：“在2050年之后，世界人口将膨胀到110亿。如果这110亿人口人均能源消耗量与20世纪70年代美国的人均资源消耗量相似，那么34年~74年左右，地球上的石油资源将被消耗殆尽。”[2]我们需要的这些赶超资本如何获得呢？这如果不建立在早期压榨其他后发展国家基础上几乎是不可能的。

是的，希瓦和米斯很激进，但他们放映的却是事实。截至目前，我国认定的资源型枯竭城市已有69座[3]，这些城市还将有什么资源来继续支持工业化？这些城市会不会就是下一个底特律？

可见，尽管工业发展为城市带来了繁荣，但是这种繁荣是非常虚弱、不堪一击的。首先，这种繁荣是建立在对农村的剥夺上的，

---

〔1〕［美］爱德华·格莱泽：《城市的胜利》，刘润泉译，上海社会科学出版社2012年版，第8页。

〔2〕 Maria Mies, *Vandana Shiva*: *Ecofeminism*, Lindon: Zed Books, 1993, p. 60.

〔3〕 2009年3月5日，中国国家发展改革委员会宣布，为有效应对国际金融危机，促进资源型城市可持续发展和区域经济协调发展，国务院日前确定了第二批32个资源枯竭城市。此前，国务院确定的第一批资源枯竭城市共12个。中央财政将给予这两批城市财力性转移支付资支持。2013年8月20日，中华人民共和国国家发展和改革委员会令第4号对《关于编制资源枯竭城市转型规划的指导意见》等五件规范性文件进行了修改，其中包含“将两批界定了全国44个资源枯竭城市‘修改为’分三批界定了全国69个资源枯竭城市”。资源枯竭城市是指矿产资源开发进入后期，其累计采出储量已达到可采储量的70%以上的城市。资源枯竭型城市具有四大共性特点：一是产业效益下降；二是产业结构单一，替代产业尚未形成；三是地方财力薄弱；四是大量职工收入低于全国城市居民人均水平。

从开始到现在一直都是。如果没有农村的“无私奉献”，城市何以为继？其次，这种繁荣很容易随着资源、市场、政治各种事件而受到波动，就算产业丰富也难逃这样的厄运。很多专家都已经论证了，现代工业化社会是风险社会，一件偶发的事件都可以让一个城市毁灭。而中国传统的小农生产方式虽然不能像大工业那样给城市带来“大富大贵”，但也避免了“大起大落”，是一种风险最低的生产方式。如果底特律人能像中国的大妈大爷一样，在城市的废墟里、工地边都种上农作物，只要先解决部分吃的根本问题，那么底特律就可以慢慢恢复。而且，这种自给自足的经济不需要投资拉动，不需要特别的政策支持，你只要不禁止它就好。

5.3 生态，何以为继?

我们的城不再飞花　在三月
到处蹲踞着那庞然建筑物的兽
沙漠中的斯芬克斯，以嘲讽的眼神窥你
而市虎成群地呼啸
自晨迄暮

自晨迄暮
煤烟的雨，市声的雷
齿轮与齿轮的龃龉
机器与机器的倾轧
时间片片裂碎，生命刻刻消退

入夜，我们的城像一枚有毒的大蜘蛛
张开它闪漾的诱惑的网子
网行人的脚步
网心的寂寞
夜的空无

我常在无梦的夜原上寂坐
看夜底的城市，像
一枚硕大无朋的水钻扣花
正陈列在委托行的玻璃橱窗里
高价待估[1]

20世纪60年代，蓉子用诗歌控诉了城市生态环境的恶劣。但是蓉子的控诉却被人们当作是“为赋新词硬说愁”的无痛呻吟，什么都阻碍不了世界城市化的大浪潮。到了21世纪初期，城市人口约占世界人口的一半，而且每年以大约5500万人的速度递增。预计到了2020年，城市人口可能会超过全球人口的75%。城市占用了全球大约3/4的资源，他们在全球范围内产生、集中和分散污染物。[2]我们尽管对蓉子的诗有很强烈的认同感，可是越来越多的人却自愿或者不自愿地生活在城市。我们选择了城市，我们的命运与城市的未来紧密相连。我们不禁要问，我们的城市，特别是类似北京、上海、广州这样的巨大型城市在生态上何以为继?

5.3.1 资源救急

从我们遥远的祖先智人开始，我们便开始改变周围的环境，并对环境造成了深刻的影响：智人用他们的聪明才智对付当时的巨型食草动物（猛犸、巨型麋鹿等），并把它们变成自己的美味佳肴。虽然不能说这些在当时居支配地位的食草动物的灭绝是由于人类的过度捕杀造成的，但人类至少是这些动物灭绝的一个重要原因。随着这些动物的灭绝，整个生态系统发生了大逆转：新的占主导地位的物种后来者居上，新的植物、新的动物、新的食物链开始形成。当人类学会火的利用，这一技术让人类彻底从地球的弱小份子变成了地球的霸主。随着人类的力量不断增强，农业发展了起来。人类的活动对地球产生了巨大的影响：我们不仅破坏了地球的陆地和海洋，

---

〔1〕 王蓉子：《蓉子诗抄》，蓝星诗社1965年版，第84~85页。

〔2〕 [英] 史蒂夫·派尔、克里斯托弗·布鲁克、格里·穆尼：《无法统驭的城市：秩序与失序》，张赫、高畅、杨春译，华中科技大学出版社2016年版，第205页。

对大气层的破坏也高达 100 公里。

现在，人类城市化的发展更是给生态环境出了一道难题：按照城市生态足迹所需要的面积计算，在高收入国家人均需要高达 3 公顷~7 公顷具有生态生产力的土地——也就是能够持续生产一定人口所消费的资源，吸纳这些人口所产生的废弃物，所需要的地球上任何领域的生产性土地和水资源地的总面积。据此，温哥华大约需要相当于其自身面积 180 倍的土地来维持其生活方式，如果将海产品消费所需的海域面积计算在内，则需要其自身面积 200 倍的地域；波罗的海的环流域有 29 个城市。按照同样的计算方式的话，需要相当于这些城市表面积 200 倍的土地来维持其生活方式；只占英国人口 12%的伦敦却需要相当于整个英国的生产性土地来维持![1]换句话说就是，我们的城市处在生态资源严重匮乏的状态。是的，我们面临着一个很尴尬的事实是，承载着我们“美好生活”的城市竟成了全球资源的救急的罪魁祸首!

首先，城市面临的最大资源问题就是食物的问题。喂养城市大量聚集的人口无论在古代还是在现代都导致了农民与市民、城市与乡村、国家与国家、工业发达的第一世界和农业生产的第三世界的各种冲突。在古代，欧洲的一些城邦如雅典、罗马、安特卫普、威尼斯等都不能实现自给自足，都需要从国外进口粮食。为了粮食，这些国家和城邦经常发生战争。早在公元前 7 世纪的时候，雅典就需要从黑海进口粮食，为了确保这些粮食运输航线的安全，雅典建立了强大的舰队来保护“生命线”，所有从黑海起航的船只都有特种部队提供保护。公元前 3 世纪的罗马从西西里岛和撒丁岛进口粮食，为了保证粮食的货源，罗马帝国的城市不断扩大。罗马分别在公元前 146 年和公元前 63 年分别对迦太基和对埃及的战役中取得了非常关键的胜利，这两场军事胜利使得罗马能够进入北非沿海。进入北非后，罗马立即把它的新殖民地变成搞笑的面包生产机——资本主义第一次世界大掠夺所做的正是罗马的翻版。罗马派出官员和士兵

---

〔1〕［英］史蒂夫·派尔、克里斯托弗·布鲁克、格里·穆尼：《无法统驭的城市：秩序与失序》，张赫、高畅、杨春译，华中科技大学出版社 2016 年版，第 207 页。

占领这些土地，还把大量的土地派给6000多名农民，让他们在北非为首都生产粮食。到了公元前1世纪，罗马成了一个拥有100万人口的大都市。整个地中海都把粮食往罗马运送：西班牙和威尼斯的油和酒、高卢的猪肉、希腊的蜂蜜……为了保证运费的便宜，戴克里安皇帝（Emperor Diocletian）颁布了法令人为地使地中海的运输成本保持在较低水平。1750年的巴黎成了欧洲最大的城市之一，有大约65万人口需要养活。巴黎也被称为"新罗马"。为了确保巴黎食物的供给，巴黎周围划出三级特供区：一级特供区由离城区20英里远的区域组成，在丰收的年份，不增加太多人口的情况下，第一特供区能勉强满足城市的基本粮食需求，在歉收的年份，就要动用到第二特供区。第二特供区包括皮卡迪地区和香槟省。如果发生特殊情况，例如自然灾害或者战争，第三特供区（也叫"危机供应区"），就要起作用了。第三特供区几乎包括了法国余下的大部分地区，从大西洋一直到地中海沿岸。在粮食紧张的时候，村里人和城里人同样需要粮食，但是供给系统往往是城市优先，巴黎人在危机中仍然可以吃到一种叫作bis-blanc的纯白长条面包，比外省的上等人吃得好得多。当然，相同的情形也发生在伦敦。我们在上一章已经提到过，在发生粮食危机时，爱尔兰的农民就算饿死也要保证伦敦的粮食供应。为了确保巴黎的粮食供应，当时的警察对于粮食相关的各方面进行了监视。间谍被派往乡间收集关于目前的市场情况、谷物长势、天气状况、各地的流言蜚语等方面的信息，每周举办一次情况报告。在城市周边20英里的范围内，只有持执照的粮食商才能进行交易。囤积粮食是明令禁止的，面粉厂主、面包师、粮食商人都被禁止参与其他的生意。[1]

今天我们在城市里看到各式应有尽有的食品，我们一点都不觉得惊讶，我们把这一切看成是理所当然，却不知在这背后农民和乡村为此做出了多少牺牲，需要多大的行政力量甚至军事力量来维持城市的繁荣。我们也习惯于把目前城市的一切看作是持久的，甚至

---

〔1〕 本段参见［英］卡罗琳·斯蒂尔：《食物越多越饥饿》，刘小敏、赵永刚译，中国人民大学出版社2010年版，第52~59页。

是永恒不变的，但是我们知道许多古代大城市都相继灭亡了。和现代的底特律一样，这些城市因无法在人口与自然之间取得平衡，无法养活自己的民众而走向衰退甚至灭亡。尤其让我们觉醒的是，当时的罗马拥有大量肥沃可耕的土地，但是他们却不屑于发展自己的农业，而是通过进口和掠夺。因为进口和掠夺比自己发展农业更省钱、更快也更直接。我们今天的城市也一样，不同的是，我们是以文明的商业方式来“获取”粮食。罗马的“去农业化”敲响了其衰落直至灭亡的警钟。

我们会倾向于认为这些都是陈年旧事了，今天的城市怎么可能还会粮食短缺呢？是的，不可否认，食品在我们这个时代比任何历史时期都要便宜和容易获取，但同样不可否认的是，城市里的大量贫困人口依然食不果腹。在我访问的英国布莱顿市，根据一个非政府组织机构“食品伙伴”（Food Partnership）的调查，在该市大约有23%的家庭无法获取足够的食物。这些家庭一般有三个或者以上的孩子。平常这些孩子在学校依靠学校的救济餐来养活，一旦学校放假了，这些家庭的孩子便会面临饥饿的威胁。[1]号称“世界第一强国”，也是世界农业出口大国的美国，粮食无保障率（rates of food insecurity）却非常高，特别是城市地区。在1998~2007年期间，几乎有11%的美国家庭全年没有足够的粮食。随着这些年经济的复苏，美国的粮食保障率有所提高，但是形势依然严峻。2014年，约14%的家庭在一年中的某个时候会出现粮食不足；2015年下降了一些，但仍然有12.7%的家庭在某个时间会出现粮食不足。幸亏，这些发达国家有完善的福利救助。现在，美国每个月平均有4580万人接受国家营养支持项目（Supplemental Nutrition Assistance Program，SNAP）的资助。[2]

今天作为后发展的我们应该可以避免重蹈覆辙，但可惜的是我们似乎没有从中吸取什么教训，我国的各级城市都在千方百计、抓

〔1〕具体参见食品伙伴的网站：http://bhfood.org.uk/report-reveals-food-poverty-affects-larger-families-in-brighton.

〔2〕Scott W. Allard et al.，“Neighborhood Food Infrastructure and Food Security in Metropolitan Detroit”，*The Journal of Consumer Affairs*，Volume 51，2017，pp. 566~598.

紧时机争取“去农业化”。2004 年，深圳启动龙岗、宝安两区的城市化工作，把两区 18 个镇 218 个自然村全部转制为街道和社区，原集体所有土地转为国有土地，深圳最后的 27 万农民“洗脚上田”转为居民，深圳在一夜之间成了当时全国第一个没有农村、没有农民的城市。2011 年，深圳市统计局发布的统计数据表明，农业所占的比重为零，深圳又成了全国第一个“无农业”的城市。[1]一个完全靠“进口”粮食来维持的城市可以维持多久？

一个国家、一个区域、一个城市想要实现长期稳定的发展，就必须维持足够的资本存量以应对资源枯竭。工业正是建立在资源的大量消耗之上的。这一点很容易想明白：工业生产不仅需要有机器、工厂、劳动力、能源、材料、技术、管理等，其中最基本的就是作为生产工具的机器、推动机器运转的能源、建立工厂的土地和消耗粮食的工人。这四者都以消耗自然资源，包括农业资源为支撑。工业不会产生任何生态产品，相反却会产生数量巨大的自然无法消耗和分解的工业垃圾。《增长的极限》一书告诉我们：“为维持经济运行所需要的物质流的数量与质量所要求的能量和资本不断提高。这些成本的产生综合了物理、环境和社会的因素。最终它们将提高到工业增长无法持续的水平。当这种情况发生时，促使物质经济扩展的正反馈圈将逆转方向，经济将开始收缩。”[2]或者用 1979 年诺贝尔经济学奖得主西奥多·舒尔茨（Theodore w. schultz）更文绉绉一点的话说：“经济增长是一个特殊类型的动态过程，在这个过程中，经济不断吸收各种优等资源。它们是特定意义下的优等资源，因为它们提供具有相当高收益率的投资机会；而高收益率意味着资源分配方式的不均等和使收益率趋于均等的一个滞后过程。此外，这个动态的不均衡将持续到额外的优等资源被完全开发和利用为止。”[3]底特律的悲剧就是工业无法持续发展的一个鲜明例子。

---

[1] 搜狐新闻：http://roll. sohu. com/20120420/n341152145. shtml.

[2] [美] 德内拉·梅多斯、乔根·兰德斯、丹尼斯·梅多斯：《增长的极限》，李涛、王智勇译，机械工业出版社 2015 年版，第 49 页。

[3] [美] 西奥多·舒尔茨：《经济增长与农业》，郭熙保译，中国人民大学出版社 2015 年版，第 40 页。

我们通常会认为，随着科技的进步，能耗会越来越低，“美国所消费的所有原料的价值从 1904～1913 年到 1944～1950 年之间从 23% 下降到了 13%”。[1]特别是信息技术普及以后，能耗会更低。我们总是对技术抱一种很乐观的态度：以往，我们都烧柴，我们很担心木材会枯竭，谁知道后来煤炭取代之；我们都在烧煤，我们很担心煤炭会枯竭，谁知道后来石油被发现了；现在我们又很担心石油会枯竭，谁知道生物燃油被发明了，太阳能电动汽车被发明了……我们的担心是不是很多余？我们知道，石油不仅仅是作为一种能源而已，它有很多衍生的产品和我们生活密切相关，如塑料、人造纤维等，作为能源可以用电来替代，其他的方面呢？或许技术在某一天可以解决，但是要是在那一天还没到来的时候，石油就真的枯竭了呢？随着人口的增加，单位能耗下降了，但是总的消耗还是增加的。况且，不断开发新的资源，给地球的伤害更大：破坏了原始森林又把产煤区挖个遍，现在很多曾经繁华一时的煤炭城市走向了没落，甚至变成了无人区；挖完了陆地现在又延伸到深海区开采石油……另一方面，技术可以帮我们解决一时的燃眉之急，但工业所产生的问题并不比它能解决的少。而且，我们不可忽视的是，技术是在一定社会背景下运行的，有了技术并不表示就一定能在所有的社会上很好地运行，发挥其效用。如安德鲁·布洛尔和凯西·佩恩所观察到的那样，生态现代化本质上是北半球解决问题的方法，它所处理的议题和运作过程，与社科某些条件，如经济的繁荣、有效率的市场、技术的进步、有为的政府和多元包容的社会相关。在一定程度上，每一种可能都会在北半球的发达国家出现。然而，在南半球的环境下，这些因素就很难发展或者可以说是完全缺失——仅仅是南半球的环境退化和贫困问题就已经是压倒性的了。更让人失望的是，北半球城市的生态足迹几乎没有减少的迹象，北半球的外部性将继续施加于南半球。[2]

---

〔1〕［美］西奥多·舒尔茨：《经济增长与农业》，郭熙保译，中国人民大学出版社 2015 年版，第 41 页。

〔2〕［英］史蒂夫·派尔、克里斯托弗·布鲁克、格里·穆尼：《无法统驭的城市：秩序与失序》，张赫、高畅、杨春译，华中科技大学出版社 2016 年版，第 218 页。

5.3.2 环境救急

我们或许没有想到，我们强加给自然的、给环境造成的伤害比我们从自然取走的、造成的伤害要大得多。

城市和生活在城市的我们给自然环境带来了什么？

靠着工业发迹的城市，首先让我想到的是雾霾和发臭的城市水沟。关于城市的雾霾和水污染我已经不想在此赘述。但是总有人天真地认为，只要“产业升级”，把污染企业迁走就能还城市一片清洁。且不说把污染会被带给别的地方从而导致区域之间的公平问题，就算我们把所有的工业都搬离城市，我们还要面对更棘手的问题：垃圾问题。

我们的城市每天都在大量地产生各种垃圾：厨余垃圾、建筑垃圾、医疗垃圾、IT 垃圾、排泄物等等。为了城市的清洁，那些杂乱的、散发出恶臭的垃圾山被堆在了市郊，在美丽的城市边上环绕的是肮脏的垃圾带。根据住建部发布的城市垃圾统计数据，2008 年，城市生活垃圾清运量为 1.55 亿吨，县城和建制镇生活垃圾约为 7000 万吨，全国城镇生活垃圾产生总量达 2.2 亿吨。[1]中央政府门户网以《我国城市生活垃圾年产生量稳定在 1.5 亿吨左右》为标题报道了这一数据，现在看来，“稳定”一词用得真是太乐观了。根据住建部于 2017 年公布的数据，我国城市每年的垃圾产生量已经大于 2 亿吨；1500 多个县城产生了接近 0.7 亿吨的垃圾；至于村镇垃圾方面，由于村镇数量太分散，暂无准确的统计数据。据专家估算，总体来看，我国生活垃圾产生量在 4 亿吨以上。[2] 在这些垃圾中，大约有 40%~60%是厨余垃圾，包括居民日常生活产生的也包括餐饮部门、各单位食堂产生的厨余垃圾，不包括食品包装及运输产生的垃圾。根据 2000 年的统计，我国产生的厨余垃圾为 4500 万吨，每年以 10%

---

〔1〕 杜宇：“我国城市生活垃圾年产生量稳定在 1.5 亿吨左右”，载中央政府门户网：http://www.gov.cn/jrzg/2009-10/04/content_ 1432481.htm.

〔2〕 班娟娟：“我国年产生活垃圾四亿吨，谁来撬动 2000 亿环卫市场空间?”，载新浪新闻：http://news.sina.com.cn/c/2017-09-18/doc-ifykyfwq8127430.shtml.

的速度增长。[1]

近年来，随着餐饮工业化程度提高，人们外出就餐的频率增高，快餐业所用包装和一次性用品大幅增加。特别是所谓的方便快捷的"外卖"的流行，城市里占人口比重较大的白领和学生成了"叫外卖"的主力。快餐用品垃圾成几何级增长。据统计，国内三大网络外卖平台——美团外卖、饿了么、百度外卖——的数据显示，日订单总量都已超过2000万单。[2]"饿了么"近期发布的数据表明，其在国内市场有6亿用户，一年中每周消费3次以上的用户占比高达63.3%。2016年，中国在线的订餐用户规模达到了2.56亿人次；全国餐饮外卖市场超过了1600亿元。[3]一个订单至少包括2个餐盒、1个塑料袋，按照每个餐盒平均6厘米高计算，每天所用餐盒摞起来足以从地球到国际空间站转3个半来回；按每个塑料袋0.06平方米计算，一天消耗的塑料袋可铺满168个足球场。但这些包含剩菜剩饭、沾了油污的外卖餐盒连同塑料袋，无论质量好坏，都难以回收，只能和其他生活垃圾混杂在一起处理，严重加剧了环境负担。[4]有数据显示，每年全球约有800万吨的塑料被倾倒入海洋，中国的塑料倾倒量大致占到1/3，位居全世界第一。就算这些一次性餐具是可降解的，但也要长达数年甚至数十年之久才能完全降解。

这么多的垃圾怎么办？目前，我国的垃圾处理方式不外乎三种：焚烧、填埋和通过化学的方式堆肥再重新利用。填埋是最常用的方式，却是最坏的一种方式：占去大量宝贵的土地不说，食物居多的垃圾很潮湿，容易流出垃圾填埋场，成为有毒的"垃圾汤"。那么焚烧应该是一种不错的选择吧？既可以消灭可恶的垃圾，又可以产生热能。清华大学环境学院教授、固体废物处理与环境安全教育部重

---

〔1〕严太龙、石英："国内外厨余垃圾现状及处理技术"，载《城市管理与科技》2004年第4期。

〔2〕"触目惊心！外卖餐盒垃圾成灾，每天覆盖上千个足球场！"，载中国食品科技网：http://www.tech-food.com/news/detail/n1358625.htm.

〔3〕杨宵："外卖餐盒垃圾处理不宜'快餐化'"，载大河网：http://newpaper.dahe.cn/dhb/html/2017-08/17/content_176498.htm.

〔4〕奥娜、马晓澄、张超："外卖产生不少垃圾，咋处理？"，载《人民日报》2017年9月22日。

点实验室副主任刘建国在2017年（第五届）城市垃圾热点论坛上指出，以焚烧发电为例，老百姓对垃圾焚烧发电仍有抵触情绪，项目落地非常难，富集重金属和二噁英类污染物的焚烧飞灰的安全处理率低，技术路线不明确。此外，还有垃圾焚烧厂渗滤液处理问题，以及高含水率垃圾能量回收效率低等问题。[1]中国社科院城市发展与环境研究学者李宇军说："厨余垃圾与其他垃圾混在一起，燃点会变低。低温燃烧会产生更多的污染物。"[2]看来，要通过技术来解决垃圾问题目前还比较困难，技术的成熟速度远远低于垃圾产生的速度。

用厨余垃圾堆肥不失为一种处理垃圾的好办法吧？而且技术上也有了一定的研究。例如在厦门，"在堆肥处理有机废弃物技术的基础上，利用生态接口技术，通过固液分离、油水分离、调整C/N比、烘干、粉碎、添加微生物、搅拌、发酵、蚯蚓生物转化等工序，构建了微生物与蚯蚓相互作用的有机废弃物生物转化技术体系，可实现规模化处理厨余垃圾、水浮莲、畜 禽粪便等有机废弃物，并生产具有高附加值的有机、无机、微生物三维复合肥"。[3]看着这样的报道是不是觉得城市的垃圾问题有望得到有效解决了？很可惜的是，该文章只是提到了这样的一种厨余垃圾处理办法，并没有对该办法的成本、转化率和效果做详细的分析。实际上，根据相关的报道，早期的堆肥处理大都采用敞开式静态堆肥，成本低，运行维护简单，但臭气和污水未得到有效控制，堆肥质量也难以保证。"七五"和"八五"期间，我国相继开展了机械化程度较高的动态高温堆肥研究和开发，取得了一定的成果。20世纪90年代中期，我国相继建成了多个动态堆肥场，典型工程如常州市环境卫生综合处理厂和北京南宫堆肥厂。但是，由于我国堆肥处理的垃圾基本为混合垃圾，没有

---

〔1〕 班娟娟："我国年产生活垃圾四亿吨，谁来撬动2000亿环卫市场空间?"，载新浪新闻：http://news.sina.com.cn/c/2017-09-18/doc-ifykyfwq8127430.shtml.

〔2〕"加媒：厨余垃圾多成为中国垃圾处理的大麻烦"，载环球时报：http://news.sina.com.cn/c/2015-05-13/023531826289.shtml.

〔3〕 薛东辉："厦门市厨余垃圾再生利用的实践"，载《中国资源综合利用》2005年第12期。

经过严格的分类，因此难免混入大量的有毒有害物质，造成重金属含量难以达标，难以在农业和绿化、林业中使用。而目前国内对混合垃圾的机械化分选技术还没有实质性的突破，人工分拣存在着需用场地大、运行成本高、在分拣过程中因有机质自然发酵而产生臭气等问题。因此目前我国的城市垃圾堆肥生物处理处于停滞甚至萎缩的状态，近十年来堆肥处理能力不增反降，如下图所示。[1]

年份	堆肥厂数量（座）	处理能力（万吨）
2001	134	25 461
2002	78	16 798
2003	78	16 511
2004	61	15 347
2005	46	11 767
2006	20	9506
2007	17	7890
2008	20	5386
2009	16	6666
2010	11	5487

我国不断增长的厨余垃圾不仅仅引起了我国有识之士的担忧，加拿大媒体甚至也替我国的厨余垃圾担忧起来："中国垃圾的组成也让问题变得复杂"。中国城市垃圾70%是食物，将这些食物垃圾转化为牲畜饲料会出现问题，因为许多食物垃圾是猪肉，用来喂猪会带来健康问题。中国人做饭爱放很多盐，这使得食物垃圾作为肥料的效力也大打折扣。[2]看来中国的厨余垃圾还真是城市生活中的一个大问题。

〔1〕"垃圾堆肥：我国垃圾堆肥处理现状"，载绿色上海：http://lhsr.sh.gov.cn/sites/wuzhangai_ lhsr/neirong.aspx？ctgid=3461efd2-ea51-45da-8e79-571e7bde43f4&infid=b4d1933e-898e-4c05-8c74-8f904a032c98.

〔2〕"加媒：厨余垃圾多成为中国垃圾处理的大麻烦"，载环球时报：http://news.sina.com.cn/c/2015-05-13/023531826289.shtml.

当我和妈妈说起城市的垃圾问题时，我妈妈看着这些数据非常吃惊：其他垃圾的数量增加可以理解，毕竟大工业、大生产带来的必然是大消费、大丢弃嘛。但厨余垃圾的数量这么大，这不就意味着粮食浪费很严重呀！在她的观念里，家里根本不可能有“厨余垃圾”！因为我们家有一整套完善的“厨余垃圾处理系统”。系统中首当其冲的就是我妈妈。她能尽其所能减少厨余垃圾：西瓜皮削去绿色的表皮，白色的那层皮清炒很脆口；老的菜梗可以用来腌酸菜；柚子皮她还能做成柚皮酿。当然，最重要的还是那两只养在阳台的母鸡。鸡蛋壳、剩饭剩菜、果皮果核、菜头菜叶都能捣碎了喂鸡。甚至骨头也能经过焚烧磨成粉喂鸡，其中还包括鸡骨头——我不知道让鸡吃鸡身上的东西会不会导致类似“疯牛病”一样的“疯鸡病”，但我妈却坚信不会，“牛本来是纯吃草的动物，你喂它肉类当然不行，但鸡本身就是杂食动物呀，吃点肉，就算是鸡肉也无所谓的；况且这鸡油、鸡下水、鸡骨头什么的，不是经过了处理，煮熟了才喂的嘛”。我不知道她的“歪理”有没有科学依据，反正这两只母鸡在处理厨余垃圾上功不可没，我们家几乎没有什么厨余垃圾可以扔。后来，我妈还是“虚心”接受了我的建议，想了个办法来处理鸡身上的厨余垃圾：她又养了两只鸭子，吃剩的鸡油、鸡骨头用来喂鸭；杀鸭子了，吃剩的鸭油、鸭骨头就用来喂鸡。那这些鸡鸭排出来的粪便怎么办？那更好办了，我妈妈在阳台种有菜，这些粪便就是上好的肥料。尽管我们家真正的厨余垃圾没有什么，但是从厨房产生的垃圾并不少。以前我们没有塑料袋，青菜、猪肉什么的，都是用一根水草扎好放在菜篮子里拿回家，但是现在每一种菜，不管你买多少，都有塑料袋装着；超市里对食品包装更仔细，不但有塑料袋装着，还用一次性盘子托着，精美得和礼物一样。这些华丽的食品包装不仅增加了食品的成本，还制造了更多的垃圾。

在农村，这样的“厨余垃圾处理系统”是普遍存在的，可是就算有了这样的“厨余垃圾处理系统”，我们从各种媒体的报道中可以知道，农村也存在让人头疼的垃圾问题。国务院新闻办公室于 2017 年 1 月 18 日在国务院新闻办新闻发布厅举行新闻发布会上，住房城乡建设部总经济师赵晖在介绍改善农村人居环境工作进展情况时说道，垃圾是农村脏乱差最突出的表现，过去农村垃圾遍地现象很普遍。2014年，住房城乡建设部启动了农村生活垃圾专项治理，提出用5年时间实现农村生活垃圾处理率达到90%。[1]由此可见，垃圾处理不仅是城市的议题，也是农村的议题。为什么农村有那么多"垃圾"？农村哪来这么多垃圾山？一方面，正如赵晖指出的，农村的垃圾山主要是建筑垃圾，这是造成垃圾山的重要原因。现在是城镇化发展的高峰期，建筑垃圾产生的量相当大。一些城里的建筑垃圾堆放在农村，农民们没有地方倒垃圾，也就跟着扔在建筑垃圾堆上面。当然，这另一方面和我们的食品链工业化密切相关。由于化肥的存在，农家肥变成了垃圾；由于饲料的存在，厨余成了垃圾。另一方面，农村作为"欠发达"地区承受着城市"发达地区"的垃圾倾泻之苦。不负责任和自私自利的城市为了自身的"干净"，把所有的"不干净"都推给了农村。早在20世纪80年代，由于城市垃圾向周边农村倾泻而形成的"环城市垃圾带"就引起了人们的注意。1983年，北京曾进行过一次航空遥感观测，发现在当时规划区750平方公里的范围内，大于16平方米的固体废弃物堆共有4699堆，占地9300亩，平均每平方公里有6堆多，包括农业肥料堆、生活垃圾堆、混合垃圾堆和工业废渣等等。[2]我国城市经过了三十多年的发展，城镇化程度越来越高，但是把农村作为垃圾场的思维却并没有得到改变，"环城市垃圾带"不但没有得到遏制，甚至反而越演越烈。21世纪，一位摄影师王久良用镜头记载了令人震撼的"环首都垃圾带"：河边是一片散发着臭味的垃圾场，红的、白的、黄的、灰的、黑的，各色垃圾堆满了一地。附近养殖场的几头奶牛每天都踱步来到小河边喝水，喝足水的奶牛习惯性地来到垃圾场上咬咬啃啃，搜寻着可吃的东西。在2009年12月的广东连州国际摄影家年展上，王久良以这组《垃圾围城》的作品获得了"年度杰出艺术家

---

〔1〕"国新办就改善农村人居环境工作进展情况举行发布会"，载 http://www.mohurd.gov.cn/jsbfld/201706/t20170612_ 232184.html.

〔2〕夏燕："每天都在困扰我们的城市垃圾"，载 http://discovery.163.com/09/0729/19/5FDNKHQP000125LI.html.

金奖”。[1]2017年11月的一条新闻引起了我的注意——“江西村庄被数百吨垃圾围困”。[2]这些垃圾和其他的城市垃圾填埋场不一样，这些包围江西村庄的垃圾是被人用卡车突然倾泻在这里的。这让我想起一句耳熟能详的话：“落后就要挨打”，现在似乎变成了“落后就要挨垃圾”。把农村当作垃圾场的逻辑无异于我们恨之入骨的西方列强的弱肉强食逻辑！

由此可见，如果我们再不转变城市发展思路，毁掉的将不仅仅是城市，乡村也会跟着遭殃，所谓的“城乡协调发展”也会变成一句空话。

5.4 健康，何以为继？

5.4.1 城里人与乡巴佬

既然城市生活如此糟糕，为什么我们对都市还是趋之若鹜？

在《屠场》一书中，芝加哥城市的贫困与脏乱不堪和主人公尤吉斯流浪到了农村之后，他遇到的一番景象形成了鲜明的对比：满眼的绿色、清新的空气。他来到一户农户家花了2毛钱大吃了一顿。“尤吉斯进了屋，来到餐桌前坐下，桌边是农夫的妻子和五六个孩子。这是一顿丰盛的晚餐——烤豌豆、土豆泥、炖芦笋、一盘草莓、大片的面包、一大壶牛奶。自婚礼之后到现在，尤吉斯还从来没有享受过这样的美食，于是他开始放开肚量一顿狼吞虎咽，想把两毛钱的饭菜都吃回来。”他在谷仓里睡了一夜，然后又吃了一顿丰盛的早餐，“有咖啡，有面包，有麦片粥，还有蜜饯樱桃”。可能是尤吉斯的一番话打动了农夫，买这顿饭只花了1.5毛钱——在农村，人与人之间的淳朴关系也与城市的你虞我诈形成了鲜明对比。

虽然这些食物在我们看来算不了什么，但是要知道尤吉斯在芝

〔1〕“北京遭遇垃圾围城，一个摄影师眼中的映像”，载 http://www.china.com.cn/news/env/2010-01/29/content_19332106_2.htm.

〔2〕“江西村庄被数百吨垃圾围困”，载 http://news.ifeng.com/a/20171117/53347168_0.shtml?_cpb_slide_re&_cpb_slide.

加哥失业了，全家处在饿死的边缘。他的妻子由于没钱医治已经死于难产，他心爱的儿子吃着每天从垃圾堆里捡来的残渣，长到两三岁时由于疏于照顾，在一个下雨的傍晚掉进内涝的街道淹死了。在城市里，尤吉斯已经走投无路，除了被饿死就是被冻死。农村或许吃不上什么肉，而且尤吉斯就在屠场里工作，但他估计对肉的兴趣不大；况且只要我们看了《屠场》的场景描写，估计我们也会吃不下肉的。这些都是新鲜的富有营养的纯净食物。农夫家正缺人手，建议尤吉斯留下来，可以给他每天1块钱的工资，包吃包住——这已经是很好的待遇了，尤吉斯在屠场的工作是跟在那个从牛肚子里把热气腾腾的肠子掏出来的人的后面，把牛杂碎扫进地面上的一个桶，然后盖上盖子。他的收入是一小时17.5美分，如果他一直工作到晚上7点，他就能一天挣1.5元，不包吃也不包住。况且农村的工作环境肯定要比地上流淌着浓腥的血水臭气冲天的屠场要好得多。但是尤吉斯却拒绝了——当时是因为那种原始的冒险精神已经深入了他的灵魂，他喜欢自由自在地像个海盗一样在城市里游荡。不久，初秋时节尤吉斯还是返回了曾经让他心碎、绝望的芝加哥，他不愿意生活在农村。在来美国之前，他就是一个地地道道的立陶宛农民。尤吉斯始终认为城市才是他实现梦想、事业、自我的地方，他没有钱，他情愿步行或者扒火车回到芝加哥，情愿在芝加哥睡在公园里、卡车上或者空桶、空箱子里。他的身上长满了虱子，他甚至连洗脸的地方都找不到，除非跑到湖滨区去。只要冬天一来，湖水结冰了，他就连洗脸的水都没有了。但是尤吉斯还是很乐观地相信他一定能很快找到工作，只要找到了工作他的生活就会有着落，他就能实现他的城市梦。马克思对这种城市里的雇佣劳动关系的本质做了最细致描述和最无情的批判："资产阶级不仅锻造了置自身于死地的武器，他还产生了将要运用这种武器的人——现代的工人，即无产者，随着资产阶级即资本的发展，无产阶级即现代工人阶级也在同一程度上得到发展；现代的工人只有当他们找到工作的时候才能生存，而且只有当他们的劳动增值资本的时候才能找到工作。"〔1〕

〔1〕《马克思恩格斯选集》（第1卷），人民出版社1995年版，第278页。

今天，中国千千万万的农民工正和尤吉斯一样，怀着城市梦来到城市里，干着最累、最危险、最脏的活，睡在工地里或者类似蚁穴的“胶囊公寓”里。他们也和尤吉斯一样除非迫不得已，要不然是不会轻易离开城市的，他们要在城市里“见大世面”。正如美国农民社会的研究者罗伯特·芮德菲尔德（Robert Redfield）认为的，世界上的“另一部分想有所作为的农民所想的却是把自己变成城市里的工人，变成城市社会里的一个成员，变成无产阶级的一个成员，甚至哪怕变成城市的边缘群体中的一个成员也成”。[1]

尤吉斯或许仅仅是厌倦了之前的农民生活而不愿意回到农村里。而在中国，人们对乡村的态度更矛盾一些：能回农村的农民工拼命要留下来，生活在城里的人们却在“乡愁”中思念农村生活，写着赞美农村的田园诗——但仅仅是“思念”而已，他们是不会真正回到农村去生活的。“所有的农民都由于觉得自己比城里的士绅们贫穷和粗鲁而不免觉得自己要低人一等”，“农民会承认自己在文化水准上比城里人低，但在道德层面上则要比城里人高得多”。[2]相应地，城里人也觉得自己文化水平比农民高，见识广而高人一等。正如瑞德费尔总结的：“不论在世界上什么地方，城里人在对待乡下人的态度里总蕴含着蔑视，自以为高人一等，或者‘羡慕’乡下人的纯朴、吃苦耐劳乃至无邪天真，等等。但这种‘羡慕’不啻是蔑视的另一种表示方式。”[3]如果在城市里的家里种点菜、养个鸡，就被讥笑为“脱不了农民气”。

为什么在欧洲和中国农民会被认为低人一等？甚至使农民成了骂人的词？

英国著名生物人类学家德斯蒙德·莫利斯（Desmond Morris）认为，人有这样一个固定的生物属性：猝然进入超级部落里的都市混

---

〔1〕［美］罗伯特·芮德菲尔德：《农民社会与文化》，王莹译，中国社会科学出版社2013年版，第171~172页。

〔2〕［美］罗伯特·芮德菲尔德：《农民社会与文化》，王莹译，中国社会科学出版社2013年版，第167、89页。

〔3〕［美］罗伯特·芮德菲尔德：《农民社会与文化》，王莹译，中国社会科学出版社2013年版，第89页。

乱时，人心灵深处反而会感到满意。这一属性是人永远难以满足的好奇心、创造性和心智上的唯美倾向。都市的混乱场面似乎能加强其这一品性。就像海边季节性的庞大而密集的繁育场唤醒了海鸟筑巢孵雏的本能一样，密集的都市生活场所能唤醒人的思维创新。“都市是人类思想的孵化场。”确实如此，都市是政治、文化、技术的创新之地，唯有在城市里，持久的创新才有机会；唯独城市大量积存的顺应性能确保其强大和稳定，使之能够容忍叛逆的原创性和创造性产生的破坏力量。和村落相比，大城市可能像炼狱，但它远远没有达到探索的极限。这样的探索激情，加上人性本身的内聚力的辅助，是许多现代都市居民自愿禁锢在人类动物园的动力。超级部落生活的兴奋和挑战难以抗拒，只要有一点辅助力量，它们就足以压倒严重的危险和弊端。〔1〕

莫利斯总结出来的第二个人们不愿意再回到农村的重要生物学原因是寻求刺激和控制刺激的原理。野生动物和“野人”在自然环境中不会感到自己需要刺激——因为他们需要投入全部的精力来保存自己和后代，自然环境的紧张程度不需要额外的刺激。但是生活在都市里的人和动物园里的动物就不一样了：稳定的水源和食物，安全的房子和笼舍，健康和卫生条件的保障，不再受到天敌的威胁……这些优越的条件会让任何动物都感到无聊，都市里的人和动物园里的动物都从生存斗争的刺激转向了对无聊的斗争的刺激。这个问题对于人和像人一样的杂食动物尤其明显。这些杂食动物是典型的“机会主义者”，它们杂而不精，随时准备接受环境提供的一切便利。所以它们也是积极的探索者，四处开拓它们的食品和新的环境。它们的神经系统进化出来的特性就是讨厌静止，不断前进。莫利斯的研究结果很有趣：在动物园，最容易患上精神上疾病的就是杂食动物。我们都见过动物园里的动物和食物玩耍，家猫、狗和主人玩耍也是因为它们太无聊，就算你没有食物奖赏它，它们一样会和你玩得很起劲。在城市里，人们也在寻找各种刺激：从刺激性食

---

〔1〕［英］德斯蒙德·莫利斯：《人类动物园》，何道宽译，复旦大学出版社 2010 年版，第 28~29 页。

品到酗酒，从八卦别人的私事到打架闹事。当然，这种刺激是要在一定的范围内的，太强的刺激会导致一些极端行为，而且一定程度的刺激会让你成为习惯。在乡村生活的人过起相对平静和刺激性少的生活，能忍受刺激度比较低的生活节奏。但是，如果让习惯于忙碌和高度紧张的都市人突然过起平静的生活，他很快会觉得沉闷难受，很快他就会逃离乡村回到都市动物园里。所以，现代人的斗争不是生存的斗争，而是和刺激程度之间的斗争：能在各方面都找到平衡点的人就是成功人士了。也正是由于有乡村和城市这两种不同刺激程度的环境，才给了我们很好的调节支点。在紧张的都市生活之余，人们可以回到乡村、野外放松自己。所以，在周末和假期，我们总能看到各大景点或者“农家乐”里人山人海。当然，人们也可以搬离城市到郊区住——那里有清新的空气、宽阔的空间和干净的水和土地。20 世纪 70 年代，美国的中产阶级的搬离导致城市的“去中心化”，导致了城市的空壳。但是一到工作日，人们还是会匆匆忙忙地回到都市紧张的环境中。相应的，住在乡村的人也最好有时间到城里玩一段时间，找一些城里的刺激因素，以便让他的平静生活不至于太乏味。

当然，除此之外，城市和乡村比有其文化上的优势。例如，一些大剧院、博物馆、美术馆等只有在一定经济和人口总量的城市才能存在，因为这些设施非常昂贵，在大城市里容易得到更好的维护和使用。正因为城市的文化和娱乐活动丰富，格莱泽称城市是人类的“创新机器”。很可惜的是，现在我们的乡村和城市变得越来越糟糕：乡村空气不再清新，水不再清纯，山也越来越光，甚至还开发成了蹩脚的“旅游景点”，把好好的自然风光变成人工景点，而且门票不菲；城市有越来越多的摩天大楼，看不到天，千城一面，其创新性正在降低。

5.4.2 食品质量与城市发展

我们常常以“农业人口”在一个国家的比重作为衡量这个国家经济发展的指标：农业人口比重越低表明这个国家经济越发达。农业被认为“附加值低”“技术含量低”，农民也被认为是没有文化、没有见识的乡巴佬——就连农民也认为自己不如“城里人”。农民自身成为“城里人”的意愿很高——不仅在中国普遍如此，在 20 世纪初的欧洲和美国城市化达到高潮时也一样。我们认为城市是理所当然的“去农业化”——去得越干净越好。但是，我们却忽略了一个重要事实：食物的质量和城市的发展成反比。食品历史学家威尔逊在研究食品造假历史时揭示，英国的工业革命越发展，城市化程度越高，食品越是丑闻不断。19 世纪 50 年代，正是英国人对本国的食品质量最绝望的时候，他们会极为嫉妒生活在大西洋对面的美国人，甚至暗自希望美国的食品质量比英国糟糕。当时很多的美国人仍从事农业，仍然需要靠双手亲自采种粮食和蔬菜，仍需要自己饲养禽畜来获取肉类。和今天的城里人看待乡下人一样，老派的欧洲人对美国人的举止、政治及文化总持一种轻蔑的态度。但是美国人却对自己的食品质量引以为豪，美国人觉得当时全世界的人都羡慕他们的食品。然而在美国内战（1860~1865 年）之后的几十年里，美国也实现了从以传统农业为主导的社会到工业化社会的转变，这一切迅速扭转了。和 19 世纪初英国的食品一样，美国食品的质量也急转直下。大工业带来了新的技术，也催生了新的食物掺假法和新的食品添加剂；大都市的发展，也为销售这些假冒伪劣食品提供了广阔的市场。19 世纪 70 年代，美国的大型食品加工企业开始招募工业化学家专门发明各种制假方法，发明各种食品专用除臭剂、色素、香精、调味品、保鲜技术、软化剂等，经过这些化学品深加工的食物让消费者根本不知道自己吃下去的是什么。到了 19 世纪 80 年代，美国的整个食品供应体系呈现出了一种与以往截然不同的面貌，亟须新型廉价加工食品的城市低收入人口越来越多。1892 年时，美国的食品质量已经非常糟糕了，“魔鬼已经掌握了这个国家的食品供应”。[1]其中影响最大就是“泔水奶事件”。19 世纪上半叶，当时美国的城市人口还没有那么密集，美国城市仅靠周边的牧场就可以供应足够的牛奶。但是随着城市的扩张，牧场变成了厂房、居住区，

〔1〕［英］比·威尔逊：《美味欺诈：食品造假与打假的历史》，周继岚译，生活·读书·新知三联书店 2016 年版，第 120~121 页。

要向城市提供足够的牛奶可不是一件容易的事。于是“泔水奶”出现了：奶牛被养在酿酒厂附近，吃的是酿酒厂含有酒精的下脚料。这些牛产下的奶就叫“泔水奶”。“泔水奶”和乡村牛奶相比更稀，味道更淡，脂肪含量也很低。“泔水奶”被源源不断地送往大城市，到了1850年，纽约人喝的大部分牛奶都是“泔水奶”。市场销售的标着“乡村牛奶”的牛奶实际上是变相的“泔水奶”。之后的几十年，“泔水奶”的丑闻几乎没有停过。“泔水奶”被列为“破坏城市生活质量的元凶之一”“破坏生命活力的毒药”。〔1〕

而这一段“魔鬼已经掌控了这个国家的食品供应”时期，正是美国城市化处在卡尔·阿伯特（Carl Abbott）所划分的美国城市发展五个阶段中的第二个和第三个之间。美国城市发展的第二阶段（1820~1870年）是都市化飞速发展阶段，这一时期形成了“大陆都市体系”的建立。第三个阶段（1870~1920年），城市化持续飞速发展，并建立了工业中心地带。〔2〕这一时期也是美国城市人口暴涨时期。1800年时，美国人口总数刚刚超过530万，到1900年已经超过了7600万。但是，美国的人口总数增长比例实际上是低于城市场所总数量的增长比例的，居住在城市区域的美国人口总数从1800年的6%增长到了1900年的40%。1800~1850年间，纽约市的人口增长了大约750%，其发展速度超过了欧洲城市。这些人口的增长除了自然增长之外，还包括海外移民和农村人口转移以及类似我们今天城市扩张而对外围地区人口的合并。〔3〕要在原有牧场不断缩小的情况下解决这么多人的喝奶问题，确实是勉为其难。

当然，同一时期西欧的牛奶质量比“泔水奶”更严重。奶场工人用污水冲淡牛奶，再加入淀粉增加黏稠度，兑入胡萝卜汁增加甜味，用牛奶专用色素掩盖变色，还加入各种化学品防止牛奶变酸。

---

〔1〕［英］比·威尔逊：《美味欺诈：食品造假与打假的历史》，周继岚译，生活·读书·新知三联书店2016年版，第123~124页。

〔2〕［美］丽莎·K. 鲍姆、蒂文·科里：《美国城市史》，申思译，电子工业出版社2016年版，第8页。

〔3〕［美］丽莎·K. 鲍姆、蒂文·科里：《美国城市史》，申思译，电子工业出版社2016年版，第148~149页。

1870 年，法国政府强制母亲必须用母乳喂养婴儿，巴黎的城市婴幼儿死亡率竟下降了 40%。[1]

随着公众对假冒伪劣食品的关注和谴责，是时候对付这些“问题食品”了。威利作为美国的“纯净食品”之父，对美国的食品质量提高起了很大作用。在他的积极活动下，1906 年 6 月 30 日，美国终于通过了《美国纯天然食品与药品法案》，也称“纯净食品法案”。当时威利最痛恨的就是食品防腐剂，添加了防腐剂的食品，不管剂量多少，都会对人体有害，且不能算是“纯净食品”了。为了证实防腐剂的危害，威利还专门组织了著名的“试毒小组”。当时美国几乎所有的番茄酱都会添加苯甲酸作为防腐剂。苯甲酸是一种无色无味的防腐剂，而且可以从自然的蔓越莓中提取。当时的人们认为，既然是自然存在的东西，怎么会“有毒”呢？但苯甲酸防腐剂就在威利的“试毒”范围。1904 年，威利在他的“试毒小组”展开了针对苯甲酸的实验，结果发现它会导致咽喉疼痛、眩晕、体重减轻和严重的胃病。但是当时的番茄酱制造商都认为，不添加苯甲酸的番茄酱是不可能的，因为番茄酱会在开瓶后很快变质。美国最著名的食物品牌之一——海因茨公司——为番茄酱添加苯甲酸辩护：“无法制作出令人满意的不含苯甲酸的番茄酱，因为消费者通常比较喜欢颜色亮丽、含有苯甲酸又干净的番茄酱。……苯甲酸根本不是有毒物质。”[2]但是一年后，海因茨公司却突然宣布他们公司完全有能力制造不含防腐剂的番茄酱。在 1906 年《纯净食品法案》后，海因茨公司制造的番茄酱全部停止使用防腐剂。海因茨公司是怎么做到的呢？原来他们在番茄酱里添加了相当于过去 2 倍甚至更多的醋、盐和糖。这样做会比添加苯甲酸成本要高一些，但是海因茨公司正是靠着“防腐剂，走开”的广告把番茄酱零售价提高到了 25 美分~30 美分，而其他品牌的番茄酱的价格是 10 美分~12 美分。威尔逊质问，添加苯甲酸的番茄酱算不上完美，不添加苯甲酸但糖分、

---

[1]［英］比·威尔逊：《美味欺诈：食品造假与打假的历史》，周继岚译，生活·读书·新知三联书店 2016 年版，第 125 页。

[2]［英］比·威尔逊：《美味欺诈：食品造假与打假的历史》，周继岚译，生活·读书·新知三联书店 2016 年版，第 164 页。

盐分过多的海因茨番茄酱就称得上健康的食品吗？或许在威利那个年代肥胖症在美国还没有想今天一样在全球范围内凸显，他本人似乎根本没有意识到使用过多糖分是有害健康的——他只关注各种添加剂对人体的健康的损害，而没有关注没有添加剂但是却导致肥胖的纯净食物的危害。这真是“纯净食物”的两难处境啊。其实这种两难在我国的农村看来根本就不是个问题：现吃现做，吃多少做多少。这前提是你有时间。但是也如我们前面指出的，很多年轻人有的是时间花在手机上、电脑上。时间是有的，就看你怎么安排了——“城里人”更安于一边吃垃圾食品一边看手机、电视，而置自己的身体健康不顾。

1952 年，美国进入了所谓的“食品加工的黄金时期”。各种人造食品、深加工食品纷纷走进寻常百姓家：冷冻橙汁、速溶咖啡、皇家奶油鸡、袋装通心粉、袋装奶油、脱水沙拉。这一时期也是美国食品添加剂行业高速发展时期。1952 年，根据国会议员詹姆斯·德拉内（James Delaney）组建的专门研究食品化学添加剂安全性的委员会的统计，当时常用的化学添加剂就有 840 种；到了 20 世纪 70 年代，美国使用的农产品有 1000 种，食品加工过程中所添加的天然或人工化学物质却有 12 000 种！[1]经过了二战的食品短缺困难时期，人们不再追求什么“纯净食品”，政府也解除了食品制造的种种限制。战前曾被强烈反对的防腐剂，现在成了美国食品技术行业的骄傲：美国生产的面包能在家里安然无恙地保存几天；而在一些没有条件使用食品添加剂的国家，由于食品发霉，人们正在遭受巨大损失。

二战后的美国已经成了世界大国，但并没有成为“健康大国”。根据 1967 年美国的国家统计数据，36 个国家的男性平均寿命均长于美国男性的平均寿命；1969 年 11 月，《营养教育》（*Nutrition Education*）发表了一份研究报告。报告表明，美国所有不到 1 岁的儿童几乎都存在缺铁问题，与此同时，肥胖人口在不断增加。报告的结论

〔1〕［英］比·威尔逊：《美味欺诈：食品造假与打假的历史》，周继岚译，生活·读书·新知三联书店 2016 年版，第 186、188 页。

是："特别是1960年以来，美国民众的饮食习惯越来越令人担忧。"美国的食品和营养问题引起了政府的注意，1969年12月，尼克松总统召开了一次有关食品与营养的白宫会议。很可惜的是，这次会议并没有真正了解美国人"营养不良"的原因，反而走了一条相反的道路：扩大食品券的发放范围，改进儿童营养计划，改善学校午餐，进行食品教育。尼克松政府没有意识到美国人的"营养不良"不是由食品的短缺造成的，而是由食品的质量问题造成的。在这次会议中，美国还成立了一个小组专门负责研究新型食品问题。但是我们根本不需要看这个小组是怎么工作的，单单看它的成员组成我们就可以知道他们的结论：组长是美国孟山都公司的副总裁，成员包括大型烘焙产品生产商皮尔斯贝公司的副总裁，荞麦早餐和宠物食品公司美国罗森普瑞纳公司的副总裁，以及一些优秀的科学家和营养学家。他们的调查结论是新型食品对拯救美国人饮食问题和营养问题"极具价值"，并建议政府对食品标准进行现代化改革，"从而推进各种传统食品与新型食品的发展与市场推广，使消费者以较低的价格获得更多高品质、营养丰富的食品"，原有的基于食谱的食品标准被指责为"缺乏活力"。这一结论促成了政府批准制造新型食品。[1] 1968年，通用食品公司获得了一项生产人造水果和蔬菜的专利，这些人造水果的原料是大块可使用的藻酸钙。广告上说："新鲜、可咀嚼，且不均匀。"这种人造水果蔬菜吃起来和真的水果蔬菜很像，只是没有任何营养。另一种非常盛行的人造食品是人造樱桃：将海藻酸钠滴入钙盐溶液中，然后凝为樱桃形状的胶体。到了1970年，这些人造樱桃在发达国家如美国、澳大利亚、荷兰、法国、意大利、瑞士和芬兰占据了一定的市场。当然，这些人造食品的成功是建立在人造香精、人造色素等化学工业的基础上的，正如芒福德所批判的，工业化城市的本质就是没有把人当作"生命体"来看待，而当作是一个需要喂养的机器：人体需要的"营养"和"热量"都可以通过工厂里生产出来的原料满足，而且营养学家还专门计算好了人

---

〔1〕本段根据［英］比·威尔逊：《美味欺诈：食品造假与打假的历史》，周继岚译，生活·读书·新知三联书店2016年版，第190~191页。

体每天需要多少卡路里和微量元素，你只要按照他们出版的“膳食指南”好好吃他们推荐的东西就可以了。

后来的事情，正如我们今天所看到的，这些所谓的“新型食品”被定义为“垃圾食品”，在美国、在世界范围内对人们的健康导致了不可逆的影响。美国城市里生活着两种人：一种是大大咧咧的对健康不太在意的人，他们喜欢吃着饼干、汉堡包、快餐面，喝着可口可乐作为晚餐，一边吃一边躺在床上玩手机；另一种是对健康很在意，且对“科学”、对“专家”信若神明的人，他们的饮食最为纠结。有的人宁愿吃一杯精力汤加一卷芽菜卷当作一餐，更偏执的人会喝所谓的“营养均衡”的代餐饮料算一餐；有的人想到现在肉品及鱼品都充满着抗生素、荷尔蒙及饱和脂肪的问题，所以干脆吃素，认为那样比较保险；还有人觉得健康就是食物无油无盐，然后全部用汆烫烹调；也有人因为怕胖，完全不吃任何淀粉类。有一种人更有趣，平时饮食不健康，然后以保健食品来当安慰剂。还有人，听到某种食物好就狂吃它，其他食物都不吃。从我的角度看来，这样的饮食方式，简直不可思议。但许多人都认为那是为了健康，不得不做的牺牲。如果这么吃真的健康也就算了，但其实这些方法都会让你营养不均衡，长期下来是非常不健康的。

通过对食品造假历史的研究，威尔逊感慨道，食品造假从阿库姆所在的18世纪——也就是工业革命、城市化开端的时期——到现在，各种食品的造假穷出不尽，各种打假的手段也不断升级。从最初的感官批判到显微镜再到现在的化学光谱分析、气味分析、同位素分析甚至食物的DNA图谱分析。我们花了巨大的精力打假，可让人失望的是，阿库姆时代就存在的食品欺诈问题到今天仍没有得到解决。这场检测技术与骗术之间的较量，由化学转战到了生物领域。过去的欺诈一经曝光，消费者就能明白骗术的来龙去脉，现在的骗术错综复杂、技术含量高，消费者根本不知道自己是怎么被骗的，日常生活中也没有什么简单的手段能鉴别这些假的食品。难道我们只能像霍尔本英国食品标准局打假防卫部门的负责人马克·伍尔夫（Mark Woolfe）所告诉我们的那样：“保持冷静，祈祷上帝能赐予我们真正的食物？”[1]所幸，威尔逊正确地认识到，只要消费者和制造商之间仍然存在较长的销售链条，食品欺诈将不可避免。[2]但是他的认识却没有形成共识，我们面对的事实是，随着食品销售的全球化，各级批发商陆续出现，销售链条的长度比过去有过之而无不及，食品欺诈自然有增无减。

但是不管怎么样，在城市里，随着对食品监管的不断加强，我们对食品行业的信心正在逐渐恢复；随着生产基地的越来越远，新鲜纯正的食品已经逐渐被遗忘，我们已经习惯了浓重口味、深加工的食品，我们甚至为人造食品而欢呼。在城市里，食物质量糟糕，不过量却很充足，几乎没有人饿着肚子。我们在“人类动物园”里生活得很好。“人类动物园”是莫利斯在研究动物园里的动物时，发现了很多动物在野外自然生存时没有的行为在动物园里衣食无忧被照顾得很好的环境下却发生了——这些行为和生活在大城市里的人的行为非常相似，于是莫利斯创造性地发明了一个新词“人类动物园”，（the human zoo）特指城市这个“超级部落”。在“人类动物园”里的我们和在动物园里的动物们确实有很多相同之处：不愁吃穿，没有来自别的物种的安全威胁，生活在狭小的空间里，远离自然。我们也和动物一样表现出一些心理上的倾向：动物和都市人都患有一定程度的幽闭恐惧症；动物和都市人都容易患上胃溃疡、恋物癖、肥胖症、同性恋甚至相互杀戮。这些野生动物和“野人”都不会遇到的问题，在都市人身上，在动物园里圈养的动物身上却表现出来了。

根据以上的分析，我们目前的城市发展模式确实困难重重。在最早的工业化国家英国的城市发展之初，当时的有识之士就很担忧人类城市的发展。法勒教长（Frederic William Farrar）悲观地说：“遍地即将布满大城市。乡村停滞、衰退；城市畸形发展。如果城市确实日复一日地变成人类的坟墓，那么当我们看到住房如此拥挤，

---

〔1〕［英］比·威尔逊：《美味欺诈：食品造假与打假的历史》，周继岚译，生活·读书·新知三联书店2016年版，第241页。

〔2〕［英］比·威尔逊：《美味欺诈：食品造假与打假的历史》，周继岚译，生活·读书·新知三联书店2016年版，第223页。

被毫无顾忌地糟蹋的如此肮脏、污水横流，又何足为奇呢?”[1]很不幸的是，目前我国的城市发展模式还是沿着当初英国、美国工业化的道路，我们越来越被捆绑上“商品经济”的战车，作为“市民”，除了在大商场消费，别无选择。现代社会是一个消费社会，消费的背后是经济-政治结构。如果我们还不觉醒，改变目前的发展模式，恐怕城市离“人类的坟墓”也不远了。

[1] 转引自［英］埃比尼泽·霍华德:《明日的田园城市》，金经元译，商务印书馆2010年版，第3页。

第6章

我的餐桌我做主

市场经济带来了新的忧虑：无良的中间商可以把危险物质掺到食品中，以增加他们的利润。19世纪兴起的生产、保存以及运输食物的新方法，加大了食物的生产者与消费者之间的距离，加剧了这种恐惧。而19世纪末20世纪初壮观的城市增长将这一差距变成了鸿沟。

——哈维·列文斯坦[1]

6.1 享受美味，享受生活

6.1.1 生活城市

城市发展是为了什么？是为了经济的发展还是人的发展？这个问题的提出或许会让你觉得很奇怪：经济发展不就是为了人的发展吗？没有一定的物质条件，人的其他发展从何而来？别忘了，马克思不是说过，人首先得吃饭吗？在市场经济的社会里，只有口袋里的钱多了，才能提高和改善生活质量。在经典自由主义经济学理论的指导下，我们埋头苦干，坚定信心：当我们的口袋越来越鼓，我们的生活就会越来越好；但与此同时，我们也越来越忙，我们已经被经济发展套上了红舞鞋，我们根本停不下来，我们忘了最初来到

---

〔1〕［美］哈维·列文斯坦：《让我们害怕的食物——美国食品恐慌小史》，徐漪译，上海三联书店2016年版，第55页。

城市的目的——为了更好地生活。现在，我们或许应该停下来，静静地坐在面对墙壁的沙发上，泡上一杯茶或者咖啡，让我们好好想想经济发展、特大城市与幸福生活之间的关系，想想什么才是我们想要的生活。

首先让我们考虑一下经济发展、特大城市与幸福生活之间的关系。

不可否认，城市是工业文明的产物，是经济发展的产物。英国作为第一次工业革命的发源地，现代工业城市也在英国发端。恩格斯于1845年在莱比锡出版的《英国工人阶级状况》详细地讨论了工业文明初期人口是如何聚集到城市，城市又是如何发展成为今天的特大城市的。“大工业企业需要许多工人聚集在一个建筑物中共同劳动。这些工人必须住在一起，甚至在相对小的工厂里劳动，也会落户于同一村镇。为了满足这些体力劳动者的需要，其他一些人也被吸引到工厂附近来了，其中包括裁缝、鞋匠、面包师、泥瓦匠、木匠一类的手工艺者。”〔1〕通过工业的带动，城市汇聚了大量的资源和人口，其中不乏优秀的创造型人才，这些资源和人才又为城市的进一步扩大奠定了基础。久而久之，城市就在该地区成了资源的集中地，虹吸了周边农村地区的资源、资金和人才，形成了今天的特大城市或者都市圈。按照标准，以城区常住人口为统计口径，城市可被划分为五类七档。其中，城区常住人口100万以上500万以下的城市为大城市，其中300万以上500万以下的城市为Ⅰ型大城市，100万以上300万以下的城市为Ⅱ型大城市；城区常住人口500万以上1000万以下的城市为特大城市；城区常住人口1000万以上的城市为超大城市。〔2〕按照这个标准，我国的北京、上海、广州、深圳、重庆、武汉等16个一二线城市都可称为特大城市。毋庸置疑，这些特大城市的经济总量远远大于其他中小城市，人均居民收入也排在全国前列。我们且不说这些特大城市的经济增长在很大程度上是政

---

〔1〕 转引自［美］艾拉·卡茨纳尔逊：《马克思主义与城市》，王爱松译，江苏教育出版社2013年版，第141页。

〔2〕《国务院关于调整城市规模划分标准的通知》（国发［2014］51号），参见http://www.law-lib.com/law/law_view.asp?id=471892.

策倾斜的结果，且不说这些相对于中小城市多得多的GDP获取过程是否合理，现在回到我们的问题来，这些特大城市的生活是令人满意的吗？

在资本主义发展阶段，1848年，马克思在评价资本主义的富裕程度时说："在不到100年的时间之中，资本主义所带来的生产力发展和物质财富增长比过去几个世纪甚至一切时代的都要多。"[1]这一百年创造的财富给资本主义社会的人民带来更好的生活了吗？经过一段时期的辉煌后，20世纪资本主义逐步走向垄断资本主义，西方世界出现了重重危机。20世纪的资本主义，虽然并没有像马克思主义者预言的那样"必然灭亡"，会在危机中被无产阶级的革命力量摧毁，但是它也没有在财富的不断增长中真正实现它所许诺的"人的自由和解放"。在新的21世纪，越来越多的学者和有识之士意识到，如果再不转变目前的经济增长模式，再不转变对自然的态度，不仅仅西方资本主义文明而且整个地球的人类文明都要毁于一旦。希瓦评判资本主义父权制创造的财富是"死"的财富，资本主义的经济本质上是"死亡经济"（dying economies）。这种反生命的经济模式根植于以没有生命的资本取代生命的过程和生命的所需。生命需要的是创建面向生活经济而创造的价值，一种真正的财富，而不仅仅是金融的虚构的财富。希瓦所认为的真正的财富，是与我们的生活和生命休戚相关的土壤、水、生物多样性，还包括我们的创意，卓有成效的工作，建立人际关系的基础——相互关心和爱，这些都是生活网络的一部分。但是在资本主义经济体系里，这些真正的财富却被虚构的经济手段集中在少数人手中。全球化的进程把全世界的金融体系联系在一起，这加速了资本主义国家用虚构的财富、死的经济替代真正的财富与和真正的价值。在这个所谓的全球化时代，无国界的不是人，而是以美元为代表的无国界的资本。它不是基于生产活动而仅仅是一种投机。实体经济为人类提供每天的必需品，但却面临着被以美元为首的所谓"全球市场"的运作所摧毁的窘境。正如约翰·R. 洛根（John R. Logan）和哈维·L. 莫洛奇（Harvey

---

〔1〕《马克思恩格斯选集》（第1卷），人民出版社1995年版，第256页。

L. Molotch）的精辟分析：城市本质上是经济增长机器。作为经济增长机器，城市更注重的是交换价值而不是使用价值，因为只有交换价值才能使资本增值。这样，城市的决策者和建设者就会被资本的增值牵着鼻子走，其他方面的城市功能就会被削弱。要协调各个都市行动者去适当地完成最基本的服务——例如开办学校、提升公共健康和公共安全或者环境保护等——是相当困难的。过度追求经济增长损害了当地大众的生活标准。[1]况且，资本的逐利性和全球化决定了它不可能和某个城市捆绑在一起，一旦环境发生变化，投资将变得无利可图，资本就会迅速撤离，留下大量的贫民窟和城市问题，例如在底特律的例子中，汽车巨头们纷纷把生产车间转移到中国、印度等劳动力廉价的第三世界国家，而不是和底特律人一起战胜困难。

可惜，在我国，我们往往把西方资本主义走过的城市化道路认为是理所当然的，殊不知西方特大城市的优势正在渐渐褪去，越来越多的人已经意识到特大城市的不可持续性，例如在旧金山。旧金山市反对把经济增长作为城市的基本职能，当城市的管理者确定批准某个项目时，投资者必须实现收支盈余，并提供特殊的“康乐设施”。[2]也就是说，旧金山市不像我国绝大部分城市那样通过“倒贴”来吸引投资，相反，它要对项目投资征收更多的资金和资源以保障城市居民的根本福利。

对于个人而言，不可否认，在大城市里赚得比一般城市和农村多，许多年轻人都是冲着“高薪”挤在城市里的。根据格莱泽的调查，实际工资——按照当地的物价水平进行修正之后的收入——是评价城市适应性的一个非常有效的工具。以美国为例，在1970年，城市规模与实际工资之间存在着非常正面的关系：城市人口每增加一倍，实际工资就会增加3%。自1980年以来，城市人口与实际工资之间的关系第一次持平，现在的数据是负的。较高的物价完全抵消了较高的货币工资。在某种程度上，很高的实际工资是城市遭遇

---

〔1〕［美］约翰·R. 洛根、哈维·L. 莫洛奇：《都市财富：空间的政治经济学》，陈那波等译，上海人民出版社2016年版，第5页。

〔2〕［美］约翰·R. 洛根、哈维·L. 莫洛奇：《都市财富：空间的政治经济学》，陈那波等译，上海人民出版社2016年版，第8页。

失败而不是取得成功的信号。[1]因为，随着整座城市的生活成本的上升，地租的上升，一些企业的成本开支就会上升。为了降低成本，许多企业会迁移到成本低的地区甚至是第三世界国家。而一些新兴行业由于积累较少，无法在如此高成本的地区生存，就会纷纷到成本较低的区域——硅谷"阳光地带"的诞生就是这样。除去这些大道理不讲，让我们再看看北京普通的城市居民特别是年轻一代"城市白领"的生活吧。我们看看网上关于上班通勤族每天早上5:00起来排队进城上班的报道，看到关于城市"蚁族"的报道，看到关于雾霾的报道，当"城市梦"遭遇这些"城市病"，我们觉得幸福吗?

城市的居住环境让我们满意吗?经济原则的第二条就是高效节约。于是我们相互抄袭——楼与楼之间相互抄袭，小区与小区之间相互抄袭，连城市与城市之间也相互抄袭，抄袭而不是创新是好的节约成本办法。这种低成本的复制，最终导致的后果就是城市除了成为"人类动物园"里的"猴笼"之外便一无是处。莫利斯严肃地告诉这些"人类动物园设计师"们，为了避免住户在这种糟糕的居住环境里出现精神错乱，应该"住进高层公寓请住户先请教心理医生，让心理医生评估他们是否能承受这种美好新生活的考验"。[2]

今天我们的城市发展模式还停留在两个世纪以前，美国内战后的"煤炭资本主义"的发展模式。当时的美国在内战后工业蓬勃发展，工业的发展带来了城市新兴阶级的住房需要。1850年左右，美国兴起了城市公园热，各大城市都在大兴土木建设公园。公园成了城市新的中心，新的经济增长点。这种新的千篇一律的发展模式是，以种有名贵树木、花草和精致的景观设计的公园为中心，公园旁边是购物中心、高档住宅，并配套歌剧院、电影院、大广场、游乐园或博物馆等一系列娱乐设施。到了1870年，短短的二十年间，这种"公共公园"发展模式不仅仅在规划界、建筑界、政界等精英阶层得到认可，就连美国工人阶级也对此欣然接受，公园周边的地段不断

---

〔1〕［美］爱德华·格莱泽:《城市的胜利》，刘润泉译，上海社会科学出版社2012年版，第122页。

〔2〕［英］德斯蒙德·莫利斯:《人类动物园》，何道宽译，复旦大学出版社2010年版，第239页。

升值，炙手可热。芒福德在1931年的著作《褐色几十年：美国艺术研究（1865~1895年）》中反思了当时的“公园风”，并提出了批评：所谓的为了大众利益——包括休闲和健康的利益——而建的公园，其实是资本主义经济的产物。芒福德引用梭罗的著作证明，自然风景作为公园本身就是一个独立的存在，不需要什么“配套设施”。如果真的是为生活服务的公园，那就应该是一个简单、自然的公园，“它的全部理由在于，它促进了深呼吸、伸展双腿、晒太阳等简单的基本乐趣”，〔1〕因为生活本身就是如此简单、自然。

还有什么让我们的城市变得如此糟糕？除了“经济本位”的错误思想外，最后还有很重要的一点，就是“权力至上”和“官本位”的错误思想。我们的城市误入了表现政绩的歧途，大量华而不实的政绩工程成了城市名片。作为城市规划师的高宁曾问自己，城市规划要成就城市的“良心”还是成就城市的“野心”？〔2〕对于这个问题的答案，国内外的学者几乎一致认为是前者而不是后者，城市规划应该体现公平、公正。但是现实却很不幸，在我国，城市规划过分强调为政府服务的职能，规划师成了政府的“绘图者”，成就了城市的“野心”。

这是怎样的一种“野心”？莫利斯从狒狒研究得来的10条权力模式的定律，用在人类社会或许也合适：毕竟人和狒狒有着共同的祖先。首先，人类和其他灵长类动物一样，需要独特的“部落身份”，这种身份的区别和认同是十分强大的生物需要，是不会随着“文明”的前进而改变的，当然，其中的表现有可能不同。这也是我们经常所说的“物以类聚，人以群分”。处在金字塔顶部的上层人士总是不想和处在底层的大多数人混为一谈，他们千方百计地创造出各种“口味”“风尚”“名牌”“圈子”来标榜自己。当社会身份受到威胁时，不管是人还是动物都会发起反击。例如，在文艺复兴时期的德国，女人要是穿戴超越了自己的应在阶层会受到戴上木枷的惩

〔1〕 Liwes Mumford, *The Brown Decades: a Study of the Arts in Ameican* (*1865~1895*), New York: Harcurt , Brace and Company, 1931, p. 89.

〔2〕 高宁：《与农业共生的城市：农业城市主义的理论与实践》，中国社会科学出版社2015年版，第52页。

罚；在印度，不同种姓的女人要戴不同的头纱。在我国古代，皇上和大臣、普通百姓之间的服饰更是有细致的区别，要是穿错了衣服可是有掉脑袋的危险的。在现代社会，这种等级的社会如何维持呢？现代社会既是一个民主社会，又是一个消费社会：作为民主社会，其要求特权阶级不能再用权力来固化他的特权；作为消费社会，消费又为“有钱人”提供了有别于“穷人”的标志，如私人订制的礼服、限量版跑车、纯手工制造的手袋。非常矛盾的是，现代社会还是一个技术社会，各种仿真的技术几乎可以以假乱真，几乎一切高档的消费品都有它相应的“高仿品”，不要说一般人，就算是专家，如果不借助一定的工具恐怕也难辨真伪。可以预见，戴一串价值上百万的真钻项链的真正富人同一位普通妇女戴着价格只有百分之一的高仿水钻出现在同一场合，她并没有多少优越感。因为人们分不出对方的项链是不是真的。所以，这些奢侈的消费品由于高仿技术的存在，已经不能够作为阶层和“圈子”的标志了，那么剩下来的就是在建筑、住宅上的区别了。

住宅、城市成了现代社会人与人、集团与集团、国家与国家之间的最大分界线。因为在一个城市里，地段是唯一的，气候地理条件也是唯一的，不同区域的房子价格相差巨大，那些富人区的房子不是穷人们咬咬牙，少买些衣服和消费品就能买得到的。建筑、城市或许是当今世界最难仿真的东西了。所以我国的城市不可思议地被分成了“一线城市”“二线城市”“三四线城市”和“县城”。这本质上就把人们也按照居住的城市分成了三六九等。这样的等级制度表现在城市上，就是特权阶级威武壮丽的大楼，楼前开阔的大草坪和城市贫民区的拥挤、肮脏、杂乱的对比。在城市的攀比中，富人区的大楼一定要比一般的大楼更大更高，一定要在气势上压住贫民区。任何城市几乎都想要摘下“世界第一高楼”“世界最高”的桂冠，似乎拥有这样的称号就拥有了权力的顶端。这一点美国也不例外。俞孔坚在研究美国城市建设时指出，美国的城市运动兴起的主要原因之一就是新兴的资产阶级的权力表现欲望：“他们富有并具有影响力。他们不但可以支持大规模的工程，同时也从中获取长远的利益。这是一种以几何图形作为表现力来表达经济实力和自豪感。”[1]或许是时候问一下：究竟全球能有多少个城市能像纽约、巴黎、伦敦一样成为全球富人俱乐部、国际大都市？我们的城市是不是真的需要这么多的五星级宾馆、恢宏壮丽的纪念建筑和容纳上万人的展厅、报告厅？

是的，我们太注重城市作为经济发展的引擎，作为政绩工程一面，却偏偏忘了“城市是我家”，生活才是“家”的最终目的和最真实的本质。毋庸置疑，城市相比之下还是有一定的吸引力的，特别是在消费方面。伦敦、纽约、巴黎都是全球顶尖的消费城市，它们的居民有来自全球的富人。在这些城市，你可以品尝到顶尖餐馆的食物，享受顶尖的音乐剧和各种表演，买到来自世界各地顶尖的商品。或许是时候停下来，问一下自己：我们想要的究竟是一种什么样的生活，奢华的交际花般的生活还是一种平淡、简单而悠闲的生活？如果你是一位富人，你尽可以惬意地生活在北上广这样的大都市里，你可以开心地住在二环与三环之间的四合院别墅或者在珠江新城的高档住宅，你可以去燕莎百货或者太古汇买到你心仪的货品，你可以随时去看天安门或者广州塔，你的孩子可以享受最好的公立学校教育——当然，前提是你得有当地户口和学区房。如果你是一位外来的农民工，在餐馆或者建筑工地里打工，那你也可以选择大都市作为打拼的舞台，这里的工作机会和收入比其他地方都高。很多农民工只把北上广作为工作赚钱的地方，等赚够了钱就会回到农村或者县城买上一套不错的房子，安心养老。他们没有要在大都市里留下来的奢望，他们可以住工棚、吃着馒头咸菜也无所谓——只要别拖欠工资。最尴尬的是大都市里外来的“夹心层”：买不起房，孩子上不起学，表面上收入不错，但除去所有的必须开支，所剩无几。“夹心层”几乎都是白领阶层，离开大都市找工作并不是一件容易的事。正所谓“留不下的城市，回不去的家乡”。或许我们不应该一心只追求发展大都市，中等城市、小城镇也应该成为理想的生活之城，这其中最关键的问题在于如何分配资源，让大都市过分集中的公共资源适当地分配一部分到中等城市甚至小城镇里。

---

〔1〕 俞孔坚：《回到土地》，生活·读书·新知三联书店2014年版，第159页。

那么，怎么才是好的生活？我们现在的城市病是否不可避免？换句话说，我们一定要待在城市里忍受这一切吗？我们有可能既享受城市的好处又不用忍受城市病？

一直以来，陶渊明那种逍遥的田园生活就是中国人的追求，田园生活也成了中国人记忆里的“故乡”。不仅仅是在我们国家有着深厚的农业传统的人们幻想着田园生活，就是在城邦文化的起源地、工业化的发源地欧洲，人们也同样向往田园生活。在100年前，也就是20世纪初期，那正是英国资本主义社会蓬勃发展、工业革命、机器化大生产如火如荼的时候，著名的城市理论家帕特里克·格迪斯（Patrick Geddes，1854～1932年）就提出他心目中的生活是：“城市中的技工，他能够和家人一起在小规模的乡村家园中度过夏季的周末休假时光——照应他的葡萄园，或者躺在他自己的无花果树下睡上一阵。”[1]之后，田园小镇似乎一直是西方人文主义城市理论家的浪漫追求：从霍德华的花园城市到芒福德的人性化城市。但是与中国人心目中的田园生活不同的是，西方人要求更多的公共空间：宽敞的城市广场，明亮的城市图书馆，富足的花园，优雅的咖啡厅，干净笔直的林荫大道。而“村里人”对好生活的定义又是另一番景象：在城市里买套房，让自己的孩子在城里上学。把两者结合起来是否有可能？

一百多年前，埃比尼泽·霍德华（Ebenezer Howard）就提出：“拥挤而有碍健康的城市是经济科学的结论；我们现在这种把工业和农业截然分开的产业形势必然是一成不变的。这种谬误非常普遍，全然不顾存在着各种不同于固有成见的可能性。事实并不像通常所说的那样只有两种选择——城市生活和乡村生活，而有第三种选择，可以把一切最生动活泼的城市生活的优点和美丽，愉快的乡村环境和谐地组合在一起。这种生活的现实性将是一种‘磁铁’，它将产生我们大家梦寐以求的效果——人民自发地从拥挤的城市投入大地母亲的仁慈怀抱，这个生命、快乐、财富和力量的源泉。可以把城市

〔1〕［英］帕特里克·格迪斯：《进化中的城市——城市规划与城市研究导论》，李浩等译，中国建筑工业出版社2012年版，第6页。

和乡村当作两块磁铁，它们各自把人民吸引过去，然而还有一个与之抗衡的劲敌，那就是部分吸取二者特色的新的生活方式。”[1]霍华德提出这番见解的时候，正是英国城市化发展突飞猛进的阶段，但他的声音还是引起了人们的重视。他的著作自1898年10月以《明日：一条通向真正改革的和平道路》为书名出版以后，于1902年发行了第2版，书名改为《明日的田园城市》，于1922年发行了第3版，于1946年又发行了第4版，美国城市理论家芒福德还写了导言，1968年和1985年分别发行了第5版和第6版。这六个版本的发行说明了人们对它经久不衰的热情。[2]但是正如金经元所说，霍华德的这本著作似乎很少被正确理解。于1946年出版的第4版中，编者在书中增加了一张大伦敦的规划图，并在图下标明“田园城市思想运用于伦敦”，而事实上，当时的伦敦城市与田园城市形似而不是神似，伦敦只不过是用发展卫星城的办法，继续推进大城市的发展。[3]

霍华德大大超前于他的那个时代，要是在今天呢？今天我们面对着连饭都不能好好吃的困境，我们还应该漠视霍华德的见解吗？霍华德提出的方案是几乎每家每户都有院子可以种菜的那种低密度城市：“田园城市建在6000英亩土地的中心附近，城市用地为1000英亩，占6000英亩土地的1/6，农用地5000英亩，包括森林、果园、农学院、大农场、小出租地、自留地、奶牛场、癫痫病人农场、盲聋人收容所、儿童夏令营、疗养院、工业学校、砖厂、自流井，人口3.2万人。……住宅平均面积为20英尺乘以130英尺（约241.55平方米），最小的为20英尺乘以100英尺（约185.81平方米）。”尽管有的规划家认为这样的城市密度很高，但在我国或者亚洲地区，其密度已经很低了。就我所在的西部地区，3万多人口的居住地只能算一个“镇”。英国电影《摩天大楼》（High-rise）则是现

---

〔1〕［英］埃比尼泽·霍华德：《明日的田园城市》，金经元译，商务印书馆2010年版，第6页。

〔2〕根据［英］埃比尼泽·霍华德：《明日的田园城市》，金经元译，商务印书馆2010年版译序整理。

〔3〕［英］埃比尼泽·霍华德：《明日的田园城市》，金经元译，商务印书馆2010年版，译序。

代都市版本的“田园梦”：在高达 40 层的摩天大楼里健身房、游泳池、购物中心、美容中心、餐馆一应俱全，人们除了上班不得不走出大楼外，住在摩天大楼里的居民根本不需要去别的地方就能满足生活上的需要。大楼的顶层是模仿中世纪风格设计的巨大花园，种满了各种大树、花草，甚至还有一大片草坪，养有几只羊，一条纯白色的牧羊犬。更让人惊叹的是，这里还养了一匹非常漂亮的白色的马——马作为中世纪欧洲贵族的象征，怎么能少呢？如果你认为这片花园是整栋大楼的居民共享，那就错了，这是影片中最权高位重者——这栋大楼的建筑师的私家花园。这个私家花园有专门的电梯直接到达，除非受到邀请，普通人根本进不去。建筑师和他住在 35 层以上的朋友们经常在花园里穿着中世纪的宫廷服，模仿着宫廷舞会开派对。这或许正是“工艺美术运动”的遗风：对现代工业文明的厌倦，对“更高贵”的中世纪的崇拜。当然，这些城市精英们大部分只是“叶公好龙”，他们并不是真的热爱农场，他们只是想要“搞搞新意思”。在城市生活的实践上，正如富兰克林所说，这创造出了一种极端化的对抗美学：如果工业化城市的典范是机器，那就用自然来调节它；如果工业化城市给予标准化和直线条，那就用变化和曲线中和它；如果工业化城市的栖息地是街道和街道生活，那么它的解药将是花园。[1]这片精心设计的中世纪花园并没有维持多久，在一次停电风波中，住在 25 层以下的“底层人民”发现他们家已经停电多日，但 30 楼以上却是正常供电的。愤怒的“底层人民”冲上楼顶花园，把花园毁了。最后，还是大楼里的几位女人靠着踏车发电，才慢慢让生活恢复正常。或许《摩天大楼》并不仅仅是富人渴望，而是一种“社会渴望”。正是斯坦迪奇说过的一段话的写照：富裕社会的一项共同特征是，人们觉得自己丧失了与土地之间的古老联结，并渴望重新建立它。对于最富有的罗马贵族来说，其掌握的农业知识和拥有的大庄园，可以证明他们并没有忘记传说中族人的起源——农民。同样，许多世纪之后，在大革命前的法国，

〔1〕［澳］阿德里安·富兰克林：《城市生活》，何文郁译，江苏教育出版社 2013 年版，第 59 页。

玛丽·安东尼皇后（Queen Marie Antoinette）曾经命人在凡尔赛宫的庭园建造一座理想化的农场，在那里，她和宫女们打扮成牧羊女和挤牛奶的女工，为已经被清洗干净的乳牛挤奶。如今，在世界上许多富裕的地方，人们享受在自家菜园或市民农场上种植自己的食物。在许多例子中，他们完全负担得起购买现成蔬果的花费，但自耕自种使他们能与土地联结，从事温和的运动，获得新鲜产品，并逃离现代世界。〔1〕

让我们跳过这些细节，直达“田园城市”的重点。“田园城市”（garden city）并不是我们现在所认为的“美丽城市”“花海城市”，而是结合了城市和农村优点的城市。所以霍华德著作的译者金经元正确地把它译为“田园城市”而不是“花园城市”。田园城市是一种新的社会结构，城市与农村之间是平等的、互补的，甚至在霍华德的心中乡村反而要高于城市。他说：“乡村是上帝爱世人的标志。我们以及我们的一切都来自乡村。我们的肉体赖之以形成，并以之为归宿。我们靠它吃穿，靠它遮风御寒，我们置身于它的怀抱。它的美是艺术、音乐、诗歌的启示。它的力推动着所有的工业机轮。它是健康、财富、知识的源泉。”〔2〕而今天我们所讲的“城乡一体化”尽管也提出了“要把工业与农业、城市与乡村、城镇居民与农村村民作为一个整体，统筹谋划、综合研究”，“通过体制改革和政策调整，促进城乡在规划建设、产业发展、市场信息、政策措施、生态环境保护、社会事业发展的一体化，改变长期形成的城乡二元经济结构，实现城乡在政策上的平等、产业发展上的互补”，但是现实却是“不平等”的联姻，是城市在引领着农村发展，是农村要向城市看齐，是农村实现“城镇化”从而实现“城乡一体化”。百度百科上解释“城乡一体化”的图片非常生动地解释了这一过程：图中衣着光鲜、西服领带、戴着眼镜的年轻男子，衣服上写着个“城”字，代表着“城市”，“城市”后面是一位和赵本山一样年龄打扮，

---

〔1〕［美］汤姆·斯坦迪奇：《舌尖上的历史：食物、世界大事件与人类文明的发展》，杨雅婷译，中信出版社 2014 年版，第 50 页。

〔2〕［英］埃比尼泽·霍华德：《明日的田园城市》，金经元译，商务印书馆 2010 年版，第 9 页。

一脸懵懂未化的老年人，衣服上写着“乡”，代表着“农村”。“城市”走在前面，一手指着前方，一手拉着“农村”往前走，一边扭过头来笑着“启蒙”农村。

（图片来源：http://baike. baidu. com/link? url=MdMGZhqFlKTCEuNBO3t7C3DtTL_ m5OM0ePyl7wOS4MwXQqHLXtfmfIXs6bRpQrztI2TV68RdUCLB9Ecpl51bk-IEz-sYTHsxHLnbVM97mKPSnaxGYm9S4Ck59CM1qteWY-YXrS_ 4b9AipihPQYhwj8K.）

这幅图画生动地描述了在国人心里，城市依然是先进、文明、科学的代表，是人类发展潮流的代表；农村依然是未开化、落后、保守的代表。只要这种根深蒂固的偏见没有改变，我们的食品质量就没有进一步完善的可能，年轻人还会把“垃圾食品”作为时尚，我们还会重复欧洲和美国城市发展的错误。霍华德希望城市和乡村联姻的愉快结合会迸发出“新的希望”“新的生活”“新的文明”，但是我们目前的“城乡一体化”恐怕会加剧目前的食品危机和城市危机。

阿尔文·托夫勒的构想或许会给我们一些灵感。托夫勒把人类技术浪潮分为三个阶段，也就是他说的“三次浪潮”。“第一次浪潮”是前工业社会的农业革命；“第二次浪潮”是工业革命，工业化催生了庞大的官僚体制，整个社会的特征是“等级化、持久性、自上而下型、机械式的组织，他们设计精良，以便在一种相对稳定的工业环境中反复生产产品或重复做出决定”，我们现在正处在这个阶段；“第三次浪潮”是“一种真正崭新的生活，这种生活方式的基础在于多样化、可再生能源，在于淘汰大部分工厂装配线的生产方式，在于新型的非核心化家庭，在于一种可能被称为‘电子小屋’的新奇机构，在于未来发生根本变化的学校和公司”。托夫勒乐观地宣称我们正处在第三次浪潮的开端，并热切地期待着“新兴文明不仅为我们制定了新的行为规则，而且促进我们超越标准化、同步化及集权化，超越能量、金钱及权力的集中”。[1] 更为重要的是，托夫勒指出家庭生活将会是新文明的核心，“我相信，在第三次浪潮文明中，家庭将会承担一种崭新而又惊人的重要作用。自产自销的崛起、电子小屋的蔓延、新型组织结构在商业中的创建、生产的自动化以及分众化，所有这些现象都表明，家庭作为一种核心单位在未来的社会中再度兴起——从经济、医疗、教育以及社会方面来看，这种家庭单位在功能上是增强了而非减弱了。然而，任何机构（包括家庭在内）都不可能再像教堂或者工厂在过去所做的那样发挥着核心作用。因为社会有可能将要围绕着新机构的网络而非等级建构起来”。[2] 是的，新兴的信息技术为我们的生活打开了另一种可能，我们的价值取向和生活将会更多样化。这种新的“后工业社会”城市经济推动力将不再以制造业为主，而是转向以生活为导向的文化和服务，或者是自给自足、自娱自乐的家庭庭院园艺，我们的整个城市生活重心也将由生产转变为休闲娱乐和消费。[3] 如果真如托夫勒和其他后工业社会理论家所言，家庭而不再是大机构将成为社会的核心，个性化市场而不是大型批发市场将成为主流，那我们又有什么必要一定要挤在大城市里呢？

只要明白城市的目的是“为了更好地生活”而不仅仅是经济的增长、政绩的体现，我们就不会觉得作为生活最基本需要的食物生产应该限制在越远越好的农村，也不会认为粮食生产是一件卑微的

---

[1] [美] 阿尔文·托夫勒：《第三次浪潮》，朱志焱等译，中央广播电视大学出版社 1983 年版，第 274 页。

[2] [美] 阿尔文·托夫勒：《第三次浪潮》，朱志焱等译，中央广播电视大学出版社 1983 年版，第 279 页。

[3] 具体可参见练新颜：“后工业社会的技术特征研究”，中国社会科学院 2016 年博士后出站报告。

工作。那么，让我们行动起来建设我们的“美味城市”吧！

6.1.2 美味城市

> 或许我们应该只控制那些可以用小技术建立、维护和收获的区域，以此作为控制人类需求增长的方法。这就意味着居住点应该包括总体食物供应，否则我们会患上贫瘠城市和错位景观结合的致命绝症。……在西方，我们常常观察到的是一种错位的景观：郊区土地被草坪和装饰的花卉覆盖，而城市的环境却是恶劣的，更多的荒野边缘的土地被清除，它们之间的土地被误用。这个系统不是可持续的。现在看来已经很清楚了，在家门前规划高度集约的、基于生物系统的食物生产区域是解决未来危机的唯一出路。
>
> ——比尔·莫利森（Bill Mollison）[1]

> 人的确不只是靠面包过活，我们的心与脑都跟肠胃紧密相连。饮食不只是生理活动，也是活跃的文化活动。
>
> ——西敏司[2]

人的活力源自于食物，但源自于什么食物？广告里的速溶咖啡？“强化营养”的早餐麦片？还是具有“补中益气”的“纯中药”饮品？毫无疑问，人最根本的活力应该来自于天然的新鲜有机食品。2000年，英国沃里克大学在一项以“桑德威尔的健康食品可获得性测定”为题的研究中提供了使用地理信息系统（GIS）技术绘制的“健康食品可获得性”地图。地图显示，在一些没有卖新鲜水果和蔬菜的社区，一般是穷人区，因为新鲜的蔬果相对于工业化食品来说较贵，这一区域的人们健康状况不容乐观；质量好的新鲜蔬果只在某些集中的小范围区域能买得到，这一区域的人们健康状况相对好

---

〔1〕［澳］比尔·莫利森：《永续农业概论》，李晓明、李萍萍译，江苏大学出版社2014年版，第23页。

〔2〕［美］西敏司：《饮食人类学：漫话餐桌上的权力和影响力》，林为正译，电子工业出版社2015年版，第45页。

一些。研究直接指出正是超市里的那些“高脂、高盐、便宜且易储存的食物”导致了桑德威尔部分居民的健康问题。[1]所以生态城市作为更美好生活的载体，也应该是“美味城市”，而不是让我们的城市在那些美丽的花草装饰下成为“食物沙漠”和“绿色沙漠”。

根据我们的分析，要达到这个目标，必须缩短我们和食物之间的碳足迹距离。但是我国很多生态城市理论仍然停留在俞孔坚所批判的“小脚主义”阶段，采取的手段仍然延续着20世纪西方“美化城市运动”的路径，仍然把农业从城市系统中割裂开来。这种在城市建设中对权力表现出的极端的追求就走进了俞孔坚所批判的“小脚城市主义”的歧途：病态畸形的小脚，不宜行走而有恶臭，被认为是“美”的；裹脚甚至成了中国古代女性的一种文明礼仪，而健康自然的“大脚”却被认为是粗俗而卑贱的。我国的城市化就是在这种病态的“小脚城市主义”指导下开展的，从奥林匹克公园到中央电视台的大楼，从到处竖满大石头的校园到种满奇花异草的公园，这是一门贵族化改造和化妆的艺术，牺牲功能而换取装饰与美化。“整个城市都在极尽装饰和美化之能事，导致水资源短缺、空气污染、气候变暖、大量土地和自然资源的浪费以及城市身份的缺失。”俞孔坚提出的用“大脚主义”来指导城市的生态基础设施。生态基础设施只需占用最少的空间，就能保证以下四项关键的生态服务功能：首先是提供粮食和净水，其次是调节气候，控制病害、洪水和干旱，再次是保证食品链完整，为本地动植物提供栖息地；最后一点是传承文化，发挥休憩、怡情功能。[2]

我们的城市建设另外一个破坏性因素是科学主义的城市建设思路。胡塞尔在批判现代科学的时候指出，现代科学是“掩盖高手”，现代科学的观点掩盖了丰富的生活世界，让我们在思想上产生错觉：世界就是一堆数与量之间的关系。这一掩盖的过程，从近代科学的奠基人伽利略那里就开始了。伽利略实施自然构想的方法，简单地

---

〔1〕［英］安德烈·维尤恩、凯特琳·博恩编：《连贯式生产性城市景观》，陈钰、葛丹东译，中国建筑工业出版社2015年版，第49~51页。

〔2〕［美］莫森·莫斯塔法维、加雷斯·多尔蒂：《生态都市主义》，俞孔坚译，江苏科学技术出版社2014年版，第282~291页。

说就是把自然数学化，也就是建立一种理念化的科学形态。所谓理念化，就是将几何学引入各门实证科学，将各门实证科学形式化、符号化、数学化。纯几何学即关于空间时间的一般形态。[1]通俗一点讲就是，把繁杂的世界变成简单的、有条理的，想想一个纯几何形式表达的世界是如何得简单、有条理啊；把肮脏的世界变成干净的——一种纯形式的存在肯定是干净的，没有杂质、没有污染、没有其他生命的存在；把粗俗的世界变成高尚的——从柏拉图开始哲学家们就开始贬低劳动，认为那是奴隶的生活方式，“高尚”的人应该只从事“理论工作”，科学家们正在努力实现这个理想，把世界变成理论化的、量化的世界。随着科学的发展，我们渐渐遗忘了最初几何学的来源和意义：几何学在古埃及时是用于丈量土地的，因为尼罗河的周期性泛滥，使得原来划分得清清楚楚的土地没有了边界，于是古埃及人就最先想到了如何重分土地的办法，几何学就此诞生了。也就是说，几何学是为了我们的日常生活需要而产生的，而不是一个特别的、精致的玩具，它理应用来满足我们的生活需要，而不是给我们一个看起来很完美却不真实的精致世界，按胡塞尔的话来说就是“回归生活世界”。

在“科学”的指导下，现代的城市越来越接近科学的标准和科学的理想：大街越来越干净，为了保持干净，不惜用高压水龙头用大量的自来水冲洗街道；为了城市的有条理，我们要把排污管、下水道、燃气管道等不够“高尚”的东西隐匿到地下；把种在地上需要施肥而产生异味、爱招惹虫子的种植业和被认为最残忍，产生废气、废料最多的养殖业搬到离城市 300 公里以外甚至更远的地方，然后每天再不惜千里把洗干净的蔬菜，包装好的大米和分切好的冷藏肉类运回城里来。被认为是肮脏、卑微、昏暗、拥挤而充满着恶臭的屠宰场、农贸市场、传统家庭式食品加工厂等都被清出了城内。取而代之的则是开着空调，每小时有清洁工人开着吸尘器、扫地机器清理现成的干净、明亮无异味的舒适超市。现代都市人每天或者每周的食品采购活动不必再忍受在如此恶劣的农贸市场环境中进行，

---

〔1〕 练新颜：“胡塞尔论近代科学的诞生”，载《前沿》2008 年第 11 期。

到超市购物甚至成了一种新的消遣方式。“干净”的城市不负责任地把“不干净”的全推给了农村和郊区——就像我们经常批判的发达资本主义国家把垃圾和污染倾倒到第三世界发展中国家一样无耻和自私。

用现代医学的观点来看，厨房和餐厅连在一起是不合理的、不卫生的，现在“在厨房里吃饭”被认为是穷苦人家的标志。厨房变成了阴暗、肮脏、落后、鄙俗的象征，在现代家庭里成为焦点的是客厅，再者餐厅，厨房几乎被安排在一个最不起眼的角落，用墙或者玻璃与其他区域分隔开。而在现代都市里，“寸土寸金”，厨房是最先受到影响的地方，很多现代的公寓没有厨房，中国目前的公寓设计中，客厅变得越来越大，厨房却越来越小，在一些设计中，厨房甚至比卫生间还要小，除了冰箱、灶台、水槽的位置，一个人在里面难以转身。当然，按照科学标准建立起来的食品工业很好地切合了城市居住拥挤的发展，超市里有切洗干净的净菜，调好味的猪排和牛排，煮熟的成品，这样的话我们的厨房只要有微波炉就能把饭做好了——连洗碗池也不需要了，不是有一次性的餐具吗？一次性用品在医院里、实验室里被广泛使用，“一次性”意味着更高的卫生标准。于是，城里几乎没有了和人类生理需要密切相关的“粗俗”产业，就算有也要以一种非常精致的面貌呈现：吃饭的地方是装修堂皇的餐厅；买菜的地方是沃尔玛、家乐福这样的大超市；排泄物被很好地处理，自来水一冲就会无影无踪，没有人关心它是被怎么处理的，垃圾每天都要清理到城外去；老鼠、蟑螂、苍蝇、蚊子这些“猥琐”“充满病菌”的生物要在城市里彻底被消除，取而代之的是机灵的小鸟和打扮得花枝招展的宠物狗；有的城市为了更美观，连晾衣服都不允许……是的，没有人否定这是城市建设上的一大进步，但不要忘了胡塞尔的警告：它导致了对丰富生活世界的掩盖，导致了现代人的“遗忘”。在城市里活久了，我们会忘了是什么在支撑着我们的生活，我们通过切断和食物之间的根本性关联而切断了与自然之间的关联，它让我们误以为通过人工的“工厂”就可以直接得到食物，而不需要自然的协作，甚至认为“人”本身不是一种生物，人们是“凭空”生活在纯人造都市环境里的，从而导致了都市人的自大和无知，失去了对自然最根本的感恩和敬畏。

这种过犹不及的情况持续了一个多世纪后，在厌倦了城市的精致生活束缚了身体之后，具有“反叛基因”的西方文化又出现一股我们不可忽视的“反主流”潮流。这股潮流于二战后开始出现，现在由于新的网络技术的出现和广泛应用，这股潮流正逐渐从乌托邦转变为现实。从 20 世纪 60~70 年代以来，西方的各种左翼分子就一直在反对资本主义的主流经济，积极支持非正式的“地下”经济。各种合作社、家庭作坊、社区间的简单物物交换以及处于法律边缘的各种兼职或者全职的无偿工作，这些作为反资本主义正统经济的潮流，减少了大众商品的生产和交换，孕育了新的公共生活形式，颠覆了传统的资本主义伦理，同时保护了自然环境免于遭受毫无节制的消费主义的破坏。我们可以称之为“后工业主义者”。他们认为后工业社会应该是以家庭生活为导向的，表现为一种简易技术——这当然是在精巧的机器如微波炉、蛋糕机、搅拌机、豆浆机等家用机器的帮助下，工艺美术、食品生产以及其他小规模生产的复兴。人们渴望用一种小规模化和分权化的社会主义的社会价值和标准来取代资本主义社会。

在全球化农业分工和贸易的场域中，生态和本地的生态文化作为其中一个重要的方面，正扮演着越来越重要的角色。对于中国而言，生态问题已经不再是一个外在于我们的“他者”，而已经成为我们社会发展的基本境遇和我们基本的生存境遇。因此，对当下中国而言，深刻地重新思考城市发展的方向问题、城乡二元问题是非常有必要的。

正当我们几乎每个城市都在想着怎么把自己变成“国际化大都市”“高科技城市”和“区域经济中心”的时候，英国的一群雄心勃勃的建筑师、城市规划家却提出要把伦敦这个第一次工业革命的中心和最早城市化的地方变成一个“胡萝卜城市”！这是一个味美城市计划，要通过连贯式生产性城市景观的设计，在城市里用更少的空间生产更多的有机健康食品。[1]在繁华的纽约王后区，有着 1 英亩的农田，里面种着西红柿、蔬菜、辣椒、糖萝卜和胡萝卜等。每

---

〔1〕具体可参见［英］安德烈·维尤恩、凯特琳·博恩编：《连贯式生产性城市景观》，陈钰、葛丹东译，中国建筑工业出版社 2015 年版，第 7 页。

天早上会有专人收集这些农产品卖给附近的餐馆。纽约作为高度金融化的国际大都市也在大力发展都市农业。

2009年4月，美国哈佛大学设计院召开了以“生态都市主义”为主题为期两天的学术研讨会。这场研讨会集中反映了一场世界范围的城市思想和实践的革命，特别是不少学者开始重视城市的农业问题和食品系统问题，在城市里实现城市粮食供给，建设城市农业系统被提上了议事日程。玛格丽特·克劳福德（Margaret Crawford）提出了“生产性城市环境”的概念，提出在新的农业技术下，现代农业生产方式变得越来越多样化，农场的定义改变了，我们几乎可以在城市的任何地方进行农业生产：废弃和未利用的土地、信托农业土地、社区花园、学校和大学校园等等，城市农业可以促进公民和社区参与，使人们更靠近大自然，保持民族和文化畅通，对孩子进行食品生产和饮食教育。[1]在这方面的实践，我国学者俞孔坚走在了前列。他的团队设计了具有生产性的沈阳建筑大学校园。校园里的稻谷种植取代了既浪费水又难以护理的大草坪，校园中的雨水被收集并汇入一个小人工湖，它为教学楼前的稻田提供了灌溉水源。户外学习空间被安排在了稻田中央。稻田放养了青蛙和鱼，它们以害虫为食，长到一定程度又可成为学生的盘中餐。

目前我国的都市农业停留在局部的某个单位、某个公园，以城市为单位的都市农业目前还没有出现。但在发达国家，已经有城市在着手实践了。巴黎边缘的农业活动将休闲与谷物生产结合起来；纽约实行了“新农民开发计划”，把城市土地以租的形式给移民耕种。此外，纽约成了可持续发展城市代表，在2007年地球日启动名为“PlaNYC 2030”项目，给建造“屋顶农场”的市民减税优惠；伦敦也发起了以女王、伦敦市长为“代言人”的“自己种植”运动，号召市民自己动手生产食物，并打算把伦敦的一些空地包括一些著名地标的空地都种上“厨用植物”。

你或许会认为，与西方低密度的居住环境相比，我们在发展都

〔1〕［美］莫森·莫斯塔法维、加雷斯·多尔蒂：《生态都市主义》，俞孔坚译，江苏科学技术出版社2014年版，第142~143页。

市农业方面有着环境的制约：由于人口密度大，我们在城市里住在高楼里，连小区的绿地都是巴掌大，哪来的条件搞都市农业？一些建筑师提出了“生态塔”和“摩天农场”的设想，这些设想或许可以帮助我们在人口密集的城市实现都市农业的构想。法国SOA建筑事务所（SOA Architects）设计了“生态塔”。生态塔通过风车、太阳能电池板、通风井、雨水、污水、生态材料和温度、湿度调节系统的结合，将农业生产、居住、办公和许多其他活动统统安排在一栋30层高112米、总面积50 470平方米的建筑内，造价9810万欧元。建筑包括1层~15层共130套公寓，16层~30层的办公空间，7000平方米的园艺生产区，475个地下车位以及影音中心、托儿所、购物中心和超市。

和SOA设想的生态塔的多功能不同，美国迪克森·戴斯伯米尔（Dickson Despommier）更大胆地提出了纯农业生产的“摩天农场”的设想。摩天农场将成就一个没有废物，污染消失的城市。摩天农场要实现以下十一个优点：①庄稼四季皆收；②天气无法引起庄稼歉收；③农业污染消失；④适宜生态系统修复；⑤不用杀虫剂、除草剂和化肥；⑥用水量减少70%~95%；⑦大幅缩短粮食运输距离；⑧食品安全和粮食安全得到更多保障；⑨创造新的就业机会；⑩使废水升华成饮用水；⑪收割后的秸秆用于饲养动物。第一个优点，我们现在的反季节蔬菜水果已经实现了。但是我们却知道，这些温室里的反季节蔬菜味道很差，不太受欢迎，这一点我们在第一章也提到过。但是戴斯伯米尔认为这根本不是问题：外部条件在蔬菜水果口味形成的过程中的因素不外几种：温度、昼夜、湿度等，而这些因素又作用于植物的类黄酮。例如，湿度对果实的影响我们都非常熟悉：吸收的水分减少，果实的含糖量就会增加。根据这些原理和知识，我们完全可以生产出和室外当季蔬菜水果一样味道的反季蔬菜水果。位于亚利桑那州威尔科克斯的欧鲜农庄就是利用这个原理获得了多次盲品大赛冠军。那些味道差的反季节食物，只是因为栽培它们的人“不得要领”。第二个优点的实现必须依靠“高科技”，因为尽管湿度、温度我们都很容易把握，但是作物最需要的是阳光，怎么保证一年四季，不论天晴下雨摩天农场里的作物都能享受灿烂阳光呢？首先，农场应充分利用自然的阳光，所以农场的朝向非常重要；最好把农场建筑设计成新月形，使用专门的抛物面反光镜把阳光从农场背部反射回去，还可以利用光纤维为单株植物输送阳光。为了充分利用阳光，整个建筑都应该是透明的。玻璃并不是一个好的选择，全玻璃建筑的隔热是一个大问题，玻璃较重且容易碎裂。普通的透明塑料也不是好选择，一些常见的塑料会因为紫外线 B 的过度照射而慢慢变黄。现在有一种新产品——四氟化乙烯，一种含氟的塑料，这种塑料可以透过所有的光波，质地很轻，有较高的抗张力，长时间暴晒也不会变色。在阴天，农场的作物需要补充“人工阳光”。家用的钨丝光亮和荧光灯对植物的光合作用影响不大，但发光二极管释放的波长约 400 纳米~700 纳米的短波光，正是叶绿素所需要的光，另外有机发光二极管 OLED 能将波长调节到高等植物需要的范围。第三个优点和第四个是连着的：由于不用农药、除草剂、化肥自然就没有农业污染。但是戴斯伯米尔提出的手段和传统的生态农业是截然不同的。由于农场里的作物使用的是最先进的营养液栽培法和气雾栽培法，所以不用化肥，农场有专门的检测部门，只要检测植物缺少哪一种养分或者微量元素，员工就会根据实际调整营养液——但是这些营养液从何而来？营养液会不会是“液态化肥”？戴斯伯米尔并没有说明。预防害虫、细菌、病毒和杂草都是采取隔离的办法：摩天农场是一个独立的、封闭式的透明建筑，农场要设计双门禁系统通道，员工要换上一次性消毒制服、鞋子和发套，换衣服前要淋浴，进入农场的员工每年至少要体检一次，体检不合格的员工至少要修整半年后才能重返工作岗位。一旦出现缺口，作物受到污染，第二天就必须铲除所有的作物。但是戴斯伯米尔并没有说明这么多的一次性用品生产会导致多少污染和资源、能源损耗，丢弃后如何处理。第五个优点是因为摩天农场能大量节约土地：如果摩天农场占地 1 英亩，那么它每一层的生产效率就能抵得上传统土壤 10 英亩~20 英亩的生产效率。这些节约出来的农业土地可以从污染中慢慢恢复。第六个优点，由于采取水培技术大大节约了农业用水，1982 年发明的喷雾新技术要比营养液栽培少用 70%的水。第七点是在城市里进行农业生产的实实在在的好处。第九点，摩天农场确实会创造新的就业机会，但是原来的农民怎么办？

第十点主要通过植物的蒸腾作用来实现；第十一点也是目前我国很多生态农场正在探讨的问题，即如何用秸秆养牛和羊。

第八点是通过全面、严格的控制而实现的——事实上，戴斯伯米尔的摩天农场就是在完全技术控制下实现的。戴斯伯米尔自嘲为“控制狂”。他认为我们面临的选择很简单，要么什么都管不了，如在传统农场里，无法抵御坏天气、害虫等；要么什么都管，如在摩天农场里。戴斯伯米尔选择了后者。他说：“请铭记：在外面，我们一切无法掌控；一旦进来，我们就能掌控一切。选择权在我们自己手中。我的选择永远是室内农业。”〔1〕戴斯伯米尔的摩天农场有很多技术源自于航天技术，和我们目前倡导的有机农业有很大的区别，或许摩天农场更适合建在火星上，而不是地球上。但是，按照我们目前的城市发展趋势和对地球环境的破坏速度，我们的城市环境很快就和火星差不多了。

尽管这些激进的高科技农场设想在我国没有引起多大的反响，但是在同样人口密集的马来西亚受到了追捧。2014年，马来西亚已有58%的人口生活在城市，预计到了2025年将达到60%。随着城市化程度的提高，马来西亚农业面临着巨大的压力。马来西亚的粮食、水果、蔬菜的供给高度依赖从泰国和中国进口。因此，为了自身的食品供给与安全，马来西亚大力发展高科技都市农业。根据2015年的相关调查，在发展都市农业的组织中，94.1%的公司管理者对高科技农业很推崇。马来西亚政府也制定了一些政策促进都市农业的发展，如《绿色地球项目2005年》（Green Earth Program 2005）《国家绿色技术政策2009年》（National Green Technology Policy 2009）《国家农产品政策（2011~2020年）》［National Agro-food Policy（NAP）2011~2020年］，这些政策试图改变传统的农产品工业，让其变得更现代化和更灵活。〔2〕

---

〔1〕［美］迪克森·戴斯伯米尔：《摩天农场：在21世纪养活我们自己和全世界》，付广军译，湖南科学技术出版社2014年版，第101页。

〔2〕 Rasmuna Mazwan Muhammad，“Mohd Rashid Rabu：The Potential of Urban Farming Technology in Malaysia：Policy Intervention”，*FFTC Agricultural Policy Articles*，2015（11），http://ap.fftc.agnet.org/ap_ db.php? id=534&print=1.

当然，我们不应该仅仅把都市农业看作是在提供食品而已，都市农业除了接近自然、教育方面的功能外，现在有学者发现它还有“治疗功能”。宾夕法尼亚州立大学（Pennsylvania State University）的帕里什（Madhu Suri Prakash）在《我们的友好花园：治疗我们的母亲河我们自己》中认为“奇迹花园”运动不仅仅能解决粮食问题，还能解决现代人的心灵问题：人们能就园艺进行交流，能和朋友分享自己亲手种的水果和蔬菜，能拉近人与人之间的距离，消除大都市的冷漠感。[1]想想我们前面提到的“人类动物园”，园艺或者农业的治疗功能是有一定的生物学依据的。

对于菜园这种独特的“社交功能”，运用得炉火纯青的要数泰国前美女总统英拉，经过一系列挫折之后，英拉“只谈种菜，不谈政治”，无论是朋友聚会，还是记者招待会，她都在菜园中举行，期间还亲自下厨用自己种的蔬菜招呼朋友和记者。在菜园中的英拉给人一种亲近、平和、健康和积极向上的感觉，一改她之前在媒体前低落的形象。确实，种菜能拉近邻里关系和亲子关系。

菜园子的这项“治疗”功能在英国变成了一个项目。罗姆福沃尔盖特社区农场就有这样的项目。该农场为“有特殊精神需要”的成年人提供培训，有一个园艺理疗队来帮助他们从精神疾病中康复。[2]

“居民的生活美好，当地的田地中好的东西应有尽有，它每天都有食物和各种供给，池塘里有鱼，胡泊中有水鸟。草滩上长满绿茵茵的青草，河岸种植着椰枣树，沙地上长满西瓜……谷仓中满盛着大麦和小麦，简直堆上了天。田园里有食用的蒜和葱韭，还有莴苣，果园中栽植了石榴、苹果、橄榄和无花果，甜酒赛过蜂蜜，城里的运河中生长着鱼，这些鱼以荷花作为食料……居住在城中十分快活，

---

〔1〕 Prakash，“Madhu Suri：Our Friendship Gardens：Healing Our Mother，Ourselves”，*Cult Stud of Sci Educ*，2014（7）：28~36.

〔2〕［英］安德烈·维尤恩、凯特琳·博恩编：《连贯式生产性城市景观》，陈钰、葛丹东译，中国建筑工业出版社2015年版，第87页。

听不到有人抱怨。小民在城市中也如同显贵一样。”[1]这是公元前1000多年前的埃及帝都波拉美西斯（Per-Ramses）的景象，这样的城市才是“美味城市”。这样的美味城市是否可以在当代重现呢？

6.1.3 可持续城市

底特律在经过衰落之后，人们终于领悟到：工业无法使一个城市永远繁荣昌盛。那么，我们的城市将如何发展？或许很多人认为，我们可以发展资源需求较少的服务业，特别是金融业，美国在制造业走向衰退之后，不正是依靠其高速发展的第三产业，特别是金融产业保持世界经济第一大国的宝座吗？是的，二战后，美国的产业结构发生了变化，这被社会学家丹尼尔·贝尔称为“后工业社会”。但是我们不要忘了，美国的金融经济是建立在其强大的霸权主义的基础上的，他拥有制定世界金融规则和市场的权力，这一点相对于其他国家来说并没有什么借鉴意义。况且，面对金融泡沫，美国前任总统奥巴马和现任总统川普都提出要重振制造业——毕竟金融经济是“虚”的，实体经济才是“实”的。奥巴马希望能提升实体经济在整个国民经济中的比重；川普希望能把富士康等美国的海外加工厂搬回到美国本土来。但事实上，这样的设想在美国却很难实现，这被我国经济学家温铁军称为“奥巴马难题”：奥巴马不可能把美国目前这种被主流称为经济结构高度现代化，实质却是过度泡沫化的金融资本经济改回到制造业经济。[2]更重要的是，经过我们的分析，单纯依靠制造业也不可能保持一个城市和一个国家的可持续发展。除了制造业和第三产业，我们还有别的指望吗？

粮食问题专家戈登·康韦（Gordon Conway）和凯蒂·威尔逊（Katy Wilson）认为一个新的、补充性的路径是以农业促进发展。与工业相比，农业可以被视作更新资源。农业仅借助少量的自然投入——例如水和回收的有机肥——就可以在上百上千年的时间里持续不断

---

〔1〕转引自［美］刘易斯·芒福德：《城市发展史：起源、演变和前景》，宋俊岭、倪文彦译，中国建筑工业出版社2005年版，第93页。

〔2〕温铁军：“回归三农：破解‘奥巴马-金正日难题’”，载《探索与争鸣》2012年第2期。

地创造产出。而且农业发展不仅是可持续发展还是和平发展。虽然争夺可耕种土地和牧场所有权以控制利润丰厚的出口作物如香蕉、茶叶和可可等的冲突同样不曾中断，却从未演化为石油大战或矿产资源大战那般激烈。他们引用牛津大学的保罗·科利尔（Paul Collier）和贝内迪克特·高德瑞斯（Benedikt Goderis）的话说是："农业不曾受到资源赌咒。与石油或矿产不同，农产品的生产不受地理区位限制，也降低了冲突的可能。"〔1〕是的，在农业工业化之前，地球上不同的地区农民会根据不同的地理气候条件种植不同的农作物，这既突破了资源赌咒又维护了生物的多样性。虽然绿色革命是不可持续的发展，但其创造的"神奇种子"却能进一步让农业突破地域的限制：一些种子只对化肥和水分敏感，对光照和温度要求不高；有的种子对光照、温度要求高却对水分和土地肥沃程度要求不高，如四碳植物。温铁军也在破解所谓的"奥巴马难题"中指出，在求助于洋、求助于城都无济于事的时候，求助于野、求助于农，或许是一个国家获得转变的重要基础。〔2〕美国作为一个先进的国家，农民的比例越来越低，许多有识之士都认为这是不合理的，呼吁更多的受过良好教育的年轻人从事农业。其中，林赛·舒特（Lindsey Lusher Shute）提出我们应该与农民共建未来，〔3〕她于 2010 年创建了"美国青年农民联盟"，并写信给奥巴马总统，呼吁通过贷款或技术扶持等形式支持年轻人创建自己的农场，从事农业工作。她的信得到了白宫的回应，白宫把她的信在官方网站上刊出。〔4〕从更小的个人层面而言，正如芒福德所说的，从生态上说，城市与农村是一个整体，谁也离不开谁。如果谁能离开而独立生存下来的话，那是

---

〔1〕转引自［英］戈登·康韦、凯迪·威尔逊：《粮食战争：我们拿什么来养活世界》，胡新萍、董亚峰、刘声峰译，电子工业出版社 2014 年版，第 96~97 页。

〔2〕温铁军："回归三农：破解'奥巴马-金正日难题'"，载《探索与争鸣》2012 年第 2 期。

〔3〕具体可参见其 2013 年在 TED 上的演讲"与农民共建未来"，载 https://www.youtube.com/watch? v=_ b2qXygFm8U.

〔4〕具体可参见 http://www.youngfarmers.org/whitehouse-gov-guest-post-bringing-young-americans-back-to-the-farm.

农村，不是城市；是农民，不是自治城镇的公民。[1]目前我们是时候反思一下，城市化是否真的一定要把农业赶出城，是否真的一定要把农民赶进城，我们能不能不要把城市和农业、农民对立起来，我们能不能在城市里发展农业？

现在的底特律人开始发展都市农业，打造“美食之城”。其中最有代表性就是“Lafayette Greens”城市食材花园及公园。该公园实际上是底特律软件企业康博公司（Compuware）所有，但它却是开放的，有点像一座公共研究性景观。公园占地 0.75 英亩，实际上是由三条马路夹住的一块小空地打造而成。康博公司之所以建造这一公园是想以美化市中心的方式代表公司回馈社会。该公园荣获了 2012 年美国景观建筑师学会荣誉奖。一个种满食材的花园的意义远大于修一座普通广场，后者是空洞的建筑，而食材花园却具有公众健康、环保责任及食品种植方面的教育意义。[2]英国城市研究专家维尤恩赞叹底特律是“街道都市农业的典范”。目前，底特律打造了一个丰富而又范围广泛的都市农业网络。除了市中心的菜园之外，这个网络还包括几个非营利性的大农场和市民的后院菜地，一些私人的农场和公司也加入到网络中来，底特律正在雄心壮志地打造“世界上最大的都市农田（the world's largest urban farms）”。[3]此外，和以往铁路沿线建立工厂不同，现在底特律正在把铁路沿线建成“绿色大道”（Greenway），大道上分布着农场和农产品市场。根据尤维恩和博恩的研究，底特律的都市农业分为几种类型：由微型公司经营的生态农场，这些农场一般在 200 平方米左右，针对特定的市场销售农产品，这类农场一般租用大公司的办公楼顶或废弃的房屋；合作化的都市农业，其经营思路类似我国的合作化农业，因为居民们几乎每家都有院子，但面积却不大，于是一些农业公司就组织居民

---

〔1〕［美］刘易斯·芒福德：《城市发展史：起源、演变和前景》，宋俊岭、倪文彦译，中国建筑工业出版社 2005 年版，第 357 页。

〔2〕［美］艾普利·菲利普：《都市农业设计：可食用景观规划、设计、构建、维护与管理完全指南》，申思译，电子工业出版社 2014 年版，第 1~3 页。

〔3〕 Andre Viljoen，“Katrin Bohn：Laboratories for Urban Agriculture：The USA-Detroit”，*Second Nature*：*Urban Agriculture*，London：Routledge，2014，p. 130.

们实现合作化，其中最著名的是汉兹农场（Hantz Farms）；还有一种就是社会性的都市农场。这类农场不以营利为目的，他们更看重农业的教育、美化和社交功能，这类农场比较分散，一般建在居民区内。

尽管现在底特律必须面对经济挑战、城市犯罪率、失业率和人口下滑等严峻问题，但都市农业让底特律慢慢在复苏，整个城市的氛围在发生改变，人民不再追求以往底特律以消费主义为追求目标的辉煌，而更注重社会的公平和正义。建立在都市农业的基础上，为了追求食物生产、社区发展、教育和社会正义的一些非政府公民组织也非常活跃：底特律黑色社区食品安全网络（the Detroit Black Community Food Security Network）、绿色底特律（the Greening of Detroit）、土地都市农场（the Earthworks Urban Farm）、底特律食品政策委员会（the Detroit Food Policy Council）等。绿色底特律每年都举办很多全市性的活动。他们最有特色的活动是“开放房子”（Open House）。在这个房子里，你可以带任何食品来和大家分享，快餐的、传统的、自种的、买的都可以。在活动中，人们发现了一个有趣的现象，孩子在一堆食品面前，他们还是比较倾向于自己种的食物。经过自己的劳动，他们竟然可以自觉地拒绝垃圾食品，吃比较清淡的蔬菜水果。截至2010年，底特律大概有1350个社区花园，大约80%涉及教育项目，60%是社区邻里活动场所，30%提供园艺培训。在这些大大小小的花园中，10%是商业性的，也就是里面生产的蔬菜水果会被卖到周边的餐厅或居民家里，根据一般的估算，每英亩花园每年能赚1万美元，而这些花园很大一部分是由家庭经营的。

从底特律的经验来看，我们应该将都市农业，包括园艺和林业，看作是一种更为可持续性的城市绿化方式。那些名贵的花草能起到空气净化、观赏的作用，庄稼、蔬菜、水果这些能吃的绿色植物统统都能做到。谁说牡丹是美的，油菜花就不是一种美？北京观筑景观设计有限公司首席设计师、景观设计评论家孔祥伟这样评论稻田景观的美：在稻田景观中，水稻与现代结构秩序的叠加形成了新的完备的美学层次，并且这种美学层次极为纯粹。空间的视觉协调处理恰到好处。它既提供了一种景观的整体观，同时又在小尺度上提供了一种认同感。但是美的产生次序却与传统的设计过程有着本质的区别。稻田景观以解决人与自然的伦理关系作为设计核心，从而使设计考虑到景观建筑及其内外所有事务的全体性责任，并以此作为基础。这就使美的产生过程发生了变化，美来自于内而不是外。这种美学被基朗与蒂伯雷克称作“伦理化美学”。〔1〕从人文上来讲，稻田比娇贵的草坪名花更亲近人类。在沈阳建筑大学的稻田里，学生们一起参与到稻田的劳动中，从育种到插秧再到护理、收割，整个过程人与植物形成了一个良好的互动；而娇贵的花草只能让园丁专人伺候着，一般人只能看而不能动。

当然，最重要的是，都市农业会让我们的城市可持续发展，因为农业是生产性的，而不是消耗性的。所以可持续城市也被称为“生产性城市”。

首先，都市农业是生态农业。城市里人口密集，就业机会比较多，种菜几乎不会成为人们的主业，所以人们不会为了赚钱而种菜，而是为了省钱。注意，赚钱和省钱是两个不同的概念，赚钱是要想办法把别人口袋的钱转移到自己口袋来，通常的想法是：越多越好。而省钱则是保住原本就在我口袋里的钱，通常的想法是：能省一点是一点。赚钱的想法是积极的，想挣钱就会想尽千方百计，规模效应是最赚钱的办法之一。于是，为了追求规模、高产，使用化肥、除草剂、杀虫剂是最便捷的方法，而且只要上了规模，这些成本就可以收回来。而在省钱的哲学中，目标就是要紧紧地捂住自己的钱包。买化肥？不，我情愿自己堆肥，用厨余垃圾堆肥不需要花钱。买杀虫剂除害虫？不，我情愿花点功夫用手抓，我们家种在阳台的几棵辣椒上的蚜虫就是我每天有空的时候就去抓两把，一次就抓2分钟~5分钟，几天之后蚜虫就没有了。或者干脆找害虫的天敌回来。买除草剂？不，野草拔下来还能堆肥呢。况且，在城市里能种农作物的地方本来就不多，还有很多居民要种，每人也就只能占个巴掌大的地方，种点生菜、香菜、葱、荷兰豆等蔬菜，根本用不上这些“装备”——这些装备还没有小包装的卖呢。再说，在城市的

---

〔1〕 http://www.sjzu.edu.cn/info/1254/23442.htm.

空地上种点菜，主要是为了家人能吃上健康的食品，要是用上这些化学品还不如直接去超市买。

都市农业可以促进城市的物质循环利用。分散的、小规模的小农业在赚钱方面绝对处于劣势，但是在物质循环利用方面却有绝对的优势。戴斯伯米尔的“火星农业”构想尽管和我的“节制使用技术”的都市农业构想相差甚远，但他的构想却很有启发性，似乎实现几乎零排放的循环都市农业在理论上是可行的。摩天农场本身就是一个再生水厂，作物生长释放的水汽可以通过冷盐水输送系统进行冷凝收集——植物的蒸腾作用能够将安全使用的污水转化为饮用水；厕所排出的污水含有人类的粪便，可以将其加压充气，让固体挤变成更小的颗粒，降低单位体积内的生物量，使大部分固体转化成为消耗氧气的细菌的养料以制造甲烷——甲烷可以提供能源，剩余的残渣可以作为有机肥；除了甲烷外，人类的粪便也可以提供能源：1 克粪便可以释放 1.5 千卡热量，如果将纽约 800 万市民的粪便收集起来用来发电，那么每年可以实现 9 亿千瓦时的发电量；城市里产生的厨余垃圾可收集起来堆肥。而且在摩天大楼里种养动植物并不遥远，毕竟现在我们已经可以在温室内培育各种蔬菜了，为什么粮食等其他农作物不可以？鸡、鱼也是在全人工的温室环境下长大的，为什么动物不可以？正如戴斯伯米尔乐观地认为尽管摩天农场没有实例，但“我们知道该如何动手”。

都市农业有助于低碳城市发展。沈阳建筑大学用稻田取代了草坪，不算稻田的产出收益，稻田景观每年的维护费用约 6 万~6.5 万元，仅为人工草坪维护管理费用的 1/3。[1]体现现代化风格的草坪是美国第一的用水大户，平均每块草坪每年要吸收 1 万加仑的水；所有美国独立住宅用水的 30%都花在户外，美国家庭每天用水约为 100 加仑。

除去这些环境上的可持续发展不说，丹·卡莫迪（Dan Carmody）认为都市农业更能在公平和正义上促进城市的可持续发展。“食品是经济发展和环境可持续性的交汇。没有一个好的食品供应和消费加

〔1〕 赖雨青：“沈阳建筑大学稻田景观使用后评价”，载《中国园艺文摘》2013 年第 4 期。

工体系，一个社会就不是可持续的；你不能说这样的一个食品系统是可持续的：20%的底层人民吃的新鲜水果和蔬菜只有上层人士吃的 1/7；一个社会不能给它的人民提供健康的食品而让它的人民因为饮食的原因而患病。”〔1〕是的，只有公平、公正的环境才是一个稳定的社会，可持续发展的社会。如果城市里只有“上等人”才能吃得起昂贵的有机食品，“下等人”只能吃垃圾食品充饥，那么我们的城市食品体系的公平就出了问题，我们的城市如何可持续呢？

当然，从生态学的角度来说，仅有单一物种的生态是不可持续的。很遗憾的是，我们的城市除了人类和各种供人类玩弄的宠物和食用的动物之外，鲜有其他物种。城市作为“卫生”的人类居住地，几乎排除了世界上绝大多数的物种。这些物种被认为不是太危险就是太脏，它们不被城市容忍。正如芒福德、富兰克林等城市理论家所说，城市的本质特征之一在于宽容：对陌生人的宽容，对不同种族的宽容，对不同文化和不同生活方式的宽容。城市的宽容冲破了乡村亲缘社会的狭隘，乡村被认为由于生活的同质化而缺少对异质的宽容。富兰克林认为，如果村庄、社区和郊区为我们提供了用以遵守和追随的规范，那么城市则为我们提供了多种选择、多条道路以及多变性。〔2〕但是，这一点在自然上，城市和乡村却调了个位：城市对人类很宽容，对自然却无法容忍；乡村对自然很宽容，对另类的人却无法容忍。这种对其他物种的偏见和无法容忍在某种程度上导致了农业从城市的彻底根除。因为我们知道农业总是和各种动物相伴。这种偏见引发了城市和乡村的极度紧张，英国历史上单一的最大的政治示威关注的就是对狐狸的猎杀。来自英国乡村的农民代表们大批前往伦敦，抗议英国城市对狐狸的猎杀，抗议城市对农村生物的侵犯。其实一些动物是可以在城市里和人类和平相处的。欧洲野生水獭就生活在德兰群岛的石油工业港口；野生狐狸在伦敦随处可见，它们以城市厨余垃圾为生；叶猴、猕猴在印度的大城市

---

〔1〕 Andre Viljoen，“Katrin Bohn：Laboratories for Urban Agriculture：The USA-Detroit”，*Second Nature*：*Urban Agriculture*，London：Routledge，2014，p. 131.

〔2〕［澳］阿德里安·富兰克林：《城市生活》，何文郁译，江苏教育出版社 2013 年版，第 3 页。

里怡然自得；浣熊在北美的城市非常普遍；还有包括鹰在内的各种鸟类、蛙类和野猫；等等。为了更好地践行城市宽容、多元的特征，富兰克林呼吁，城市应该重新发现、接受、鼓励并发展自身以成为天然的栖息地，并且经常成为有些物种的庇护所，因为这些物种在他们自己的乡村栖息地受到了威胁。〔1〕城市物种的多样性有利于城市里形成自然的生态圈，有利于控制鼠灾、虫灾等，减少化学药品的使用，一些动物还能帮助清理一些厨余垃圾。

如何避免底特律的悲剧，构建城市可持续发展的基础，是我国城市面临的巨大问题。在我国，我们却依然陷入了张玉林所谓的“城市信仰”泥潭。张玉林认为，20 世纪 90 年代以来，我国出现了明显的“城市信仰”——表现为城市和城市化的坚定追求，核心又在于大城市崇拜。作为一种国家的发展战略和官员的执政目标，“城市崇拜”推动了此后的城市大跃进，大规模圈地建城，大规模赶农民进城，实行以政府为主导的行政化的城市化浪潮。张玉林进一步指出，20 世纪 90 年代以来席卷中国的征地拆迁浪潮，实质上是一场史无前例的“大清场”运动。从开发区建设到城市的扩张，从“撤村并居”到“土地整理”，都以消灭农村、驱逐小农为归结。迄今已经吞噬了 8300 多万亩耕地、清除了至少 140 万个自然村和 1.27 亿小农。这场城市化运动，不同于西方“原始积累”的初始需要，而是包含着由极端的发展主义催生的“贱农主义”和“城市信仰”。〔2〕这样做本来是指望“城市让生活更美好”，结果却变成了“城市让生活更糟糕”，不仅仅加剧了中国的“城市病”，也造成了乡村的破坏和城乡之间的矛盾和对立，加剧了乡村治理的危机。〔3〕但是我们目前似乎还没有从追求工业化城市中、从“城市信仰”中觉醒，建造“××产业园区”“国际大都市”仍是国内不少城市孜孜不倦的追求。

---

〔1〕［澳］阿德里安·富兰克林：《城市生活》，何文郁译，南京教育出版社 2013 年版，第 132 页。

〔2〕张玉林：“大清场：中国的圈地运动及其与英国的比较”，载《中国农业大学学报（社会科学版）》2015 年第 1 期。

〔3〕张玉林：“当今中国的城市信仰与乡村治理”，载《社会科学》2013 年第 10 期。

美国另一座城市的发展规划或许能给我们的“国际大都市梦”提供一副清醒剂。正是因为都市农业有利于维护城市的可持续发展，纽约——这座国际大都市、美国的金融中心城市——在《纽约2030》(PlaNYC 2030) 中，把发展都市农业作为城市可持续发展的战略，制定了一系列的措施来保证都市农业的发展。纽约住房局(the New York Housing Authority, NYCHA) 将在其区域内创建至少一个都市农场和129个新的社区菜园；公园和休闲部门 (the Department of Park and Recreation) 批准私人房产建造农场和花园，将通过“城市绿拇指菜园计划” (the City's Green Thumb Gardening Program) 把注册的菜园数量提高到25%，并在这些社区中建立5个农民市场；教育部门 (the Department of Education) 将每年发展25个新的校园菜园；卫生部门 (the Department of Sanitation) 将收集落叶和园艺垃圾堆肥；城市规划部门 (the Department of City Planning) 将调整相关法律法规以适应都市农业的发展。[1]值得注意的是，虽然纽约的政府和各大管理部门提出了很好的都市农业规划，但是和我们国家很强的行政力量不同的是，这些只是作为“指导性意见”，并没有强制执行的能力，毕竟美国的土地和不动产都是私人产权，政府没有强迫个人一定要接受都市农业改造的权力。所以，目前纽约的都市农业虽然取得了一定进展，但离目标还有相当距离。但是不管怎么样，美国的纽约和底特律为城市的可持续发展做了积极的探索，我们期待着更新的城市发展理论和实践。

6.2 一起来捍卫我们的食品

让奴隶从事食物生产工作，等于是让他们合法拥有某些权力并以之与主人抗衡；让他们从事食物的流通工作，等于是让他们合法拥有行动、经商、结社、囤积货物的自由；让他们从事食物处理的工作，等于是让他们合法拥有

[1] Nevin Cohen, “Policies to Support Urban Agriculture: Lessons from New York and Detroit”, *Second Nature: Urban Agriculture*, London: Routledge, 2014, p. 139.

> 发展烹饪艺术的自由，等于是让他们拥有异于其他奴隶的身份，因为这么一来就反转了主人奴隶之间原有的依存关系，主人变得必须依靠奴隶厨子，而且主人只能夸耀自己吃的菜肴，却没有办法如法炮制。
>
> ——西敏司[1]

让我们思考一下以下的问题："人们的饮食习惯真的完全是人们自己形成的吗？在吃什么的问题上，我们能够做出独立的选择吗？"这就是食品民主的核心议题。如果答案是否定的，那么我们必须进一步思考：是谁在掌控这一切？捍卫我们的健康，出路在哪里？我们需要向谁宣战？[2]经过前几章的分析，很遗憾，我们的答案是否定的。出路在哪里？目前的食品系统是一个沙漏形：两端是数量庞大的生产者和消费者，中间最细的部分是食品企业，包括加工企业和销售企业。

6.2.1 捍卫食品知情权

第二次世界大战之后，随着农业和生物科技的飞速发展，人类在生物研究、基因工程、医药医学等技术方面获得了重大突破。本来我们指望这些新的技术能在食品领域大有作为，但是技术与粮食安全之间的关系开始紧张起来——因为我不知道我吃下去的是什么，会有什么后果。波伦总结说，最近几十年来，母亲们对于家庭一日三餐的话语权几乎丧失殆尽，全都拱手让给了科学家、食品推销商（很多情况下还是这两者之间不健康的联盟），同时也在某种程度上让给了政府，因为政府提供不断演变的饮食指南、食品成分标识的有关规定，以及让人感到眼花缭乱的食物金字塔指南。我们大多数人已经不再吃母亲们年轻时吃的东西。[3]这些东西是什么呢？

---

〔1〕［美］西敏司：《饮食人类学：漫话餐桌上的权力和影响力》，林为正译，电子工业出版社2015年版，第44页。

〔2〕［英］拉吉·帕特尔：《粮食战争：市场、权力和世界食物体系的隐形战争》，郭国玺、程剑峰译，东方出版社2008年版，第2页。

〔3〕［美］迈克尔·波伦：《为食品辩护》，岱冈译，中信出版社2017年版，序言。

我想知道我吃下去的是什么，这对于一个消费者来说，并不是什么过分的要求。现代社会应该赋予我们自由选择食物以及生产和制作这些食物的知情权。每个人都应该拥有得到她认为质量好、可口的、营养丰富的食品的权利。但是这个并不过分的要求在现代食品工业的背景下变得越来越困难。

超市里的食物的成分都标得清清楚楚，但我们就是不知道那是什么：鸡肉味的玉米片？成分里并没有鸡肉啊！鲜橙汁？成分里也没有橙子啊！安赛蜜是什么？是一种“蜜”吗？乙基麦芽酚是什么？和麦芽有关系吗？随着技术的发展，我们发现我们日常的食品越来越陌生了，我们搞不懂这些食品或者某个成分是怎么来的，为什么要加入到我们的食品中。为了搞懂这些问题，估计非得成为化学专家不可。英国查尔斯王子——一位生态农业的积极支持者根据著名的科幻小说《弗兰肯斯坦》创造了“弗兰肯食物”这一新名称来专指现代人工合成的食品（plastic food），它认为，科学技术对食物的研究将会从大众期盼的救赎变成肠胃的地狱。这是现代食品工业的伦理困境：大众想要知情权，但是专家们却解释不清楚那是什么(或者是大众没有相关的知识背景)，他们只能告诉我们种种好处。于是，为了安全起见，我们最好选择我们能够确认的食物，白菜就是白菜，牛肉就是牛肉，看得见、摸得到也闻得到。

但是你真的确定，你知道这棵白菜和牛肉是怎么生产出来的吗？特别是对于食用动物，你真的确定它们如你想象中的那样按照本性来生活吗？我们被困在离食品生产基地至少100公里的城市，我们根本没有心思也没有时间去实地看看我们的食品生产地。

面对这样的困境，我们应该怎么办呢？根据我的一些经验，或许对你有一些帮助：尽量不要购买常温下保存的包装好的成品，而要移步到冷藏区，购买自己能够确认的新鲜食品；如果能不去超市就不要去，而是选择就近的农贸市场，市场里的食物相对比较新鲜；可以的话，就和农贸市场里的小摊贩成为朋友，他们会告诉你食品的可靠来源和品质好坏；最好联合你的邻居，找个对点的农场或农户，实现食品专供……在面对食品工业的威胁时，波伦给美国人写了一本《吃的法则》，里面提出了很实用的对付工业食品的措施：不要吃你的祖母不认识的食物；不吃含五种以上成分的食品；不吃含有三年级学生弄不懂成分的食品；不吃宣称有保健功能的食品；不吃名称中带有“清淡”“低脂”或“无脂”等字眼的食品，这些食品必然经过深加工而导致营养含量不全或降低；不吃在电视广告中看到的食品；只吃会“腐败”的食物。[1]当然，这只是一些消极的、无奈的自保措施，要想捍卫我们对食品的知情权并不比捍卫其他知情权容易。我们必须知道，因为食品对于我们来说太重要了，我们起码要树立这样的意识：要掌握自己在餐桌上的主动权，首先是要对食品有知情权，包括来源、生产方式、成分和正负方面的影响。

6.2.2 留住美味乡愁

尽管吃这件事情在我们的正常的日常生活中并不占多大的分量，但是，当你离开熟悉的家乡，来到一个陌生的城市，吃就成了大问题了。水土不服首要表现在你的胃暂时不能接受当地的食品。当我们在外面漂泊久了，提起家乡，首先想到的不是“那条清清的小河”和“那高高的山”，而是某种深留在我们记忆中的味道或食品。对家乡食物的怀念已成为城市里的中国人乡愁的最基本部分。就一个国家和民族而言，饮食文化是一个民族文化中最核心的部分，每个民族都为自己的饮食文化而自豪。中国作为泱泱大国，有八大菜系，可谓“泱泱吃国”。2012 年，在参加哥本哈根举办的世界科学社会学团体大会（4s meeting）时，让我很出乎意料的是，丹麦方竟拿出了一些野草野菜，硬得像石头的黑面包来招呼我们。那些野草野菜甚至连煮都不煮，直接生吃或者捣碎了生吃。后来才知道，他们在倡导“本土化”的饮食，尽量吃本地产的食品，以减少碳足迹。当我逮住旁边一位学生问我正在吃的那种植物的名称时，他滔滔不绝地说了起来。他用了很多专业术语，我很难听得懂，但他说话时那自傲、神采飞扬的表情一直留在我心中。就连没有什么饮食传统，以快餐王国而著称的美国也开始倡导饮食的本地化，要为本土的饮食而自豪。2005 年旧金山出现了一群自称为“土食者”（locavore）的

---

〔1〕 具体参见［美］迈克尔·波伦：《吃的法则》，红琳译，中信出版社 2017 年版。

年轻人，他们只食用城市周边 160 公里范围内产出的食物。locavore 由“本地”（local）和“吃”（vore）两部分组合而成。“土食者”旨在节约用于辗转千里运输过季蔬菜的矿物燃料，同时鼓励民众自己生产一些食物，并与当地农场工作人员保持联系。美国“土食者”倡导者之一、知名作家芭芭拉·金索尔沃已经度过了一年的“土食”生活，她的食物几乎全部产自她在弗吉尼亚州的一小片花园和农场。

虽然中国有深远而独特的饮食传统，却对外来饮食很包容，麦当劳在亚洲受到了韩国等一些国家的抵制，在欧洲受到了意大利等国家的抵制，欧洲还成立了与麦当劳“快餐”相对的“慢食协会”。2012 年左右，日式料理开始红火起来，仅北京和上海在 2013 年就增加了 1300 家日本料理店。当然，包容是现代化、全球化中开放心态的一种表现，但我们怎么能既包容又保持自身的特点呢？也就是说在全球化背景下，我们如何留住我们的“美味乡愁”呢？

二毛在回忆小时候的食品时，充满着眷恋：“适合偷嘴而且又是最好吃的东西，当属刀板菜。所谓的刀板菜，就是煮好了刚从锅里捞上刀板，正切着还带着热气的东西。比如用柏香、花生壳、茶叶等熏过的老家的香肠。刚刚煮熟之后，肥四瘦六赤条条地躺在刀板上，这时，你请求厨师从香肠的中间下刀，切给你一寸半长的一截，旋即将其送入口中，先大嚼，后转细嚼慢咽，让香味满溢，让幸福感在口腔中不断被拉长。”[1]此外，他爱吃的刀板菜还有一指厚肥七瘦三的老腊肉、一寸长的卤肥肠头、一寸见方的酱猪头肉、炸酥肉、熬猪油的油渣等，反正都是一些脂肪含量极高的“不健康”食品。在那个“小时候”的年代，这些“不健康”的高脂食品并不会引起恐慌——一年到头也没吃几回。但要是在今天，这些都是引起“富贵病”的罪魁祸首啊。营养专家的建议和“相关研究”竟成了“美味乡愁”的劲敌啊！面对这对“劲敌”，怎么办？

为了饮食健康，我们常常求助于“科学”：我们博览群书，每天上网尽量收集最新的“科学研究”结论，然后将这些最新研究成果付诸我们的日常饮食，我们要求自己不应该放纵自己的嘴巴，而应

〔1〕 二毛：“偷嘴”，载《读者》2017 年第 1 期。

该科学地、理性地吃，有人相信晚上吃饭会导致脂肪囤积，所以晚上不吃晚餐；有人认为饮食时间均衡才健康，这就意味着把所有的餐饮都放在白天是不合理的，所以每隔 12 小时吃一餐比较合理，早上 7 点吃完早餐然后晚上 7 点吃晚餐；有人相信经过精确计算的“营养均衡”的代餐饮料比天然的食品更“均衡”；有人相信为了摄入最少量的脂肪，全部食品只应该清水煮；有人相信淀粉是致胖的原因，所以几乎不吃淀粉类食品；有人相信天然的食品营养元素含量不够，每天早上和晚上睡觉前都要吃一大把维生素丸、鱼油丸之类的营养品；更有人相信某种食品对健康有好处，就大量强迫自己吃某种食物；根据最新的研究，我们还应该根据自己的年龄、血型甚至基因而严格控制饮食。但最终我们却发现，专家们的意见不一，研究成果日新月异，本想“科学地饮食”，却让自己无所适从，非常尴尬。正如科尔萨斯所指出的，科学家之间以及科学家和普通公众之间的认知差异有时会导致严重冲突，当食品生产商尽力销售一种被证明是有亮点、更优秀的产品时，这些矛盾会加剧。科学家倾向于认为自己的结论是“严谨的”“理性的”，而认为公众是“随意的”“非理性”的，而公众则会怀疑某些“科学结论”是不是在帮某些商家推销。而事实上，在食品安全和风险评估方面，政府官员、科学家、厂家商家和普通大众之间都有不同的观点，此外，风险界定的差异还取决于社会属性。孩子更注重口感和包装，妈妈们更注重营养，青少年更注重自己所在群体的选择，而年长者更注重用料的清淡和成分表。不同的国家对食品的风险界定也不一样，美国人拒绝进口未经高温消毒的奶酪，然而欧洲人却每天都使用农民自制的奶酪，“瘦肉精”在美国被认为是安全的，在欧洲和我国都是被禁止的。况且，食品安全问题还直接联系着食品链中的其他社会伦理问题，如可持续性、动物福利、发展中国家的小农户等等。所以，作为食品伦理学家，科尔萨斯建议“尊重并接受风险认知上的差异”，落实在行动上就是“自由选择”。[1]至于我们经常提到的食

---

〔1〕［荷］米歇尔·科尔萨斯：《追问膳食：食品哲学与伦理学》，李建军、李苗译，北京大学出版社 2014 年版，第 228~230 页。

品研究者波伦，他的说法则更不客气："这是一门让人神往的学科……但现在还不行，营养学家自己也会这样说：遥遥无期。始于仅仅两百年前的营养学，到今天为止，大约相当于1650年的外科的水平。"[1]听了波伦的话，你会怎么样"自由"选择呢？

美国女作家安妮·普朗克因为《好吃不求医：让你找回健康的完美食品》一书而被中国读者熟知。普朗克的书更像是一本饮食自传。她写道，18岁时，她为了苗条和健康，鱼肉蛋奶一概不碰。除了蔬菜水果之外，橄榄油是她勉强信得过的脂肪——当然也得归功于出色的营销广告。她每天慢跑，睡眠充足，只吃低脂肪、高纤维的食物。但是如此苛刻的饮食习惯并没有让普朗克身体如其所愿地好起来，她变得更胖，肌肉松垮，情绪不稳定，感冒、拉肚子等小问题不断。灰心丧气的普朗克回到家乡，家里年迈的父母从不忌讳大鱼大肉，但他们却很健康。于是，普朗克决定放弃所谓的"健康饮食法"，回到"真正的食品"饮食，放心地大吃煎蛋和猪肉，就像小时候那样。结果却出人意料，普朗克身上的脂肪和赘肉却渐渐少了，精神也好了起来，她又恢复了往日的健康和活力。普朗克总结说，那些超市里标榜的健康食物，反而往往是包装得很诱人，广告做得很动人却无益于身体的"假食物"。这还包括一些表面上是真的食物，本质上却是"假食物"的商品：例如盛夏的橙子、寒冬的菠萝和低脂低卡的蛋糕，只是补充抗生素的"假食物"。普朗克所说的"真食物"必须符合两个条件：首先，真食物必定是历史悠久的食物，如鱼、肉、蛋等，我们已经吃了数百万年之久，奶油等奶制品我们也吃了上万年之久。相反的，把植物油氢化而制造出的人造奶油，其历史不过一个世纪，所以人造奶油不是"真食物"。也就是说，真食物必须要经过时间的考验，而不像今天的一些工业食品那样，今天流行一阵子，明天就消失得无影无踪。其次，真食物要以传统的方式生产。"传统方式"意味着"我们一直惯于使用它们的

[1] [美] 迈克尔·波伦：《吃的法则》，红琳译，中信出版社2017年版，第5页。

方式”，真食物的生产和制备过程遵循古法。[1]也就是说，用传统方法制造而成的才是“真食物”，用工业的方法生产出来的“精制”食物往往是“假食物”。反季节的蔬菜水果由于是在温室下的人工环境下而不是自然长大的，所以是“假食品”。当然，用古法生产的“真食物”生产效率是非常低的，对此，我十分同意普朗克的建议——少吃，肉每周吃一次就好。

当然我们所说的“尊重多样性，自由选择”并不是说我们可以胡吃海喝，考虑到我们赖以生存的星球的脆弱性，我们作为人类必须有基本的责任感。我们必须考虑到动物的福利，绝不吃野生动物，不浪费粮食，不污染土地和水源。

一些激进的生态主义者认为，本地化的市场才是符合“环境正义”的，那些食物作为商品被销售到国外的大型市场是非正义的。地球的每个角落都有自己独特的生态系统和食物，这些食物才是符合当地文化和生产方式的，除了特殊的农产品外，根本没有必要花大量的价钱从国外进口食物。希瓦尖锐地指出：“不同的蔬菜水果在不同的气候条件下生产。把热带地区的水果空运回去给富有的消费者是不正确的。”[2]因为这些贸易的运输消耗大量能源，加剧全球变暖。除去这些大道理不谈，本土化的食品才是代表我们家乡的特色，只有用本地的素材才是“原汁原味”的。很可惜的是，在全球化饮食中，很多消费者贪图标榜自己的“高大上”，在广告商和经销商的诱惑下选择一些国外的食品，这种饮食的时尚风也在一定程度上破坏了本土的饮食文化。捍卫食物的地方性就是对日常生活中的人们的日常关怀。

在《偷嘴》的下一页的文章是《三明治之恋》，一位几乎天天以咖啡加三明治为午餐的白领，他的食品哲学是，在日常食物身上，我们不应该要求太多的满足感。他说，在食物上，只要一点微小的满足感，不就足够了吗？配着朴素热茶的三明治是份多么朴素的情

---

〔1〕［美］妮娜·普朗克：《好吃不求医：让你找回健康的完美食物》，顾景怡译，江苏文艺出版社 2009 年版，第 3 页。

〔2〕［印度］范达娜·希瓦：“土地非石油：气候危机时代下的环境正义”，陈思颖译，载《绿色阵线协会》2009 年第 6 期。

感，我永远不会在它身上要求太多，而它对我，亦永远不会构成负担。作者的淡漠和从容，就像古人的“一箪饭，一瓢饮”一样。但是为什么不是一碗粥、一碗饭，而是洋气的、小资的“三明治”？后来，作者笔锋一转：“最重要的是，吃完一个礼拜的三明治，忽然回到家，吃一顿平常的家常菜，那幸福感，几乎是铺天盖地的。”〔1〕原来作者还是可以从食品中体会到幸福的，原来作者的三明治是为了衬托“家常菜”的幸福感！

6.2.3 把种子留住

要吃到我们想吃的食物，首先得有种子。捍卫“粮食民主”首先要捍卫种子。捍卫种子有三个层面的内容：

第一，种子必须多种多样。自然界的种子是有自我繁殖能力的，种子代表着自然的力量。种子蕴含着自然的密码，反映着自然遗传的多样性。每一颗种子都是自然经过几十万年进化的劳动成果，我们不应该人为地根据人类工业化的逻辑剥夺自然本身的繁殖能力，并认为经过改造的种子更好。相信种子就是相信自然，尊重种子就是尊重自然。我们应该相信，自然是一个有着自我组织能力的活的系统，就像地球上所有的生命一样，能够自我照料，自我完善和自我发展。在传统农业中，生态系统能通过土壤中微生物、蚯蚓的作用而不断更新，实现土壤有机质的循环，能自我恢复土壤的肥力，并能自然地建立害虫和其天敌之间的平衡，农民能够根据本地的需要不断培育出新的作物品种以保持食物的多样性。在传统的耕作养殖模式里，不需要任何农药、除草剂和实验室，这样就可以避免由于农业工业化而带来的生态问题和社会问题。

面对孟山都的咄咄逼人，是时候重视种子的问题了。一些有识之士和国家已经在着手保护种子了。希瓦在印度成立了“九种基金会”，收集并保护好印度现有的种子。希瓦尝试创建“社区种子银行”，免费为当地的农民或居民提供非转基因的、没有专利的食物种子。从挪威所在的欧洲大陆往北大约1000公里，就到达了斯瓦尔巴

〔1〕毛利：“三明治之恋”，载《读者》2017年第1期。

群岛，群岛中最大的斯匹茨卑尔根岛上的湾区中有座城市，这就是郎伊尔城，全世界最北的城市，位于北极圈内的北纬 78 度。这个偏僻的地方就是世界末日种子库的所在地。种子库里保存着世界各地送过来的种子，以保证“世界末日”到来后，人类还能找回原来地球上曾经存在的种子。[1]

第二，种什么的权力应该在农民手里而不是孟山都公司这样的跨国生物技术公司手里。一旦这些跨国公司掌握了种什么的权力，他们就会强制农民和消费者只能接受实验室里制造出来的种子，而不是自然自己的种子。2006 年 1 月在西班牙格拉纳达举办的联合国环境规划署《国际生物多样性公约》工作组等 4 次会议上，一群来自秘鲁的土生土长的农民为表达他们对推广孟山都公司马铃薯“终结者”种子的关注，递交了一份请愿书。秘鲁是马铃薯原产地的中心，有超过 2000 个品种的马铃薯，被视为保存了世界生物多样性 70%的 12 个生物多样性的国家之一。请愿书上写道：“作为传统的土生土长的农民，我们联合起来以保卫我们的生计方式，它依赖于把从收成中获得的种子作为下一个耕种周期使用的种子的主要来源。这一留种方式支撑了安第斯山脉和亚马孙河流域的生物多样性和农民的生计。由本地妇女传承的留种传统可以变为传统知识和创新系统以及崇尚丰富生活、延续的本地文化和精神上的价值。”他们要求禁止马铃薯的“终结者”品种：“通过终结者基因流动而将外部基因引入未经培育的品种中，可能会不可逆地改变本地农民传统上作为重要药材和食物来源的野生植物品种……生物多样性构成了世界粮食安全、各国主权和集社权的基础。把终结者技术推广到秘鲁本地农业体系，会使本地农民被迫放弃他们作为生物多样性管理员的传统角色，这样做也会威胁到现在和未来的全球粮食安全。”[2]

让人担心的是，2005 年 8 月，德国的研究者披露了孟山都公司的一项欧洲申请。这项申请引起了世界关注，这次孟山都申请的不

---

〔1〕“华大基因北欧科学之旅：探秘世界末日种子库”，载中国青年网：http://news.youth.cn/kj/201604/t20160414_ 7862064.htm.

〔2〕转引自［美］威廉·恩道尔：《粮食危机：利用转基因谋取世界霸权》，赵刚、胡钰译，中国民主法制出版社 2016 年版，第 228~229 页。

再是植物，而是动物！而且是全球肉类消耗最大的动物之一，经过基因改造过的公猪精液！孟山都想申请的专利包括：鉴别在公猪身上产生预期特征的基因，繁殖动物以获得这些基因，用专门装置以少于一半用量的精液使母猪受精的技术。孟山都并不是唯一企图控制动物基因的公司。2006 年 7 月，世界最大的农业贸易公司，明尼苏达州的嘉吉公司，一家在牛肉、猪肉、火鸡和肉鸡生产和加工上占绝对优势的企业，向美国专利和商标局提交了专利申请（专利号 US2007/0026493A1）。这项专利申请名为“运用基因信息优化动物生产的系统和方法”。[1]在植物的转基因种子对人类和生态的影响还没有真正弄清楚之前，我们竟贸然使用动物的基因种子（精液），这确实太过于轻率和冒险。按此逻辑走下去，转基因人也应该离我们不远了。技术的边界应该在哪里？

第三，怎么种应该尊重当地的传统。农业作为人类的生存之道之一，不同地区的农民总有一套适应于当地条件的独特的耕种方式，这是属于全人类的“传统智慧”。

与现在的农业工业化大面积的单一种植不同，美洲原住居民总是在一块地上平衡地种植三种作物：南瓜、玉米和大豆，她们称这三种作物为“三姐妹”。在印度，一块地上的基本农作物有 5 种、7 种或者 12 种。农民把这些作物的种子混合在一起播种。古罗马和希腊典型的种植模式是三株一组的橄榄树、葡萄藤和小麦成行种植。在印度尼西亚的爪哇岛上随处可见被称为“Pekarangan”的家庭菜园。这种菜园最显著的特征就是与其规模极不相称的种植多样性。在 0.5 公顷的土地上就能种植 56 种作物，粮食作物、调料作物、药材和牲畜饲料等等。这样的农作方式，虽然商品化程度极低，但却可以能很好地满足家庭的新鲜食物需要，为减少印度尼西亚的贫困人口和粮食问题做出了积极贡献。

在我国南方的少数民族地区存在很有特色的旱谷耕种模式，土地耕种几年后要休息几年，等恢复肥力了再种；种完一两年稻谷之

---

〔1〕 根据以下资料整理：［美］威廉·恩道尔：《粮食危机：利用转基因谋取世界霸权》，赵刚、胡钰译，中国民主法制出版社 2016 年版，第 231~233 页。

后种玉米或其他不同品种的作物以保持土地不同养分的均衡，这也被称作“轮歇制度”。“轮歇制度”在空间上合理搭配不同品种，这使得农业增强了抵抗气候变化和病虫害等各种不同的自然灾害的能力；在时间上不同品种轮流种植，甚至空置土地，这使得土地的肥力得到了完好的保存，通过自然本身的力量去调节，而不是施化肥等人工方式。

在马来西亚，农户总是把牛羊放进棕榈园里养殖，农作物的废料可以用来饲养动物，家畜的粪便可以给农作物施肥，既减少了除杂草和买化肥的成本，又增加了收入来源。

在菲律宾，农民利用玉米和花生的间作来控制虫害。玉米螟虫的天敌是蜘蛛，大蜘蛛以螟虫幼虫为食，小蜘蛛以花生叶上的小虫为食。

但是西方推行的农业工业化模式却无视自然本身的调节能力和第三世界国家农业传统国家农民的智慧，把自然当作没有生命的工场，把农作物当作机器产品。产量可以线性增长，只要施以足够的原料——水、肥料、光照等；土地不需要休息，一年可以耕作两季或以上的稻谷；实行单一种植，忽略作物间的相互协作。一些农场的实验指出，当田地里生长着各种各样的农作物时，粮食的产量会提高，但在两块隔开的地里分别种上玉米和大豆时，产量反而会下降，这是一种生命系统的共生共存现象。而且，单一种植虽然使某种作物的规模效应形成了，但区域的自主性却受到了破坏，农民失去了种什么的自由，当地的消费者也失去了吃什么的自由。

在保护自己国家独有的粮食物种方面，日本对本地稻米的保护让我不得不佩服。在整个日本历史过程中，稻米已经深深根植在精英与民俗的宇宙观里。稻米是日本人的灵魂、神和身份的自我认同；稻田是祖先的土地，是成长的村庄，是日本人祖国的土地。[1]由于稻米在日本人的生活和文化意义上如此重要，日本政府对稻米的管制程度在全世界来看是最严厉的。在中世纪（1185~1392年）和现

---

〔1〕［美］大贯惠美子：《作为自我的稻米：日本人穿越时间的身份认同》，石峰译，浙江大学出版社2015年版，第9~10页。

代早期（1603~1868年），稻米是地方和中央政府征收的“圣税”，稻米被看作是“干净钱”，金属钱反而被看作是“赃钱”。因此在这段时期，日本的稻米是不可能直接在自由市场上买卖的。二战后，日本政府逐渐放开了食物控制，但稻米仍除外。政府通过补贴农田和稻米生产的双重补贴来支持稻农。20世纪60年代，政府几次提高稻米价格以增加农民收入，并使其达到城市工人的收入水平。随着食品工业的发展，人们吃其他食品多了，稻米的消费量逐年下降。在稻米丰收的年份，政府积极鼓励对稻米的消费，比如实施小学午饭计划。[1]

在农业技术方面，很多国家认为自己的传统耕作和养殖方式是原始的、落后的和效率低下的，并急于向美国的农业看齐。特别是在绿色革命中，我国和印度等绝大部分亚洲国家都采取积极的措施加入到农业工业化的生产大潮中去。与其他国家的“农业大跃进”相比，日本并没有加入到绿色革命中去——在日本人看来，质量比数量更重要，因此没有必要去引进那些产量更高的稻米品种。况且，在日本的传统看来，稻米生产已经不是经济行为，而是更神圣的与神之间的“礼物交换”——种子是神赠送的礼物，人类经过辛勤的耕作后，丰收时会以新米作为对神的馈赠的回礼。尽管现代工业高度发达的日本人不再相信这一套所谓的“礼物交换”，但是他们对本国稻米的珍爱一直延续到了现在。日本实施的是保护性的政策，即保护自己的农耕传统，让自己的农业免受农业工业化的冲击。日本于1999年制定了《关于促进高持续性农业生产方式采用的法律》。所谓“高持续性生产方式”，是指维持和增进由土壤性质决定的耕地生产能力等有益的传统农业生产方式，包括对堆肥等有机质的施用技术、对减少化学肥料和化学农药用量的技术及病虫害防治技术。对于采取传统方法生产的粮食，得到认定的农业经营者被称为“生态农业者”，可以享受金融、税收方面和延长贷款偿还期的优惠政策以及农业机械设备的税收优惠。日本的生态农业者认证数到2006年

---

〔1〕［美］大贯惠美子：《作为自我的稻米：日本人穿越时间的身份认同》，石峰译，浙江大学出版社2015年版，第18~20页。

3月已达98 875位。[1]

日本对品种的选育、鉴定、推广和种子繁育均有一套严格的制度和标准。为了长期保存品种资源，日本兴建了现代化种子库，使种子长期处于休眠状态。日本对于外来的粮食种子使用是非常谨慎的。当国外一些优良水稻品种被引进后，不是直接被用于农业生产，而是经过10年左右的一系列严格的培育、试验确保安全后才会向农户推广使用。在保护本土的种子方面，日本政府颁布了严格的种子法，并鼓励本国的种子创新。日本政府于1919年公布了《主要粮食作物改良增殖奖励规则》，1952年制订了《主要农作物种子法》，对水稻、小麦等主要农作物种子的繁育分别订有种子繁殖、种子田检查和产品检验等制度。[2]

在全球化农业贸易中，为了保护自己的稻米种植，日本人几乎是全国一致地强烈抵制美国加州稻米的进口。其实，从经济的角度来看，美国的稻米比本国的便宜好几倍，而且质量、口感等方面也比较相似，可谓物美价廉。美国一直很期待打开日本的稻米市场，美国精米工业会（RMA）要求日本市场在20世纪80年代逐渐开放稻米市场。作为WTO的成员，日本也签订了《农业协议》，但国内的反对声音太强烈，不仅是精英的反对，更是普通民众的反对，特别是家庭主妇的反对，她们往往掌控着家庭的饮食大权，她们情愿花好几倍的价钱买日本的稻米也不愿意买美国稻米。就算政府允许美国的稻米进口，日本民众也不会买单。在农业全球化的压力下，日本在谈判中非常智慧地提出了“非贸易关注事项”。“非贸易关注事项”的核心就是保持和实现农业的多功能性。20世纪80年代末到90年代初，日本提出了“稻米文化”的概念，他们提出日本文化与水稻种植密切相关，日本国民的许多节日和庆典都是根据稻谷的生长季节来确定的。在日本，稻米被尊为五谷之女皇，祭神多用稻米和稻米制成的米酒，这和西方以动物祭神极为不同。最常见的一种

---

〔1〕 朱艳丽：“20世纪90年代中期以来日本农业改革研究”，吉林大学2009年博士学位论文。

〔2〕 高雪莲、奉公：“日本农业技术引进的历程和模式探讨”，载《农业经济问题》2010年第2期。

稻米祭品是红豆饭，即用小粒糯米与红豆混合起来做的饭。日本东北地区守灵和举办葬礼都要用“赤饭”，是一种红色稻米做成的饭，在日本红色象征着幸运和魔法。这种红色的稻米尽管产量不高，但至今仍在对马岛卓造神社和种子岛宝满神社的圣田里种植。每年新年之际，日本家家户户都会在厅堂悬挂稻草绳。日本人认为稻草有“稻魂”，天照大神是稻魂的母亲，能保佑来年的粮食丰收和家人一年里免受饥饿等苦难。此外，日本人的很多姓氏也和稻米相关。因而保护日本独一无二的“稻米文化”，就要保护日本稻谷的多样性生产和饮食习惯。

日本提出的农业多功能的观点和非贸易关注的时候，正好是西方资本主义社会的生态环境问题的突显期，美国和欧洲内部呼吁协调发展与可持续发展的呼声也很高，从而得到了一些国家和地区的认可。

农业不仅仅是为了满足人们维持生命的需要，而且是多功能的。农业多功能是指农业具有商品生产和非商品生产量大的功能，即农业除了有生产食物和植物纤维等农产品这一主要和传统的认识功能外，同时还具有其他经济、社会和环境方面的非商品生产功能。〔1〕这些非商品生产的功能包括形成农业景观、保障农村就业、维护生物多样性、确保粮食安全和保持农村活力等等。发展中国家的农业和农村政策常常未能考虑农业的非商品性，通常是在出现危机后，人们才会注意到农业的其他功能。

事实上，很多发达国家都非常重视自己的民族生态文化。正如鲍曼所指出的：“现代性问题虽然发轫于西方，但随着全球化步履的加快，它已经跨越了民族国家的界限而成为一种世界现象。”〔2〕维护民族生态文化已经不再纯粹是地域性和民族性的问题，而是一个世界性问题。当我们在谈论“文化自信”的同时，传统的生态文化作为中华民族传统文化不可分割的重要组成部分。在全球背景下，

---

〔1〕倪洪兴：《非贸易关注与农产品贸易自由化》，中国农业大学出版社2003年版，第11页。

〔2〕［英］齐格蒙特·鲍曼：《全球化——人类的后果》，郭国良、徐建华译，商务印书馆2013年版，第2页。

面对技术、贸易和文化的冲击，如何保护好自己的生态文化，是我们必须面对的问题。

6.2.4 行动起来

希瓦说："我花了大部分的时间参与公民的运动，如果你参与了'草根生态运动'，你就有了希望；如果你被困在官方的会议上，你会感到绝望和无助。"[1]是的，我们被城市隔离起来，我们离"真食物"越来越远，我们对生产食物近乎陌生，要改变现状最好的办法就是转变观念，马上行动起来，参加一些"草根运动"。

首先，我们应该相信我们是可以改变一些事情的。例如英国的儿童食品运动的协调组织（children's food campaign），它是一个以英国为基地的团体，通过游说防止儿童受到垃圾食品的营销影响。该组织指出，新式媒体的增长为促销不健康的加工食品提供了另一条途径。"以先进复杂的方式在电视、网络、电影院、杂志、超市、食品包装上，有些甚至在学校向儿童促销垃圾食品，破坏了父母帮助孩子建立健康饮食习惯的努力。"[2]在该团体的大力反对下，三年后，英国首次对电视等媒体广告实行了法定限制：不得在专门针对16岁以下儿童的电视节目中或这些节目前后播放高脂肪、高糖分和高盐分产品的广告。该团体的倡议产生了广泛影响。2013年5月世界卫生大会批准的《世卫组织2013~2020年预防和控制非传染性疾病全球行动计划》提出，严禁向儿童播放食品和饮料广告。

日本的有机农业革命先驱藤田和芳相信："一根萝卜就能改变世界。"之所以称之为"有机革命先驱"，不仅仅是因为时间上的早——他在20世纪70年代就开始了有机农业的实践，更因为其是一场"革命"——当时的世界，绿色革命方兴未艾，化肥、农药作为新技术，在世界范围内大受欢迎，被大量使用。当时的农村的年轻人都纷纷离开农村，要到大城市里工作。藤田和芳是在农村长大的孩子，

---

〔1〕 Matthew Rothschild, "A Progressive Interview with Vandana Shiva", *The Progressive*, 2011 (1), pp. 45~46.

〔2〕 "保护儿童不受食品和饮料营销的影响"，载世界卫生组织网站：http://www.who.int/features/2014/uk-food-drink-marketing/zh.

他考上了东京上智大学了之后，就暗暗发誓，不再作乡下人，一定要尽快融入大城市的节奏里。[1]1970年，藤田和芳大学毕业后在一家小型出版社就业，每天坐电车上下班，月底等着拿薪水。1974年，一次偶然的机会，藤田和芳认识了研究农药中毒的神经外科医生高仓。高仓医生对由农药的滥用而引起的人类疾病深表忧虑，他成了反对农药的斗士。藤田和芳深受高仓影响，投身到有机农业。当时的人们对此很不理解，有人质疑有机农业的主张是要让日本的农业倒退到“江户时代”，有人质疑有机农业本质上是一种宗教。但是藤田和芳却相信有机农业作为一种“精神”和一种“生活理念”，它是可以改变世界的。正是凭着这种理念和信心，藤田和芳和他的“守护大地协会”的朋友们一步一步让日本的大众接受了有机农业，改善了日本的农业环境和食品质量状况。2007年秋，藤田和芳被《新闻周刊》评选为“100位改变世界的社会企业家”之一。

要“撬动”食品工业不是一件容易的事，其中涉及多方的利益。但是如果我们选择做沉默的大多数，我们就无法做出改善。如果我们团结起来，行动起来，事情总会有所改观。正如藤田和芳所说，我们面前没有现成的康庄大道，路要靠自己去开拓。[2]

其次，我们可以参加一些自救性质的团体活动。马来西亚的环境、技术与发展中心（Centre for Environment，Technology and Development，Malaysia，CETDEM）是马来西亚较为系统和完善地开展社区有机农业实践的非政府环保组织。马来西亚相比于东南亚许多正在谋求发展的国家，他们的环保意识尤为突出，非政府环保组织的网络建立更早，也更为发达。在倡导健康饮食、绿色饮食和园艺教育方面也走在了东南亚各国的前列。CETDEM在1986年就致力于有机农业，自己拥有一个靠近吉隆坡的有机农场。在1英亩土地上种植蔬菜和水果，不用任何化学农药、化肥。农场种植的都是当地的蔬菜，包括大白菜、西红柿、黄瓜、豆角、萝卜、茄子、芥菜、菠

[1]［日］藤田和芳：《一根萝卜的革命：用有机农业改变世界》，李凡、丁一帆、廖芳芳译，生活·读书·新知三联书店2015年版，第6页。

[2]［日］藤田和芳：《一根萝卜的革命：用有机农业改变世界》，李凡、丁一帆、廖芳芳译，生活·读书·新知三联书店2015年版，第103页。

菜和当地的热带水果，如木瓜和香蕉。近年来，CETDEM 致力于传播有机耕作的理念、实践和厨房园艺。目前，该项目正在举办的一期的重点是社区农民分享种植经验，培训新的社区农民，鼓励生态农业实践以及可再生能源系统的开发和应用。同时中心还在周末和假期向孩子开放。中心下面有三个不同主题的活动小组：厨房园艺小组（Kitchen Gardening Group，KGG）、农民小组（Farmers Group，FG）和有机农业项目之友小组（Friend of CETDEM Organic Farming Project，FCOFP）。这些活动小组是非常松散的组织，也没有固定的活动场所，一般就是在居民家里。厨房园艺小组参加人员大多是退休的老人和家庭主妇。

2007 年 1 月，该中心通过接受赞助、捐赠、会员费资助等形式将一所带有私家花园的民居改造为“CETDEM 有机农业社区中心（CC）”。CC 的目的是要表明，社区可以将可持续发展的原则纳入日常生活，从而打造对环境的负面影响最小的城市住房。CC 遵循有机农业和园艺的伦理以及设计原则，提高能源和水的效率，尽量使用天然的光和风。CC 是一个交换基本有机农业信息的平台，还是个种子库，收藏着当地的作物种子。CC 活动广泛，包括每月公开讨论课程、农人社交聚会、健康食品分享会、种子分享会、瑜伽气功、刺绣和其他艺术活动。

除了有机菜园外，该中心设有一个慢食厨房。厨房后面就是菜园，人们可以从菜园里采摘新鲜蔬菜和水果直接在厨房加工。剩余的蔬菜水果将以低廉的价格出售给成员。近年来由于资助的减少，CC 实现了部分“有偿服务”，其中有机耕作、园艺、烘焙、烹饪等项目是要授予一定费用的。但相对于我国所谓的“农家乐”而言，他们的收费只能说是象征性的。当然，得到的资助减少，并不意味着一些公司或者机构对促进健康食品事业的热情减退了，这主要是由于全球的经融危机导致的。我国学者王虎观察到的，马来西亚的 ONG 与国际资金组织特别是美国的基金会联系密切，相当一部分资助都源自于类似洛克菲勒基金、世界银行的基金那样的基金。马来西亚学者詹尼丝（Janice L. H. Nga）分析了近几年来来自马来西亚的非营利组织财政资金的年度调查数据。这些数据表明，2008~2009

年的全球金融危机无疑已经影响了活动和民间社会及慈善机构。詹尼丝认为，虽然金融危机有一定影响，但却不是最重要影响因素。很多因素都可以影响NGO的发展，其中最为重要的是人民的动机和意识。因为詹尼斯对比了信仰性（宗教性）的非政府组织和非信仰性（非宗教性）的非政府组织，发现信仰性（宗教性）的非政府组织的活动几乎不受外界资助的影响，因为就算没有大集体或者公司的资助，民众的小额资助也能支撑他们的活动。变为有偿服务后，CC还是人来人往，由此可以证明马来西亚的民众对食品问题的关注，这非常值得我们深思。CETDEM这样的组织集有机农业、厨艺、教育和娱乐于一身，让我们践行起绿色理念时不必再像个苦行憎。践行严格的绿色理论绝不是一件轻松的事，对于普通人来说太过于苛刻。像CETDEM这样的形式或许更适合大众。CETDEM发展到今天，不仅有了自己的学术团队，还有了固定的出版物。为什么我们要举马来西亚的例子？因为我身边总有很多朋友认为，这些所谓的“食品危机”和“环境危机”的问题是发达国家的中产阶级在饭饱酒足之后发泄过剩精力而提出来的，在发展中国家只要解决好温饱问题就好。但是我们知道，我国已经是世界第二大经济体了，而马来西亚的经济在世界却排不上号。马来西亚的环保意识和NGO的活跃程度实在让我们钦佩。习主席经常说，青山绿水就是金山银山；俗话也说，留得青山在，不怕没柴烧。这些话对于食品而言，再恰当不过了。人的身体是自然的重要组成部分，对于社会来说可谓是“青山”的最重要组成部分，而食品又与人们的身体直接相关，不健康、不安全的食品足可以毁掉一代人。

如果你还想对自己要求严格一些，那么目前在全世界如火如荼开展的慢食运动或许会适合你。

1986年，为了反对麦当劳在意大利罗马的开业，卡洛·佩特里尼（Carlo Petrini）和其他61人在意大利巴罗洛地区集会，创建了“亚奇哥拉协会”（Arcigola）。3年后，该协会发展成为“国际慢食协会”（Slow Food International），总部在意大利的巴拉（Bar）。如今，慢食协会已在全球150个国家建立分会，在世界范围内有超过10万名会员。1989年，来自15个国家的代表在巴黎共同发表了

《慢食运动宣言》，明确地表达了对跨国食品工业巨头的不满，并提出保护当地中小型食品供应商应成为慢食协会的一个基本准则，因为当地小规模的食品生产可以缩短食物里程，保存当地的饮食文化，保护当地生物的多样性。协会非常有名的一个项目“味道方舟”（Ark of Taste）则是针对濒临灭绝的食品进行保护。慢食协会通过对濒危农产品及加工食品进行鉴别和认证，帮助它们获得消费者的关注，从而重返市场。慢食协会有很多有趣的活动，例如“地球集市”，其目的是为城市居民提供一个直接接触农民，进而直接够买新鲜本地食品的机会。参加市集的农民都来自城市近郊，出售的产品大部分未经认证。慢食协会认为，有机认证并非是唯一的标准，因为认证的费用对农民而言是一大笔支出。通过“地球集市”农民与市民直接面对面交易，可减少中间环节，为生产者和消费者都争取利益。我们是否也可以在自己的社区建立一个“地球集市”？

为了实现协会“喂饱地球，保证食物的优质、干净和公平”的美好愿景，协会创办了“非洲菜园”（A Thousand Gardens in Africa）项目。慢食协会通过当地网络寻找到了各种类型的小规模农业生产者，资助他们购买生产原料、学习生产技术、雇佣当地员工和构建销售渠道等等。在慢食协会的网站（www. slowfood. com）上，人们可以查询到这些生产者的信息，包括地理位置、每一个项目所需的费用等等，进而有针对性地进行捐助。我们不关注非洲，但我们是否可以关注一下我们城市周边的农业生产者，对给他们一些帮助，直接向他们订购农产品？

慢食协会的资金来源于世界各地的分支理事会的收入，以及其他基金会、私人企业和个人的捐助，其捐助者都必须认同慢食协会的基本理念，任何具有商业利益驱动的捐助都不被接纳。

从餐桌开始的“慢食运动”已经深刻地影响到了意大利乃至欧洲文化的方方面面。作为工业文明的基本特征的“快”，受到了种种攻击，相对应的“慢”则成为一种新兴文化：“慢钱”“慢城”“慢艺术”“慢设计”“慢旅行”等新概念层出不穷。“慢”成了探索可持续的新型生活方式的努力尝试。佩特里尼在2004年被时代杂志评选为年度人物，称其为“慢的革命者”。[1]

我国的“大中华区慢食协会”于2015年1月27日在北京意大利驻华使馆文化处正式宣布成立。该年度的国际慢食协会大会在北京举办，会上，由多位专家评选出“中国美味方舟”70种食材食物。大中华慢食秘书长孙群兴奋地说：“今后，我们将前往这些入选美味方舟的产品的产地，探访这些慢食之乡，把这些美味的食物带到全世界，让更多的人知道在中国的大地上，有如此多优质、洁净、公平的食物。”作为本届国际慢食大会的官方合作伙伴，北京顺鑫集团副总经理郭舫军表示，2015年顺鑫农业集团将在进口食材、体验式消费，以及健康生态地产领域通过开展多种国际合作、产业交流、文化交流，实现新的产业提升。[2]看到这相关的报道，我觉得自己是在看一个产业规划，而不是一种对抗现实的非主流文化。“把美味带到全世界”，这会不会破坏当地的饮食？如果真的要把中华美食带到世界，这些食物又有多少碳足迹呢？“进口食材”更是与协会宗旨“食材本地化”相悖的。从国际慢食协会的活动内容看，慢食协会应该是非营利性的，但中国的慢食协会却要把慢食发展成为“产业”！这真是匪夷所思！

最后，我们就算很忙，没有更多时间去参加什么活动，但是就个人而言，我们起码可以转变生活方式。最近西方兴起的“纯免费主义者”理念或许可以给我们带来一些启发：他们认为商品、金钱是万恶资本主义的根源，他们拒绝服从资本主义的“拜物教”“拜金主义”逻辑，他们倡导一种“免费”的简单生活，他们倡导自愿失业、免费搭车和用废品。他们可不是一群游手好闲、好吃懒做的寄生虫，他们网站上写着深思熟虑而又充满鼓动性的话：

利益的驱使蒙蔽了对道德的思考，庞大复杂的生产体系使得我们购买的所有产品都能对我们产生不良影响，而其中大部分，我们永远无从得知，纯免费主义便是对这样一种经济体系的全面抵抗。

---

〔1〕 根据慢食协会网站、维基百科、豆瓣网材料整理：https：//www. slowfood. com；https：//en. wikipedia. org/wiki/Slow_ Food；https：//www. douban. com/note/144378594.

〔2〕 http：//money. 163. com/15/0923/16/B4787SLR00254TI5. html.

为此，我们不会为了避免购买某家不良公司的产品而转去支持他的同党，我们会尽最大可能避免购买任何物品。纯免费主义者相信，住房是一项权利，而不是特权。纯免费主义者认为“朱门酒肉臭”，但却有人忍受饥饿是一种暴行，“路有冻死骨”却有房屋被封存和闲置也一样是暴行。[1]

有人觉得这样的“免费经济”是一种历史倒退或只是一种乌托邦的幻想。但一位叫马克·博伊尔（Mark Boyle）的英国人却用实践证明了免费经济、免费主义的可行性。博伊尔计划不带一分钱而从英国步行去印度，他通过行乞来到目的地。和我们平常的乞丐不一样，这位充满理想的“免费经济学家”拒绝接受钱财的施舍，他乞讨的是食物、住所和搭免费车。博伊尔的举止是让人佩服的，就像那些虔诚的西藏的朝圣者一样，他们徒步去朝圣，不需要带钱，只需要带上水和食物。

当然，“纯免费主义”并不能扭转整个以利益为核心的资本主义社会，其中的矛盾是显而易见的：“纯免费主义者”要获得基本的生存资料，干净的饮用水、健康的食物和安全的住所就必须要有人进行生产活动，而这些生产者如果仅仅免费提供产品，而没有利润的获得，生产是难以为继的，最终我们的社会将会变成原来的小农社会。由于没有利润的刺激，没有人会积极生产活动，每家每户就只能自给自足而没有剩余，社会最终也会失去免费的根基。当然，也不是说免费经济完全错了，在某种情况下的特殊商品是可以免费的，比如免费网络、免费邮箱、免费搜索、免费聊天……一些不是消费型的知识也可以是免费的，即知识共享。对于我们而言，信息并不会由于我给了你而损失。相反，由于大家的免费共享，信息会越来越丰富。但是，实体经济毕竟和虚拟经济是不同的运行方式。我们认为所谓的“纯免费主义”或是“免费经济”，倡导的更多是一种生活态度——这和生态一样，是一种过简单生活的态度。这种态度在一定程度上会扭转人们“金钱万能”的观点，对我们今天的过度

---

〔1〕 转引自［美］凯文·凯利：《技术元素》，张行舟、余倩译，电子工业出版社2012年版，第182页。

追求金钱，“能买来的绝不自己动手”是一种纠正。

甘地说：“如果我们想变革世界，就必须首先改变我们自己。”就算我们不打算变成素食者、和平主义者和抱树者，但至少我们可以在生活中做出一些牺牲和让步，我们可以不做素食者，但我们至少可以拒绝食用野生动物或用极端残忍的饲养方式喂养的动物的肉；我们可以不把大量的时间和精力花在生态运动和环保运动上，起码在日常生活中可以让自己的生活更“环保”一些。

6.3 自己动手，丰衣足食

2009年，米歇尔与丈夫奥巴马入主白宫后，她一反白宫几十年的惯例，专门在南草坪辟出菜园，坚持年年种菜。2009年6月14日的《星期日泰晤士报》刊登了英国伦敦白金汉宫新菜园的照片。在新的生态危机下，白金汉宫花园也跟随着白宫的理念，变成了环境友好型的菜园。这是白金汉宫自二战后第一次种植用于厨房的植物。在二战的时候，英国发起“为胜利而种”（dig for victory）运动，那时候的白金汉宫也种植了厨房用植物。女王的菜园在当时全国性的“自己种植”运动中（grow-your-won movement）走在了前列。该运动是为了寻找便宜又健康的食物来取代超市食物。英国保护名胜古迹的私人组织国民托管组织（The National Trust）鼓励土地所有者出租多余的土地给公众。伦敦市政府也准备把首都一些著名地标周围的空地种上蔬菜。2014年4月2日，刚在一周前结束访华的米歇尔来到白宫菜园，带领20多名小学生种菜。6年来，白宫菜园与米歇尔的“政治日程”息息相关。2010年，她以白宫菜园为起点，在全美发起“大家动起来”（Let's Move）倡议，呼吁多吃蔬菜水果，配以体育锻炼来缓解美国人尤其是儿童的过度肥胖问题。同时，白宫菜园结出的蔬菜水果不仅上了奥巴马一家的餐桌，也在白宫国宴中占有一席之地。白宫主厨曾透露，拟定国宴菜品时，除了元首们的饮食喜好和禁忌，白宫菜园的应季蔬菜水果是另一大考虑因素。[1]

---

〔1〕 http://www.chinanews.com/gj/2014/04-03/6024763.shtml.

这两大“皇宫”种菜的新闻，让人看来多少有点作秀和捞取政治资本的意味，但我们从中却可以看到满满的正能量。自己动手、减少食物里程、有机种植、开放包容、融入自然……这对我国城市建设者和管理者传递的信息是：“皇宫”里都可以种菜，我们的城市为什么不可以？难道我们的城市只配有花园吗？

英国是最早开展城市化的国家，美国尽管城市化进程晚一些，但这两个国家的市民早已离农种很远了，他们可能已经完全忘了怎么耕种，所以必须通过国家领导人来倡导。但是在我国，我们爷爷那一辈几乎还生活在农村，我们小时候的记忆还保存着农耕的生活部分。我们很多人虽然在城市工作，但因为老家有老人，每年春节也总要回农村看看，对于庄稼，对于家禽、家畜还有一种亲切感。在我国，想要充分利用城市的空置土地，根本不需要什么“运动”“号召”，勤劳勇敢的中国人看到荒地自然会主动种上作物。在我的周边，楼顶上、烂尾楼周边、暂时闲置的空地都被种上了蔬菜，这些蔬菜都是“有闲居民”——很多是来城里帮带孙子的老人，孩子上学了，老人就抽空种菜，既是一种消遣也是一种生产。因为没有商业目的，这些菜不会用化肥、农药，是可靠的有机食品。只是我们的城市管理部门还没有意识到城市农业的好处，这些菜地被认为是不规范的“脏乱差”，城管部门几乎每隔一段时间就会开着铲车来清理这些“脏乱差”。“城里种什么菜？要种菜到农村去！”这是我经常听到城管们讲的话。那么统一管理呢？刘长安和赵继龙就提出了要统一规范管理这些“个人得利，却影响了建筑和城市的整体形象”的现象，主张“通过宣传培训，统一设计或集中管理等措施进行规范和引导”，“通过制定政策和法规对城市农业生产进行规范化”。[1]其实目前城市里很多种菜行为都是自发性的，在某种程度上确实存在乱搭乱建的现象，但是统一设计或者集中管理会涉及一系列问题——谁来管？一些土地如烂尾楼周边的土地、空置还没开发的土地，街边的没绿化的小空地等，本来产权就不明晰，种菜也

〔1〕 刘长安、赵继龙：《生产·生活·生态——城市“有农社区”研究》，中国建筑工业出版社2016年版，第71~72页。

是权宜之计，如何“集中管理”？而且集中管理必将导致城市管理费用的产生，谁来负责这些费用？目前中国的城市农业还没有形成“产业化”，按照目前的城市格局也很难形成产业化，如果在城市的空地上种点菜是“有闲市民”的一种自娱自乐或者食品危机下自救的方式而已，这些所谓的政策和规范会不会导致“一管就死”？很多人担心，要是没有规范化的管理，如何分配城市的空置土地呢？要是许多人都希望拥有自己的一片小菜园呢？其中引起的纠纷怎么解决？由于没有商业目的，居民们只是根据自己家里的需要种植，况且现在的核心家庭人数不会多，所以要求的土地也不多。套用一句公益广告的词“没有买卖就没有杀害”，用在城市种菜上就是：“没有买卖就没有纠纷”。

当然，发展都市农业不止一条道路，例如上海的通过设计师设计、业主协同实施的楼顶农业项目——“天空菜园”，该项目是东方园林南方联合设计集团开创的系列项目。2011 年，该集团参加了英国领事馆举办的创意比赛，在此过程中，集团注意到了普通屋顶绿化造价较高、不易维护、公众参与程度低的问题。在使屋顶绿化具有持续性产出的思路启发下，集团最终提交的方案是将普通屋顶绿化转向屋顶菜园的模式，通过将农业生产植入屋顶的方式将城市的消极空间进行积极利用，这成了之后天空菜园系列项目的开端。设计师采用了便携式种植箱作为基本种植设备。种植箱中装填有机轻质土，重量约在 $50kg/m^2 \sim 100kg/m^2$，符合屋顶的承重要求。在种植容器中装填的轻质土掺入椰壳碎粒和蚯蚓粪，增加土壤透水性和肥力，且比普通土壤更为清洁。屋顶农场会在 2 年左右全面换一次土，以保持土壤肥力。采用渗灌系统直接在农作物根部进行精确灌溉，可以避免常规土壤表面灌溉水分较易蒸发的问题，从而达到节约用水的目的。项目组与提供屋顶的产权单位建立合作关系，共同建设，共同经营。与市民个体建立租赁、订购关系，借鉴 CSA 的运作模式为市民提供蔬果。[1]但是，这种看似整齐、美观的设计却在

---

〔1〕 朱胜萱、高宁：“屋顶农场的意义及实践——以上海‘填空菜园’系列为例”，载《风景园林》2013 年第 3 期。

某种程度上抑制了个人的智慧，限制了个人想象力的发挥。我们没有必要过分迷信专家，浙江的彭秋根和北京的张贵春不就是靠自己取得成功的吗？当然楼顶种菜还是应该注意承重、渗漏等技术问题。

国内还有一个很著名的城市农场项目——“武汉天地”城市农场项目。“武汉天地”由瑞安房地产公司打造，位于武汉市汉口中心城区永清地块，武汉长江二桥旁边，东临长江，面向江滩公园。2013年，该公司在社区内辟出了一块1000多平方米的土地供居民认租，每块地面积大约3.6平方米，月租300元，据说还要交一定的管理费。每块地旁边还有一个精致的小牌子写着地块编号、承租者姓名和种植物名称。社区消费者成了私家农场的用户，并承诺在私家农场的生长季节给予支付预订款支持，而农场则以提供新鲜安全的当季产品作为回报。〔1〕这听起来似乎和目前世界上都市农业的倡导的理念和做法不谋而合，可仔细再了解一下，“武汉天地”城市农场项目更像是一个开发商赚钱、宣传自己的项目。活动当日，“武汉天地”特别邀请了英国大使领馆及总领事馆文化教育处“绿色生活行动”前6强选手、同济大学建筑与城市规划学院工程硕士、VOOF项目发起人黄柯和上海世博会挪威馆设计师穆威前来参加活动，各大媒体几乎都报道了这一活动。那些田地成了住在这些高档社区里的“城市贵族”表达自己闲情雅致的方式。北京一些有钱人，在昌平或者其他郊区租一块地，周末就去种地怡情。看来，欧美的反叛文化来到中国根本不需要“融入”的过程，直接就成了主流文化和市场经济的一部分。也难怪穆杰特百思不得其解：“真正令人费解的是，在政治议程上，都市农业在发达国家的发展要远远领先于发展中国家——尽管在发达国家，都市农业的实践对城市居民的福利而言相对较不重要。”〔2〕每个月300元~400元的租金加管理费，每周花100多元的油钱开车来回200多公里，这还不是城市一般居民能负担得起的。所谓的“社区农业”离大众还很远，这也是在我国民

---

〔1〕 http://www.hb.xinhuanet.com/2013-03/24/c_ 115135876.htm.

〔2〕［加］卢克·穆杰特：《养育更美好的城市——都市农业推进可持续发展》，蔡建明、郑艳婷、王妍译，商务印书馆2008年版，前言。

众参与的积极性不高的重要原因。

在英美发达国家，从“掘地运动”到“为胜利而种植”再到今天的“自己种植运动”，从“人民公园”到社区农业都是为了城市底层人民的生计而设计的，是非营利性的。加拿大国际发展研究中心高级项目专家卢克·穆杰特在构想“更美好城市”时更是开宗明义地说他倡导的都市农业就是为了城市贫困人口。他说：“伴随着城市的增长，城市贫困人口也在增长。失业、饥饿、缺乏营养将更为常见。在一个大城市里，城市贫民的大多数现金收入将用于食物和生存，不需要购买的任何食品对他们而言都将是一种津贴。”〔1〕这些运动更强调的是“食品公平”问题，是对超市食品的拒绝和反抗。我们经常听到的是“农村贫困人口”，似乎从来没有想过“城市贫困人口”！

我国城市化刚刚完成起步阶段进入起飞阶段，在我们之前没有“现代城市”的样板可以参照。发展中国家的“现代城市”建设均来自欧美城市化较早的国家，欧洲国家典型的“巴洛克”城市设计风格成了“现代城市”的样本，巴黎、马德里、圣彼得堡、维也纳、柏林、伦敦、华盛顿等，都延续着典型的巴洛克风格。正如芒福德所批评的那样，这样的巴洛克规划“用行政命令手段取得外表上的美观，实在是非常华而不实。城市别处迫切需要逐渐改建的财力物力，并用强制办法集中到一个区”。〔2〕巴洛克城市的典型特质是：控制。那些城市底层人们开辟的菜地，被认为是擅自占用土地，因而被认为是给城市“添乱”，而不是解决城市的可持续发展问题。正如穆杰特在发展中国家所观察到的那样：“在许多发展中国家的城市，都市农业不仅仅不被赞成，甚至是非法的。因为它是自发的、不受控制的，许多城市规划者和市政府常常将都市农业看作是一个不受欢迎的问题。这种态度通常是殖民时期的遗留。那时，欧洲人企图复制一个更适合发达国家风气的城市环境，实践如今仍保留课

---

〔1〕［加］卢克·穆杰特：《养育更美好的城市——都市农业推进可持续发展》，蔡建明、郑艳婷、王妍译，商务印书馆 2008 年版，封底。

〔2〕［美］刘易斯·芒福德：《城市发展史——起源、演变和前景》，宋峻岭、倪文彦译，中国建筑工业出版社 2005 年版，第 418 页。

本上的那些欧式规章制度。”[1]

如果小区的绿地是全体业主的，那么我们完全可以向物业公司提出我们不需要这些娇气又浪费水的花草，我们需要把它改造为菜园，这样本着自己的院子自己负责的原则，小区就可以减少很多公摊的水费电费，减少购买花草的费用，减少请人护理花草的费用，何乐而不为？物业公司可能不太乐意，因为他干的活少了，就没有存在感了，而且要下调物业费。当然，如果真的要把我们的工业城市变成美味城市，这不仅要求在建筑、城市规划、城市管理上转变观念，以为适应城市农业需要而做出相应的调整，也对我们的政府提出了更加开放、宽容和细致化的管理要求。

6.3.1 小农田园梦

让我们想想：作个小农民如何？你一定很惊讶，我们好不容易成了“城里人”，甩掉了农活，现在还要在城市里务农？但是“务农”真的成了很多发达国家大都市人的选择。

美国人梅尔·巴塞罗缪退休后，自己在院子里折腾种菜，经过多次实践竟发明了一种高效的种植法：在1平方米的地方能种出通常需要5平方米才能产出的收成。在日本，阳台蔬菜种植业非常流行。藤田智是惠泉女学园大学园艺文化研究所的准教授，NHK“趣味之园艺”的讲师，生于秋田县。她以学生和职场白领为对象进行蔬菜栽培技术的指导，同时作为蔬菜专家活跃于多家电视和广播电台中，其著作有《NHK趣味之园艺，在我家一角种植可口的蔬菜》。在我国，“环保达人”牛健在北京市顺义区马坡镇用6个集装箱组成了“可持续生活实验室”，顶上是菜园，充分利用太阳能、风能，将其转换成电能。

但是问题又来了：我离退休还远着呢，我也不像藤田智一样能把自己的工作和种菜结合起来，更不像环保达人那么有闲有钱。怎么办？或许根据我们的生活节奏，我们可以“兼职”成为农民。杨·

---

〔1〕［美］卢克·穆杰特：《养育更美好的城市——都市农业推进可持续发展》，蔡建明、郑艳婷、王妍译，商务印书馆2008年版，第8页。

杜威·范德普勒格（Jan Douwe van der Ploeg）列举了一本书的数据和例子说明“兼职农民”并不是一个天真的、浪漫主义的想法：在一项关于荷兰小型农场的研究中，很多小型农场是非农业人口如教师、警察、卡车司机和木匠等为了成为农民而投资建立的。在欧洲等发达国家兴起的都市农业标志着一群新兴的“兼职”农民的出现。[1]

日本的盐见直纪提出了一种“半农半×”的生活方式。盐见直纪生活在京都府绫部市，大学毕业后进入了一家非常注重环保问题的公司，但他却一直在思考生活的意义和如何选择生活方式的问题，后来他把两者完美地结合了起来，“从小规模的农业中获取自给自足的粮食，用简单的生活满足最基本的需求，同时也从事自己热爱的理想工作，更积极地与社会保持联系。”[2]我以为盐见直纪所谓的“半农”生活就像我们北京、广州的一些富人那样，在郊区租一块地，周末或假期驱车种地，把务农当作一种都市生活的调节和放松。但是令我惊讶的是，盐见直纪说的恰恰相反！他主张以务农为主，在解决了自家的粮食问题的基础上进一步发挥自己的才华，寻找自己的另一半“×”生活。盐见直纪是让我们从大都市回到农村——起码是郊区，在农村或市郊过着一种“生计收入虽微薄，心灵收入却丰富”的生活。在20世纪80年代，离开农村，放弃农业是日本年轻人的梦想，但到了现在，回归田园生活并不是盐见直纪的个人偏好，它在日本已成为一种时尚。以绫部为例，政府建立了空屋登记系统，并积极推动都市居民移居绫部农村。一些非营利性社会组织如“郊山联络部·绫部”等负责收集自己居住地区的空屋情报，免费向有意向移居的人们推荐，他们还担当新移居人们和当地居民的联络桥梁，举办各种活动来促进社区居民之间的友好关系。此外每年约有两万多日本人从本岛移居到冲绳寻求“田园梦”，移居人主要是年龄在20岁~50岁之间的人，这一阶段是人生经济的“黄金时段”。

---

〔1〕［荷］杨·杜威·范德普勒格：《新小农阶级：帝国和全球化时代为了自主性和可持续性的斗争》，潘璐、叶敬忠译，社会科学文献出版社2013年版，第44页。

〔2〕［日］盐见直纪：《半农半X的生活》，苏枫雅译，上海文艺出版社2013年版，第2页。

冲绳是日本失业率最高、工资生活水平最低的“落后”县市，[1]自不必说新移居的人们给凋零的农村带来了生机和活力。注意，我这里说的“活力”并不是我们通常所认为的“经济大开发”，比如为了方便这些新移居民的生活，大修铁路、高速路，大建高层住宅和商业中心，并美其名曰“理想养老中心”“世界宜居地”，着力于提高房价，拉动投资。这样的结果是，经过一阵投资热之后，过不了多久这片宁静的乡村就要变成“鬼城”。当然，回归田园对于退休或者可以在家办公的人们来说是更适合的。重要的是，我们要消除我们脑海里的一些固化的陈旧观念，认为“城里”的生活才是值得过的生活，“城里人”高人一等。随着年龄的增长，或许我们会更清楚自己想要的是什么，而不是追随大流。

其实，我们骨子里还是割不断那份和泥土的联系，我们心底里有一种当农民的愿望，只要有条件，我们就想着围个院子种点菜，养几只鸡。种植、饲养应该重新成为现代人基本的生活技能。目前，我们的主要问题是，如何实现乡村和城市之间的自由流动，既能让农民“进城”，也允许城里人回归田园生活。目前我们在大力推行户籍制度改革，实现农村人口向城镇人口的转化，但是，如果我想回农村当农民呢？不好意思，目前这个流动还不是双向的，我们暂时还没有从城镇户籍转变为农村户籍的措施。还好，农村也没有什么“学区房”和抢手的医疗资源，有没有户籍都无所谓。你可以以租的方式租种土地，很多城里人就是这么干的，前文提到过的牛健不就是这样干的吗？当然，这其中出现的断裂性的问题是，农民工尽管在城里干了一辈子的建筑工人、服务员，却因为没有城市户口最终会回到农村继续当农民。同样，一些城里人尽管在农村干了一辈子的农活，也会因为没有农村户口最终回到城里继续当城里人。

很可惜的是，我们正在经历规模庞大的“城镇化”，大量的农民作为农民工而进城，我们很少考虑过是否应该鼓励一部分人到农村去发展农业——除了20世纪实施的“上山下乡”政策外（挂职的大

---

〔1〕［日］盐见直纪：《半农半X的生活》，苏枫雅译，上海文艺出版社2013年版，第22~23、113~114页。

学生和选调生不能算在内，他们是去当“干部”，不是去当农民）。但是城市化程度比较高的我国台湾地区却逆行其道。我国台湾地区“农委会”在 2006 年就开始推动 18 岁~35 岁“青年回乡”的风潮。在农村，过着几乎自给自足的农耕生活的青年人中，35 岁左右的青年人占主要部分，有志成为专业农民的人中，男性占 58%，有志成为兼职农民的女性占 62%。根据“农委会”的网上调查，民众回到农村生活的意愿正在逐渐增强。2007 年的调查中，7 成民众有过回归田园的梦想，这比 2004 年“农委会”规划农地资产交易网站调查得到的 4 成答案提高不少。2012 年，台湾地区“农委会”网站举办的“心田园，新梦想”网上调查显示，有高达 9 成的民众表示有过回归田园的梦想，其中，“真的非常想”占了 27%，高达 65%的人表示很向往，却不知道怎么开始。[1]这项调查表明，或许在不久的将来，回到农村当农民会成为台湾地区青年时尚的新生活方式。当然，随着我国农村土地改革的进一步深化，农民承包的土地可以合法出租，这也将有利于我国很多有志于当农民的市民回到农村实现“田园梦”。

除了自己种植外，我们还可以有很多的选择，如社区支持农业模式（CSA，Community Supported Agriculture）。20 世纪 60 年代的时候，社区支持农业在欧洲和日本开始没落，而随着互联网的兴起，到了 20 世纪 90 年代，社区支持农业又开始兴起，在我国更是方兴未艾的新行当。这是一个去除中间商的模式，由城里的消费者直接和农户对接，农户按照消费者的要求种植主粮和蔬菜水果，养殖家禽家畜。消费者要先支付一定的前期费用，如果种植或养殖失败了，消费者就需要负责一定的损失。我们或许会担心，现在的食品安全问题就是由乱用化学品所导致的，我们远在城里，怎么知道农民有没有添加什么不利于健康的化学物品？别担心，发达的通信技术可以帮助我们解决这种担忧。我们可以在种植和养殖的地方装上摄像头，我们也可以通过微信之类的免费通信工具来了解生产和饲养情

---

〔1〕 谌淑婷、黄世泽：《有田有木，自给自足：弃业从农的 10 种生活实践》，华中科技大学出版社 2014 年版，第 214~215 页。

况。生活在美国加州的“科技达人”凯文·凯利就曾经用直接视频的方式在东南亚种植香蕉，成熟后邮寄给他——这毫无疑问增加了食品的碳足迹，这不是我们所提倡的。在网络时代的任何商业模式都是基于比传统商业模式更高的信任系统，社区支持农业更是如此。正如美国经济学家杰里米·里夫金指出的：“引导社会经济的是社会信任，而不是依赖于让买方产生防范心理。”〔1〕只有高度的信任才能确保有足够的社会资本作为社会协作精神的基础。我们应该相信农民的经验和诚信，和农民建立一种类似于朋友一样的信任关系。一旦某一农户被爆出使用了化学品，在社区的范围内就会落得“坏名声”，就会被“拉黑”了。

在如何选择生活这一点上，美国的阿米什人给了我们很多启示。阿米什人是技术乐观主义国度里的另类反技术人群。他们既不是一个部落也不是宗教团体，他们只是一群有着共同信念生活在一起的人群。这种共同的信念就是极简生活主义。到目前为止，最严格的阿米什人不用电也不开车，还是像农业社会那样，用手操作耕田的工具，用马作为驱动力。他们是出色的自力更生者。自己建造房子，修理家具和农具，食物自给自足。他们对技术非常谨慎，保持高度警惕。20世纪初，汽车在美国已经非常流行了，但阿米什人却认为汽车会使人脱离团体，因为有了车，人们就会以家庭或朋友圈为中心，到了周末就会开车去游玩或者野餐而不是留在社区里拜访其他家族和在附近消费。阿米什人希望他们的成员把精力放在当地的社区和团体内，而不是去拓展远方。阿米什人用太阳能或者柴油机发电，但是他们却没有电网：他们实现了能源的自主自足。

虽然阿米什人对一些技术保持高度警惕，但是他们却欣然接受转基因玉米。根据凯文·凯利的观察，阿米什人之所以种植转基因玉米是因为他们在收割玉米时用的是半人工半机械的办法，普通玉米很容易招来玉米螟，这种害虫会从最下面把茎啃光，玉米就会整株倒下。收割机并没有拾玉米的功能，农民必须人工把掉在地上的

〔1〕［美］杰里米·里夫金：《零边际成本：一个物联网、合作共赢的新经济时代》，赛迪研究院专家组译，中信出版社2014年版，第1页。

玉米拾起来。但是如果种植转基因Bt玉米的话，玉米本身就带有苏力菌（Bt）能杀死玉米螟，这样玉米就不会掉在地上，就完全可以用收割机收割，从而减轻劳动，提高效率。[1]

他们的极简生活方式和态度在美国受到了越来越多的人追捧，阿米什人的人口每年平均增加4%。当然，也有人担心如果大家都过着所谓的“极简”生活，几件衣服几乎就穿一辈子，那我们的工厂岂不是要倒闭了？这样我们就会进入经济大萧条。正如凯文·凯利所担心的，如果全世界的人都像阿米什人那样生活，那么我们就回到了中世纪的农耕社会，这是一种社会倒退。但是我们是否应该思考一下，经济的发展是为了什么呢？如果经济发展了，钱增多了，我们却感觉不到幸福，经济的增长和财富的增加，除了只是一个数字游戏之外，还能给我们更多的生活意义吗？阿米什人对生活的极简态度，对技术诱惑力的强大掌控能力是值得我们敬佩和尊重的，在各种技术的沙漠里，阿米什人的家园就是这片沙漠里的绿洲，他们为我们展现了另一种生活的可能性，让我们知道“自己动手，丰衣足食”的满足感。

6.3.2 阳台的田园梦

身在北京大都市的二毛在书中感慨道，如今想要按一年四季的时序变化而食，早已不是一件容易的事，除非自己去找一处世外桃源，闲养鸡鸭，按季节栽种农作物，再养上几头肥猪。[2]二毛肯定是一位完美主义者，能达到他梦想中的“世外桃源”当然最好，要是我们又身在都市，无法离开，难道只能望而兴叹了吗？

其实只要你有一个阳台就能打造你的“世外桃源”的一部分。当然，你可以请专门的设计公司帮你进行专业化的设计，从植物的选择到废水利用系统他们都可以帮您做得很完美。但我觉得自己动

---

〔1〕 具体可参见［美］凯文·凯利：《科技想要什么》，严丽娟译，电子工业出版社2016年版，第46页。凯文·凯利的原文用的是“technology”技术一词，并没有“科学”的意思，但是译者却没有顾及“科学”和“技术”的明显区分，硬是把“technology”翻译成“科技”，这是非常不正确的，在此，我把原译作中的“科技”改正为“技术”。

〔2〕 二毛：“时节须知”，载《读者》2017年第5期。

手设计，自己动手建造更能体现“绿色实践”。DIY 的流行，不仅仅是一种自救，还是政治上的自我解放。著名的美国“手制啤酒运动”就是一个绝好的例子。1978 年 10 月 14 日，美国人经过长期的斗争，通过国会，恢复了无须取得执照就可以在家里酿造啤酒的权利。消费者们和家人终于可以喝到自己亲手做的啤酒。巴里 · 林恩（Barry C. Lynn）描述了这一兴奋时刻：“突然之间，我们可以自行决定想液体里混合哪种麦芽、烤大麦和啤酒花；突然之间我们可以坐在自家厨房的地板上，盯着自家的大瓶子，看着被我们驯化的菌类发酵并在疯狂眩晕的狂热中，将麦芽汁中的铜转化为酒精。”[1]林恩进一步强调“手制啤酒运动”的意义重大：“不能说这项运动比美国人口味的复苏还重要，后者已熟悉了卡夫（Kraft）、万德（Wonder）与何美尔（Hormel）粗制滥造的工业化泡沫。然而，所有的家酿实验，所有恢复很久以前被锁在遥远工厂中技术与技巧的努力，肯定在导致美国人重新发现健康面包、芳香奶酪和可口蔬菜的魅力的过程中，发挥了重要作用。”[2]

但是很多“爱干净”的城里人会觉得在阳台种菜，还要用厨余垃圾甚至尿液来给菜施肥，会引来苍蝇等虫子，会搞得家里很不卫生？在阳台种菜确实有这个“隐患”。但是苍蝇真的那么可怕吗？我们的“苍蝇恐惧症”是一种自我保护的本能还是如何形成的呢？

19 世纪 80 年代，自从生物学家路易斯 · 巴斯德（Louis Pasteur）通过显微镜发现了我们用肉眼无法看见的细菌，并科学地论证了很多人类的致命疾病都是由细菌引起的，我们便陷入了“细菌威胁论”。那个时期的报纸不留余力地宣传这一人类科学史上的又一重大发现。1895 年的《纽约时报》报道说，如果 25 万个致病细菌挨个排列起来，它们只会占据 1 英寸的空间，一滴液体就能容纳 80 亿个细菌。更可怕的是，细菌繁殖能力惊人，据说当时发现的一种杆菌

[1] [美] 巴里 · 林恩：《新垄断资本主义》，徐剑译，东方出版社 2013 年版，第 37 页。

[2] [美] 巴里 · 林恩：《新垄断资本主义》，徐剑译，东方出版社 2013 年版，第 37 页。

能在5天里繁殖到足以填满地球上所有的海洋！[1]一些媒体更是大肆宣传细菌的可怕性："死亡无处不在，致病细菌比刺客的匕首更致命。没有一个人是安全的，没有一个地方是神圣不可侵犯的。"[2]美国的医生们接受病菌理论较慢，但公共卫生当局却相当乐于接受。把污垢和苍蝇、细菌联系起来的是1898年沃尔特·里德博士（Dr. Walter Reed）在美西战争中对入侵古巴的美军部队所做的疾病调查。里德博士发现蚊子能携带黄热病的病菌。之后他又发现苍蝇能把伤寒病菌传播到食物上，而伤寒病按照当时的统计数据每年大约杀死5万美国人！从此，苍蝇对人类的危害级别被不断上升。1905年《美国医学》（*American Medicine*）警告说，苍蝇能携带结核病杆菌，建议将整个食品供应链都用纱罩保护起来；《纽约时报》认为苍蝇带给家庭与人们的食物、饮用水以及牛奶中的，不仅有伤寒和霍乱病菌，还有结核病、炭疽、白喉、眼病、天花、葡萄球菌感染、猪瘟、热带溃疡和寄生虫卵——总之当时的传染疾病无一例外都与苍蝇有关。苍蝇被认为到处传播死亡，一位公共卫生活动家谴责道："允许苍蝇种群在许多公共场所如此泛滥，原因无非是罪恶的冷漠和不可饶恕的愚昧无知。"接下来的事情就是，正如1905年《纽约时报》所说的"卫生专家正在发起一场消灭苍蝇的战争"。这场战争的先锋是堪萨斯州的公共卫生主管塞缪尔·科伦拜恩（Samuel Crumbine）博士。他四处张贴"苍蝇海报"和分发"苍蝇公报"，以警告大家小心苍蝇的危害，发起了"拍死苍蝇"（Swat the Fly）运动。反苍蝇战争持续了十多年，几乎每条战线都被卷入"苍蝇战争"中。人们在商店和住宅到处撒毒药，挂粘蝇纸；学校鼓励孩子把打死的苍蝇带到学校兑换奖金或电影票；波士顿市拨出巨款10万元专门用来消灭苍蝇；1911年纽约商会反苍蝇委员会委派摄影师拍摄了一部"苍蝇电影"反映"苍蝇及其危害行为"；1912年夏季美国成百上千的社区都加入了所谓的"有史以来最大的反苍蝇圣战"。公共

---

[1] New York Time：February 3，1895，参照［美］哈维·列文斯坦：《让我们害怕的食物——美国食品恐慌小史》，徐漪译，上海三联书店2016年版，第5页。

[2] ［美］哈维·列文斯坦：《让我们害怕的食物——美国食品恐慌小史》，徐漪译，上海三联出版社2016年版，第6页。

卫生当局认为污垢特别容易滋生细菌，于是城市美化运动、城市清洁运动应运而生。在我国，为了人民的健康，我们“要彻底消灭苍蝇”。我们打响全面的灭蝇圣战是在1958年。1958年2月12日，中共中央、国务院发出《关于除四害讲卫生的指示》，提出要在10年或更短一些的时间内，完成消灭苍蝇、蚊子、老鼠、麻雀（后来麻雀被“平反”了，取而代之的是蟑螂）的任务。当时，各省、市、区的党政领导挂帅，北京市市长还亲自到街上打扫厕所，广大群众积极参与，掀起了轰轰烈烈的“灭四害”活动。在“灭四害”的活动中，极大地改善了我国当时的城市和乡村卫生状况。在城市，“灭四害”活动同市政建设、工商业管理、城乡互助和学校教育结合起来，解决了城市的粪便、垃圾、污水的处理，改造、疏浚或者填垫不清洁的河沟坑洼，妥善安置和管理一些最容易吸引苍蝇老鼠和最容易传染疾病的行业；在农村，有步骤地实现了人畜分居，经常疏通沟渠，修整坑洼，排导污水，铲除杂草，打扫垃圾，收集粪便，挖蛹灭蛆，防蝇灭蝇，整理厕所，打扫庭院，改善环境卫生。在改革开放社会主义建设新时期，我们仍然把“灭四害”纳入创建卫生城的重要任务之一。1996年底，吉林、赤峰、丹东、佛山、成都、深圳、珠海、哈尔滨、重庆、青岛、南京、厦门、杭州和广东台山县台山镇、辽宁省凌海市成为灭蝇先进市。[1]

尽管后来的生物学家、医学家都纷纷证明细菌尽管很多，但大部分是无害的，甚至有益于人类；苍蝇传播的疾病也没有当初宣传的那么多。但是，苍蝇携带危险病毒的观念已经永久地扎根在我们的意识中，苍蝇的丑恶形象也深深扎根在我们的心中，一提起苍蝇我们联想到的就是肮脏、疾病、丑陋、恶心，简直是不拍死不为快。苍蝇多的地方我们就认为是肮脏的地方，相比而言农村比城市苍蝇多，所以农村就比城市落后、肮脏，城里人也比农村人更干净、文明。

从苍蝇、蚊子、蟑螂这些坏昆虫引申开来，城市人似乎见了虫子都深恶痛绝。不管是什么虫子都恨不得赶尽杀绝，对其他动物也

〔1〕 根据1958年《中共中央、国务院关于除四害讲卫生的指示》资料整理。

是。老鼠过街人人喊打，鸡、鸭、鹅只要不是在农贸市场也必须以整治市容市貌为名赶尽杀绝。

2年前，我看到了一则新闻，真有点哭笑不得。吉林市某小区一楼居民家的花园内放置了一排笼子，笼中饲养了多只家禽。楼后绿地上还有几只散养的鸡在“悠闲”地散步。一阵风刮来，附近空气弥漫着刺鼻的家禽粪便味道。我们不知道什么才叫空气清新，空气本身就是混合物，我们常常说乡村的空气清新，但是乡村饲养了很多动物，密度比这个还大，为什么农村人能忍受的一些气味城里人就因为几只鸡就觉得“臭气冲天”呢？城里人看来只能忍受汽车尾气、工厂废气、城市垃圾等臭气。希希尔·道拉斯（Sissel Tolaas）主张“从鼻子的角度看城市”，他认为过分地追求空气的“纯净”，一方面是不现实的，另一方面也剥夺了鼻子的权力。“当我们进入世界并对它有反应的时候，气味是我们的第一个感觉——在我们看到之前我们会先闻到。”而“我们所理想的世界是干净无臭的，主要是通过视觉和听觉感受的。一个闪亮的白色表面，它可能是一个无臭的神态或者是一面白墙或者是干净的街道，这是对气味非常清晰的可视化——这是气味和图像在语义上被混淆的一个实例。我们对卫生的修辞造成了集体想象，人们往往认为干净和闪耀可以代表或者表达卫生”。他通过收集柏林四个街区的气味得出结论：“容忍是城市或者生活环境新方法中的一个关键词。我们要学会容忍，这样我们才能以不同的方式生活在一起。这个过程从鼻子开始。”〔1〕

“有时候我们开车进小区，突然蹿出一只鸡，很危险。”有人这样抱怨。其实孩子们也在小区内玩耍，在小区内就应该控制车速。要是突然蹿出一个孩子来，我们会这样抱怨吗？如果是一只打扮得漂亮的宠物狗蹿出来，我们也会这样抱怨吗？如果主角换成了鸡，故事就会发生戏剧性的变化，没有人觉得应该给鸡让路。我们的固有观念里，鸡这样的动物只能生长在农村或者出现在市场里，根本不应该出现在城里。附近居民王女士说，家禽满地走，担心孩子被

---

〔1〕［美］莫森·莫斯塔法维、加雷斯·多尔蒂：《生态都市主义》，俞孔坚译，江苏科学技术出版社2014年版，第146~150页。

鸡啄伤，她几乎不敢带孩子在附近散步。我很不解，城里人怎么怕一只鸡怕成这样的程度。我们家小时候住在十几户人的大院子里，几乎每家每户都养有十几只为了改善生活的鸡，其中有一半以上是雄伟的大公鸡。孩子们经常和鸡一起玩，可是我们从来没有谁被鸡啄伤。可见现在的城里人真的是离自然越来越远了，“自然充满了危险”，所以在城市里的人工自然最安全。不不，人工自然也充满了危险，车道、高楼、家电都充满了危险，看来只有虚拟环境最安全。

其他反对的理由包括“毕竟这里是城市，如此养家禽不卫生”。是的，在我们的脑海里，城市只允许有一些奇花异草，不应该混杂任何“乡村因素”，种菜、养鸡这种事情只有在200公里以外的乡村才应该存在。

“鸡叫会影响居民休息”，这又是一个反对城市养鸡的奇葩理由。在我们的传统文化中，“闻鸡起舞”是一种美德，鸡也因此被认为是“德禽”。只是城里人的白天和黑夜是颠倒的，很多人凌晨才睡觉，鸡鸣声当然是“噪音”。但奇怪的是，城市里几乎24小时有汽车的轰鸣声，怎么就没那么多人投诉汽车呢？最后这事还闹到了市长公开电话办公室。市长公开电话办公室工作人员要求社区工作人员10日内解决此问题。之后的结果可想而知，鸡肯定被赶尽杀绝了。[1]

鸡肉尽管是城里人非常普遍的食物，甚至是最重要的肉食之一，鸡在城市里除了成为食物，确实没有太大用处。但是只要引入都市农业，鸡就能起到大作用了。艾尔伯特·霍华德（Albert Howard）在《农业圣典》中列出的第一个法则是混合农作，植物总是与动物在一起，它们中的许多种类都共同生活着。[2]鸡和菜园是最佳组合，鸡粪可以肥育泥土，能吃杂草和虫子；相比其他家禽，鸡更能接受厨余垃圾；鸡吃剩的还能用来堆肥；鸡杀了之后，鸡毛、不要的杂碎也可以用来堆肥；鸡舍可以用洗衣服的水冲洗；洗菜的、洗手的水可以用来淋菜。这样在一个家庭内就可以部分实现“循环经济”

---

〔1〕 http://news.163.com/14/1030/00/A9P0OT5400014AED.html.

〔2〕［英］艾尔伯特·霍华德：《农业圣典》，李季译，中国农业大学出版社2013年版，第2页。

了。有了这点“自留地”，我们就会充分发挥中国人“勤俭节约”的优良传统，尽量把成本降到最低，最大程度地利用一切废弃物。事实上只要你留心，网上也有很多免费教你怎么利用废弃物种菜的视频。要是家家户户都在高楼里养鸡，我们的环境能承受多少只鸡呢？也就是说，每家养多少只鸡还能既实现上面讲的种种好处，又不至于“扰民”呢？其实这个要视小区的密度和各家自己的情况而定。除了户型面积的限制之外，有的市民不可避免地要经常出差，这样的家庭是不适合饲养动物的；有的家庭选择养狗、猫或者其他动物，这也不适合养鸡。所以说很难规定每家养的鸡数。要是有的人无节制地养几十只鸡呢？在高楼里居住的家庭养鸡一般是为了自己食用，只要没有商业目的，一般的家庭都是根据自家吃的数量来养鸡。而且现在的家庭几乎都是核心家庭，最多不会超过6个人，所以不用担心整栋楼都是鸡飞狗跳、臭气冲天的情况。

自己种菜养鸡是一个在食品危机时代很好的自救办法，作为政府和社区管理者不应该一味地统统禁止，我们能不能想一些办法既能确保小区的整洁又能实现某种程度上的食品自救？在这个问题上，我们可以借鉴美国城市的做法。2012年，圣地亚哥市议会前不久投票通过“后院养鸡合法化”，规定每家可饲养至多5只母鸡，但不能饲养公鸡。这样的规定在美国并非个例，纽约、盐湖城、诺克斯维尔等城市均在修改法律，允许居民小规模地饲养家鸡。事实上，城市养鸡只是人们对城市农业进行尝试的一个缩影。〔1〕在英国，2004年皇家艺术学院的四位学生设计了一种名为“伊格努”的高科技城市鸡舍，这种鸡舍可以防止狐狸入侵，可以养两只母鸡。2007年这种高科技鸡舍出售超过了1万个！在19世纪的欧洲城市辛辛那提还赋予了猪以自由，允许他们在城中随意闲逛，还通过法律要求市民把食品垃圾扔到街中心，使猪更容易吃到食物。因此辛辛那提也被称作“猪肉之城”。〔2〕或许我们也应该探讨一下怎么在城里养猪。

---

〔1〕 http://finance.people.com.cn/GB/18190141.html.

〔2〕 转引自［英］卡罗琳·斯蒂尔：《食品越多越饥饿》，刘小敏、赵永刚译，中国人民大学出版社2010年版，第161页。

另一个把小动物引入城市的例子是城市养蜂。2010 年，美国撤销了城市养蜂违法的条例。一时间，越来越多城里人，其中包括众多企业白领、教授学者、退休老人、家庭主妇等，纷纷迷上了业余养蜂。于是在今日美国的大城小镇，无论在狭小的阳台上，还是在鲜花常开的后花园里，都可以见到形状各异、颜色不一的蜂箱，甚至白宫花园内也安放了一些由热爱养蜂的政府大员“认养”的蜂箱。以增进情谊、交流养蜂经验为宗旨的大大小小的养蜂俱乐部纷纷应运而生，加州的“甜蜜俱乐部”，在最近 2 年时间内，成员数量激增了 10 倍。业余养蜂人还常常是“变废为宝”的积极实践者。他们往往利用垃圾材料和废旧木料，用原始的锯子、刨子，为自己的爱蜂制造出各种形状（包括圆顶式、教堂式、面包式甚至金字塔式）的蜂箱。值得一提的是，美国的业余养蜂人还肩负着一项特殊任务：缓冲美国蜜蜂数量与年俱减的势头。在美国，紫云英一直是蜜蜂的主要花粉来源。而在二战后，美国农民不再将紫云英作为农作物肥料，而是改为大量使用化肥，由此导致蜜蜂甚至在春天都陷入饥肠辘辘的困境。而化学杀虫剂和除草剂的普遍使用，更使其生存环境充满了凶险。加上人为“引进”的众多生命力异常旺盛的外来植物，迫使越来越多本土植物渐渐“退避三舍”，蜂群更难采到对其“胃口”的花蜜。

据全美养蜂协会的最新统计，在杀虫剂滥用、生态环境恶化、疾病流行以及气候变化等诸多因素的综合作用下，美国全国的蜂群数量相比 10 年前减少了至少 3 成，比 25 年前则更是锐减了至少一半。而蜜蜂授粉是植物最终结出果实所不可或缺的环节。时下，美国已有一半的州的农业部门已发出了“蜜蜂短缺已影响收成”的警告。鉴于此，许多地区的养蜂协会组织业余养蜂人，将自己的蜜蜂租给乡下的农民，专门用以给农作物授粉。[1]新的群众环保运动已在全美国社区中进行。业余养蜂组织成员在社会互联网站如 Meetup. com 和 YahooGroups 在纽约、洛杉矶和芝加哥等城市蓬勃发展。全美业余养蜂人对议员开展了游说活动，撤销城市养蜂违法的条例，结果在 2008 年 11 月科罗拉多州首府丹佛市宣布城市养蜂不违法。

---

〔1〕 http://news. sohu. com/20120114/n332198091. shtml.

在纽约，养蜂人和食品活动家与市议会一起制定了一项法律，使纽约城养蜂合法化。

相比之下，我所居住的小区的蜜蜂就没有那么走运了。小区里不知什么时候从哪里来了三窝蜂，安家在售楼部独立建筑的二楼。其实，蜜蜂不会主动蜇人，况且离居民楼至少100米呢，应该是不会对人造成太大的伤害的。但是邻居们却似乎对蜜蜂视如猛兽，给物业施加各种压力，最后经过媒体曝光之后，物业只好请消防队把蜜蜂连根拔除。消防队员身着专业防蜂服，在攀爬靠近蜂窝后，使用刀具将大块蜂窝砍断，使其掉入网兜中。在第一个蜂窝被摘除后，其余两个窝里的蜜蜂纷纷自行飞散，消防员随后使用高压水枪将剩余的两个蜂窝捣毁。[1]根据专家们的分析，这些蜂只是攻击性较小的亚洲大排蜂，属于蜜蜂中的一种，而不是邻居们所担心的攻击性和毒性都较大的马蜂。但是，邻居们却无法容忍这样的一种生灵在我们的小区里。或许，当有一天我们发现春天没有了蜜蜂，我们才会像美国人那样追悔莫及吗？

其实，在城市里，在高密集的高层住宅饲养小动物并没有想象中那么艰难。我曾经在阳台里养过鸭子，我从市场上买来刚出生不久的5只小鸭子，坚持不给它们打针、喂抗生素，一周后，5只鸭子只剩下1只。这只鸭子被我当作宠物养着。每次我喂它的时候，它总会点头摆尾的，似乎是对我的感谢。当它进食搞得米饭到处都是的时候，我骂它“笨鸭”。它会侧着脑袋看着我，似懂非懂的样子。我一直养它到7个月的时候，物业公司出来干涉，一定要我处理它，说市里有文件规定不允许在小区里饲养任何家禽。无奈，我只好把它拿到市场去让人宰了它。整个过程，从拿出去到拿回来，我一直用大袋子把它装得严严实实，不敢看它一眼。直到我妈做好我最喜欢吃的炒鸭端上桌来，我还是不敢看。这次，我一块鸭肉都没有吃，只吃了些青菜。我心里有一种说不出来的矛盾感觉，我很清楚它只是一只鸭子，它的存在就是为了被人们吃掉。同时，我也很清楚它

---

〔1〕 具体可见网易新闻：http://gx.news.163.com/17/0816/08/CRURE3PD04408DEB.html；南国早报：http://www.ngzb.com.cn/article-4342-1.html.

是一个鲜活的生命，我们之间相处得很愉快，而我现在却要吃掉它！我突然发现要成为一个素食者其实没有那么难。或许我们可以不那么极端，少吃点肉也没有那么难。波伦认为我们每一个吃肉者，都应该自己亲自宰一次动物，当你看着动物临死前痛苦的样子，你就知道自己应该节制。我认为这是不够的，我们每个吃肉者都应该自己饲养一次动物。一只鸡、一只鸭，甚至一头羊和一头牛（你可以把它寄养在最近的农户家里，时不时去看看它），这样你就更能清楚这些动物曾经也是和我们一样充满生活希望的生命，这样就算你不打算成为素食者，你也不会像以前一样认为吃肉是一件理所当然而且毫无节制的事了。经过自己亲自饲养动物，你更不会去虐待动物。在《屠场》里，在《食品公司》的纪录片里，我们知道屠宰场里的工人虐待动物是常事，但是我们却鲜有听到农民虐待动物，特别是在家庭农场里。

有一首儿歌是这样的：

我有一只小毛驴我从来也不骑，
有一天我心血来潮骑着去赶集，
我手里拿着小皮鞭我心里正得意，
不知怎么哗啦啦啦啦啦我摔了一身泥。

这或许才是人类与家畜、家禽之间的正确的关系！当我们大谈如何保障动物福利，如何禁止虐待动物的时候，我认为一个最简单可行的办法就是，让每个人都试着饲养一个动物。在和动物朝夕相处的过程中，可以让人更深刻理解人类和动物之间的关系。

这样看来，很多人与动物之间的紧张关系都是人为造成的。人也是大自然中的一员，人类几百万年以来就生活在与各种动物相处的自然中，为什么到了今天，我们似乎非要生活在医院一样的消毒严格的环境中才算安全卫生？这一点我并没有夸张。很多幼儿园、学校食堂都安装有紫外线消毒灯，用消毒药水搽地板；很多城市家庭也开始装上紫外线消毒灯，用消毒水拖地板、洗厕所、洗衣服。

可能有很多朋友会说，我是租住的房子，没有阳台，连窗都没有。这确实是北上广“蚁族”的真实情况。也有很多朋友说，我倒是有阳台甚至院子，但我工作那么忙，没有这个闲工夫啊。这样就出现了一种情况：想种菜的朋友没有阳台，有阳台的朋友没时间种菜，我们怎么才能解决这样的困境呢？既然房子可以租，那么种菜的地方呢？美国的亚当·戴尔（Adam Dell）创立了一个网站 Shared Earth 专门用来出租菜地。这个想法源自于他想把自家的院子改造成为菜园，但是作为一名互联网企业家他没有时间和精力去打理。于是在2010年，他在克雷格列表上发了一条广告：如果你能提供劳动，我可以提供土地、水和所需的材料。我们可以平分产出。最终，戴尔和一位住在公寓又热爱园艺的女士达成了交易。戴尔由此看到了潜在的机会，所以创建了 Shared Earth。网站创建后异常火爆，在短短的4个月时间里，Shared Earth 分享的空间由80万平方英尺扩大到2500万平方英尺。戴尔并不是为了盈利，他一再在网站上强调，我们提供的是一项免费服务，我们没有商业模式。他有着和我们一样的美好愿望——我们自己生产高质量的当地有机食物！

实在不行，我们只要有一个窗，也能进行食品生产。在纽约，“窗口农田”（Window Farm）正在流行。这是个以水培技术为主的栽培少量蔬菜的创意。材料非常简单：空的饮料瓶子串成一串，每个瓶子都会装上营养液或者泥土，种上你想要的蔬菜，挂在窗口就行，还可以把它们当作窗帘呢！

还有一些新的科技或许也能帮我们实现这一“自救”目标。最近一种“植栽水族箱”在美国非常流行。这种植栽水族箱是一种具有装饰功能的“家里的鱼类和蔬菜储存间”，把种植和养鱼结合起来。水族箱上面的开口插着种植蔬菜的容器，蔬菜的根部可以延伸到水里从鱼类富含硝酸盐的排泄物中吸取养分，同时也是净化水质的天然过滤器；鱼缸里一般养殖罗非鱼、鳗鱼、鲈鱼等食用淡水鱼。这些鱼都是一些食性比较杂的鱼，可以吃菜叶子也可以吃一些含有肉类的厨余垃圾。目前还有一些育种专家在探讨如何把一些大型牲口小型化以便适于家庭养殖。目前，猪已经实现了小型化，这种小型化的猪成年了也只有大一点的哈巴狗那么大，据说是含有广西巴马香猪的基因。但是这种猪被称为“宠物猪”，价格也比较贵，还没有人食用。

我们相信在芒福德所说的“灵巧”的生活技术的帮助下，我们的“都市田园梦”或许正在实现。

6.3.3 回家吃饭

提到“家”，在中国人心里几乎就定格在一家人围在一起吃着热气腾腾的美味佳肴的场面，丰富的大盆小碟把餐桌挤得满满的。桌上有一些特殊的食物或者菜式，这是一个地方的特色，甚至是一个家族的标志。而我们大部分人在对童年的回忆中，也总把食物和家、家人联系在一起。英国著名作家奥威尔在回忆童年美好生活时，母亲做饭的情景竟历历在目。我以前喜欢看我妈揉面，看别人干一件熟到家了的活能够让人着迷，看一个女人——我指的是一个精通做饭的女人——揉面也是这样。她有种怪异、肃穆、冷漠的神色，有种心满意足的神色，就像祭司在行某种神圣之礼。当然，在她自己心目中，她正是这样的角色。我妈的手臂粗壮，呈粉红色，总是这一块那一块沾着面粉。做饭时，她的每一个动作都极其精确，无比沉着。在她手里，打蛋器、绞肉机、擀面杖用得得心应手。看她做饭的样子，就知道她正沉浸在自己的世界里，处于她所精通的物件中。[1]是的，厨房总是和“妈妈”“女人”联系在一起，“爸爸”作为“男人”或许更多地和“客厅”“书房”联系在一起，社会上的性别分工在家庭中也一样的明显。男人只有在重大场合或者重大节日才会下厨，而且是干着“掌勺”这样的“大事”，洗菜、切菜这样的“小事”还是由女人完成。这种情况随着新时代的来临、妇女就业率的提高而发生了新变化。我小时候，父母都是上班族，没有时间给我们姐妹做饭。在念小学的时候，我和妹妹每天回来就会先把米放进电饭锅里煮着——因为没有太多时间，我们家的厨房设备的购置总是先于其他设备。在我的印象中，20世纪80年代初我们家就率先在县城里买了电饭锅。我们洗好父母早上上班前就买好的菜——幸亏我们那个县城不大，早上骑自行车去市场买菜来回也就

〔1〕［英］乔治·奥威尔：《上来透口气》，孙仲旭译，译林出版社2014年版，第46页。

半小时。等父母下班回来炒两个菜就可以吃饭了。念到初中时，放学比小学晚了一些，几乎与父母同时。那段时间，我们总是一回到家就一起聚在厨房里，洗的洗、切的切、炒的炒，很快一餐的饭菜就端上来了。回想起当年全家人一起在厨房忙活的日子竟不觉得辛苦。当然，那时候还没有外卖，饭馆也不多，也没那闲钱。在 20 世纪中期，那时候的中国城市家庭大致都这样，老人、父母和孩子都参与到厨房工作中，厨房工作是家庭生活中最重要的部分。在厨房里，孩子学会了怎么分工合作，怎么统筹安排时间、提高效率，如何做到忙而不乱，怎么辨别食材的新鲜程度，不同的食材应该有不同的做法，配不同的调料……那个时候的厨房似乎没有什么垃圾。当时的我负责洗菜，为了省事，我总是把一些蔬菜的一大部分的根部去掉，因为那部分最难洗干净。父母看见了总会批评我浪费，要我把扔掉的那部分重新捡回来洗干净下锅。妹妹削皮会把红薯削去一大半，妈妈心疼得骂了她三天。一块猪肉能物尽其用，吃得干干净净。猪皮用来煲汤，肥肉用来榨油，剩下的油渣用来做馅料。现在超市里卖的一般都是精瘦肉，猪皮和肥肉变成了废弃物。我清楚地记得，老爸把扔掉的芹菜叶子切碎了煎蛋，味道非常好。可以说，全家人一起做饭、吃饭是家庭生活最重要的组成部分。吃饭不仅仅是为了充饥，更是仪式和纽带。英国历史学家菲立普·费尔南多·阿梅斯托（Fenadez-Armesto）的话一点也不过分："如果家人不再共同用餐，家庭生活终将碎裂。"〔1〕

而如今，厨房似乎不是成了多余的摆设就是速食食品的储藏室。技术时代也是方便时代，我们可以下馆子、点外卖或者把速食食品塞进微波炉里摁下摁键就可以了。微波炉的诞生是厨房的大革命：我们不再需要"火"来加热食品，而是通过电磁波的共振作用来让食品变熟。费尔南多-阿梅斯托感慨："在拥有微波炉的家庭，家常烹调看来天数已尽。"〔2〕如今的技术正如芒福德所说的，是"去人

〔1〕［英］菲立普·费尔南多-阿梅斯托：《文明的口味——人类食物的历史》，韩良忆译，新世纪出版社 2013 年版，第 23 页。

〔2〕［英］菲立普·费尔南多-阿梅斯托：《文明的口味——人类食物的历史》，韩良忆译，新世纪出版社 2013 年版，第 23 页。

化”的技术——做饭不再是“厨房里的艺术”，而成为一种按照使用指南的操作。芒福德认为机器正在取代人类，成为新的“统治者”。这一点在厨房的表现就是，微波炉对我们的控制。和洗衣机一样，微波炉只要一转动，你就什么都不能做。回想起小时候，我这一代人会说，我很怀念爸爸（妈妈）做的饭菜，可能我们的下一代会说，我很怀念爸爸（妈妈）定的外卖。

微波炉为什么会大行其道？这一方面是因为生活节奏的改变，另一方面就是我们前面所提到的，我们中了“科学主义”的毒。芒福德说过，我们的都市厨房是按照科学实验室的模板来建的。干净的操作台，摆放整齐的瓶瓶罐罐，功能强大的抽油烟机。与之相对，我们的爸爸妈妈在做饭时也要保持清洁、整齐的仪态。在某某鸡精的广告中，优雅的主妇要是在厨房里抓住一只鸡，并把它杀了，砍成碎块——这样的工作想想都觉得粗鲁、野蛮，搞不好还会有鸡粪便粘在衣服上、手上甚至脸上，如此的狼狈不堪。作为一个注重自我形象的都市主妇决不能容忍这样的情况发生。广告告诉你，某某鸡精就是女人在厨房里保持优雅的秘密武器。它具有鸡的鲜美，使用很方便，你只需要像广告里的漂亮主妇那样，一手拿着勺子，一手拿着鸡精的瓶子倒些粉末，脸正对着镜头露出轻松自信的微笑。一会儿，一锅“纯正美味”的鸡汤就做好了，最重要的是厨房和主妇都保持着整洁优雅。在一些橱柜的广告里，厨房宽敞明亮没有半点杂物，摆在桌面上的不锈钢器具闪闪发光。我们的家庭主妇则穿着华丽的晚礼服，8 厘米的高跟鞋在装模作样地用涂着漂亮指甲油的细嫩的手拿着锅铲装作翻动，她化着浓妆的脸同样是对着镜头露出轻松自信的微笑。这样的广告很有诱惑力，但是你只要尝一下真的鸡做的汤和鸡精做的汤，你马上就知道味道上的天壤之别。只要你亲自下厨来做一做，就算是把速食食品塞进微波炉里，你也不太可能保持这样的优雅。许多女性主义者认为厨房革命也是女性革命：厨房的高科技让上班族妈妈能轻松搞定一家人的晚餐。但是殊不知伴随着这些“高科技”的厨具登场，社会对女性的要求却近乎苛刻：女人应该入得厨房，出得厅堂，而且在厨房也要保持厅堂的形象。

科学对“清洁”“条理”“健康”的定义，深刻改变了现代人对厨房的概念。在一些专供大型超市的快餐公司，有一整套严格的消毒措施，员工每天上班都要经过全身光线消毒，厨房工作人员的装扮和医院的医生、护士非常相似：白色的工作服，带上塑胶手套和塑料发罩。厨房的门上挂着红色的警告牌："厨房重地，闲人免进。"这一套"科学"的卫生标准用在大型快餐企业上或许是有必要的，但是它却导致了我们和厨房之间的疏远。我们甚至担心自己做的食品没有卫生保障，在厨房里处理生肉会把细菌带到家里来，我们还担心吃剩的食品引来蟑螂、老鼠和各种细菌。似乎把我们和食品加工隔绝起来，把城市和食品生产隔绝起来，在科学、卫生的名义下是理所当然的。

或许你会说，在分工越来越细的今天，家庭劳动的分工也走向了社会化。家务中的许多工作都可以在外完成。今天的我们不必自己洗菜、切菜、粉碎、制馅等，这些都可以让超市帮我们解决，况且就算有了这些设备，自己做饭依然费时间，厨房设备和餐具清洗起来也很麻烦。但是我们不要忘了，把更多的食品加工工序交给市场，对于个人而言，这就增加了食品安全的风险——因为这些过程我们都是不可控的，甚至是不可知的，很多违规的添加剂就是在我们不知道的情况下加进去的。就算他们严格按照"可添加"的标准，但是他们究竟往里面加了多少，是不是安全范围我们也不知道。我并不是说要增加人与人之间的不信任，信任是要在一个公开透明、公平公正的市场环境下才能形成的，就目前的市场环境，对不起，我不想拿家里人的健康开玩笑。

为了我们孩子的健康我们尽量在家吃饭，让孩子养成在家吃饭的习惯。在家做饭尽量不要用半成品或成品做，这些成品的肉类一般不会很新鲜，也容易造假或者添加其他有害的化学品。就算实在没有空做饭，我们也会尽量选择用本地食材的餐厅，点当季的菜。有的餐厅自己生产蔬菜和肉类，有点类似我们的"农家乐"，但是他们却在市中心，装点餐厅里的绿色植物就是青菜。在加利福尼亚州旧金山的Bar Agricole餐厅有一个户外就餐点，种满芳香植物的500平方英尺的木质花床，这让食客宛如置身花园。花床里中有薄荷、薰衣草、迷迭香等，周边的果树是柠檬树和酸橙树等，这些都是餐厅的食材和酿酒材料，员工要亲自种植蔬果，并将其制成佳肴，酒也是餐厅自己酿的。餐厅的建筑材料就地取材，将周围工业区的建筑材料回收利用后再牢固结合而成。如庭园的墙面由回收的雪松木搭建而成。[1]这样的餐厅尽管可能贵一些，但却给人们一个理念：吃本地的食物，吃当季的食物。

我们会认为，厨房还是危险的、血腥的。是的，我们要在厨房里杀鱼、杀鸡，处理各种动物的尸体，整个过程是比较粗暴、血腥。在这个过程中我们还会误伤自己，甚至会因此而受到某种动物体内病毒的感染。就算不用动刀，我们也可能会被溅起来的油或者开水烫伤。于是很多家长为了“保护”孩子，让孩子从小就远离厨房。但是不要忘了，除了健康的因素之外，还有一点很重要的就是，厨房还有教育功能。1957 年，英国广播公司播出了一个特别的愚人节节目。当时当红的播音员理查德·丁布儿（Richard Dimbleby）报道瑞士的通心粉大丰收，镜头显示瑞士的农场工人在一个山地果园里从树上采摘通心粉。这个恶作剧的报道竟然被当时的很多英国人信以为真。在我国也流传这样的一个笑话：妈妈问孩子，饭是怎么来的，孩子很清楚的回答，是米做成的；妈妈继续问，米从哪里来的，孩子干脆地回答，从装米的桶里来的。现在十年过去了，如果我们再问我们的孩子，饭是怎么来的，估计他们会很肯定的回答：从饭锅里来的。我们的孩子对蔬菜的认识也很让人担心。我 15 岁的女儿放假在家，我让她帮忙清洗茼蒿菜，女儿看着这一把绿绿的叶子愣住了，问：“这是什么菜啊？”我很吃惊，这不是我们家经常吃的茼蒿菜吗？女儿还是一脸的茫然。直到吃饭的时候，她吃了一口，才恍然大悟，“原来这种菜叫茼蒿菜啊，我之前不知道它们没煮熟长什么样子呢”。我突然意识到，连我们每天都要吃的植物和动物我们都如此陌生，更何况是野生的呢。现代人所谓的“亲近自然”，是节假日到农村让农村人给自己做大餐，到山上景区拍照，这样的“亲近自然”多虚伪啊。所以，让孩子在厨房受一点苦，通过食物接触自

---

〔1〕［美］阿普利·菲利普斯：《都市农业设计：可食用景观规划、设计、构建、维护与管理完全指南》，申思译，电子工业出版社 2014 年版，第 10~11 页。

然、了解自然，多学习一门生活技能，这苦是不是值得呢？

6.3.4 做个有节操的吃货

> 我们在超市货架之间的过道里体会到了产品的有限丰富性，在收银台看到了醒目的低价格，还有那些近乎立刻拿到手的食品，这些全部都是我们消费者得到的廉价优惠。“便利”这个字眼麻痹了我们消费者的神经。由于这些商品所谓的“便利”，我们便不再提出刁钻的问题，所以，不仅我们的个人口味和偏好被牢牢地控制住了，而且我们在超市里的选择也决定了农民种植什么作物。
>
> ——拉吉·帕特尔[1]

在这里，我不想谴责不良商家、黑心农民，有需求就有市场。我们作为消费者似乎总把自己放在“弱势群体”需要保护的位置，在市场中处于消极、被动的一方，我们一味地要求“商家讲良心”“政府加强监管”，却从来没有想过我们作为一个消费者对目前的食品危机中负什么样的责任，我们应该怎么办。虽然在强大的全球化市场面前，在强大的跨国食品集团面前我们确实很弱小，我们似乎无法改变什么。但正如中国很多网友的态度那样，我们不能参与正式的投票，但是我们可以用脚投票。下面就是我们用脚投票的建议。

不要太贪心

其实食品安全问题在一定程度上是由我们的贪婪造成的。我们总是希望食品越多越好，越便宜越好，还要求长得漂亮。但是根据物理常识，这是不可能的。农业不同于工业，工业只要你开足马力，保证原材料的供给，就能成倍成倍地提高产量，但是农作物、家禽、家畜都是有生命的活物，有一定的成长规律和周期，我们总是心太急，不愿意节制自己的胃口。世界观察研究所作为一个监测人类对

---

[1] [英] 拉吉·帕特尔：《粮食战争：市场、权力和世界食品体系的隐形战争》，郭国玺、程剑峰译，东方出版社 2008 年版，第 6 页。

地球资源影响的机构，它的创始人莱斯特·布朗（Lester Brown）指出美国人平均每人每年消耗 800 千克粮食作为饮食基准，意大利、地中海每人每年平均消耗 400 千克粮食为基准，而印度则每人每年平均消耗 200 千克粮食为基准。根据该研究所的数据分析，顶层美国人和底层印度人的寿命均没有中间层次的人群寿命长。吃得过多，容易导致肥胖症、糖尿病、癌症、心脏病、中风等；而吃得太少则会营养不良，导致佝偻病、贫血、坏血病等，这已经是常识。但是，我们总是情愿一边减肥一边放纵地吃，也不愿意通过节约粮食的方式让自己更健康。我们对食物的需求在很大程度上是一种心理需求而不是身体需求。我们的食品也浪费得惊人。就算我们不管农民收入问题，农产品价格过低，导致贫富差距拉大的重大问题，作为一个负责任的地球人、消费者，我们有责任为正在变暖的地球和生态危机节约粮食。

为了满足贪心的胃口又不至于肥胖，很多不是食物的人造食物诞生了，这种食物完全由化学品造成，不含糖分、不含热量，吃下去有饱的满足感，经过香精调配成各种口味，还能满足馋嘴的要求。这简直是在糟蹋资源，浪费人类的智慧！

不要太放纵

我们总是很放纵自己的胃口，我们想要一年四季都吃到新鲜的番茄，我们想在家里就能吃到泰国榴梿、新西兰牛奶、芬兰鲜鱼。正是因为我们放纵自己的胃口，各种不健康的保鲜技术、反季节种植技术、食品添加剂技术应运而生。从这一点上，是我们自己吞下了自己种下的苦果。

另外一个与“芥子油的悲剧”比较接近的例子是牛奶对豆浆的取代。在“一杯牛奶强壮一个民族”的漂亮口号下，全国很多人放弃了传统的豆浆，而去喝高价的牛奶。按照一些营养专家的分析，动物蛋白并不见得比植物蛋白好，况且在畜牧业工业化过程中，为了保证牛奶的高产，必须给奶牛每天都注射激素，这给每天大量喝牛奶的人体带来了一定的健康隐患。西方人看起来更有力量、更强壮，虽然和吃牛肉、喝牛奶的习惯有一定关系。但到底有多少关系并没有相应的科学数据，但更多的是和基因、生活环境等因素有关，所谓的“一杯牛奶强壮一个民族”恐怕背后是“一杯牛奶强壮一个产业”。除了一个地区的饮食习惯在长期的历史过程中，与当地居民的身体要素相适应。西方发达国家过多的食用肉和奶制品，在历史上是和他们的环境相符合的：欧洲比较适合畜牧业而不是农业。但现在导致了三种“富贵病”：癌症、中风和心脏病。多项跨国食谱比较研究已经表明，肉类比重高的饮食导致更高的肠癌死亡率。现代畜牧业的工业化更加剧了肉类消费引起的健康问题，如脂肪含量过高，抗生素和激素残留。

太便宜无好货

自从有了市场以来，就有了买家和卖家这两个“冤家”“死对头”。卖家总是希望卖出去的东西越贵越好，这样他就赚得越多；买家真希望“公鸡又大又轻”，买到的东西越便宜越好。这个矛盾怎么解决呢？亚当·斯密的“看不见的手”会在背后“自定调节”到一个平衡的状态：既让商家有利可图也让消费者能承受得起，消费满意。

但是市场往往离亚当·斯密的理想状态很远。美国在 2007 年 3 月发生了最大规模的宠物食品召回事件。因为在此之前，一些宠物猫狗食用一家位于安大略名为菜单食品（Menu Foods）生产的灌装和小袋装湿式宠物食品而导致肾衰竭死亡。是什么导致了宠物的肾衰竭？其中的罪魁祸首，竟是我们中国消费者非常熟悉的三聚氰胺！是的，菜单食品公司因为违规在宠物食品里大量添加了三聚氰胺而导致宠物肾衰竭！我们一定会大声谴责无良商家，他们蒙昧了良心大发黑心财。但是事实并不像消费者想象的那样。菜单公司多年来承受着巨大的财务压力，长久以来几乎都在亏损状态。2005 年亏损 5460 万美金，2007 年亏损 6200 万美元。那么作为美国半数以上宠物的食品销售商沃尔玛有责任吗？尽管菜单食品公司并非沃尔玛直接所有，但沃尔玛通过定价权对菜单公司实现控制。因为沃尔玛是美国乃至全球最大的销售商，如果不能够在沃尔玛上架，那就意味着你的产品销量不够大而没有竞争力。而且我们知道沃尔玛靠什么在零售业腥风血雨的竞争中脱颖而出，便宜的价格就是其中最大的吸引力。沃尔玛公开承诺如果你在其他地方买到的同类商品比在沃尔玛的价格低，他将3倍原价奉还。为了确保低价，沃尔玛对所有的供应商都提出了苛刻的价格要求，于是作为供应商的菜单食品公司只好铤而走险地往食品中添加三聚氰胺或者是购买了三聚氰胺含量超标的原材料。那么我们可以谴责沃尔玛为了满足消费者的“低价”要求而对供应商压低价格吗？作为消费者的我们当然不愿意，甚至认为有沃尔玛这样的商家为我们零散的消费者把好价格关是合理的、放心的——因为我们没有直接和供应商谈判的权力。在美国历史上，还真有供应商和销售商之间的官司。1911年，迈尔斯医生医药公司（Dr. Miles Medical）起诉它的分销商，认为他们压低该公司产品的价格。当时的最高法院驳回了迈尔斯医生医药公司的起诉。当时大多数的美国人认为，分销商压低价格是符合消费者的利益、符合大众的利益的。但是这件官司最后却峰回路转，出现了意想不到的结果。这个判决引起了一位名叫奥利弗·温德尔·何默思（Oliver Wendell Holmes）法官的强烈不满，在何默思的抗议下，1918年，法院改了判决，恢复了生产商的定价权。到了20世纪30年代罗斯福新政时期，法律规定销售商和生产商的价格歧视是非法的。1975年，国会废除了一百多年里逐步建立起来的价格体系，通过了《消费品定价法案》(Cinsumer Goods Pricing Act)。

是的，沃尔玛只有保证低价才能处于竞争的优势，这对于商家来说是很明显的道理。那么对于消费者而言呢？我们得到了什么好处呢？表面上我们是得到了“便宜货”的好处，而事实上这个“便宜货”却是假冒伪劣产品！这样的教训在英国工业革命时代（19世纪）就有过，而且有过之而无不及。英国化学家，林奈学会与大不列颠及爱尔兰皇家科学研究院会员弗雷德里克·阿库姆（Frederick Accum）在让他一举成名的小册子《论食品掺假和厨房毒药》中揭露了当时的各种假冒伪劣产品。“我们吃的泡菜是用铜染绿的；我们吃的醋是用硫酸勾兑的；我们吃的奶酪是在坏了的牛奶里掺入米粉或木薯粉制成的；我们吃的糖果是将糖、淀粉和黏土混合在一起，再用铜和铅染色的；我们吃的番茄酱是用蒸馏酒醋后剩下的糟粕加上绿色的核桃外壳煮出的汤汁以及各种香料、辣椒粉、甘椒和普通的盐——或是由卖不掉的烂蘑菇混合而成的；我们吃的芥末是芥菜、小麦粉、辣椒粉、海盐、姜黄和豌豆粉混合在一起调成的；还有让我们喝下去就觉得精神振奋、精力充沛的柠檬酸，柠檬汽水和潘趣酒（punch），他们通常是使用廉价的酒石酸临时勾兑出来的。”[1]

不要跟风

阿库姆是一位头脑非常清醒的聪明人，他并没有一味地谴责商家的贪婪和对生命对健康的漠视，而是指出，工业革命时期的英国是一个有着强烈要冲破阶级意识的“愚蠢社会”。人人都希望能吃上当时只有有钱人才能买得起的白面包，或者让自己的孩子吃着五颜六色的糖果长大。[2]白面包只有用上好的面粉才能做出来，一般的城市工薪阶层只能够吃黑面包。面对强烈的消费欲望和巨大的消费市场，“聪明”的面包师就往面粉里加明矾，这样就成了一般人都能消费得起的“白面包”。“聪明”的糖果商就用铅或者汞来染红糖果而不是无毒的胭脂虫红，绿色的糖果则是用含铜的化学品染成，黄色糖果则用会引起腹泻的藤黄甚至更毒的黄色铬酸酯或者铅铬黄染成。面对这些“物美价廉”的食品，根本没有人会问：为什么白面包突然这么便宜？为什么糖果的颜色那么不自然？阿库姆是一位很有社会责任感的食品“打假英雄”，让他震惊的是，随着英国社会科技与工业的发展，食品造假不但没有好转，反而越演越烈。根据比·威尔逊（Bee Wilson）的调查，自文艺复兴起，面包师就已经开始使用明矾了，加入的唯一目的就是增白。17 世纪时，一些穷得叮当响的人却在市场上四处游荡，一心只想得到用上等的白面粉制作的面包，他们认为黑麦面包根本不值得吃。其实在 1683 年就有识之士指出全麦面包是一种纯天然、易消化的食品，白面包反而不利于健康，既不符合自然规律也不合情合理。1757 年出版的《毒物监测与可怕

〔1〕［英］比·威尔逊：《美味欺诈：食品造假与打假的历史》，周继岚译，生活·读书·新知三联书店 2016 年版，第 3 页。

〔2〕［英］比·威尔逊：《美味欺诈：食品造假与打假的历史》，周继岚译，生活·读书·新知三联书店 2016 年版，第 17 页。

的真相》一书明确指出明矾是一种危险物，会导致消化道两端闭合，因为明矾产生的腐蚀性结石会封住乳糜管，使得结石在胃里融合并变得坚硬，结石会和肠道中的排泄物聚合在一起形成坚实块体，造成肠道阻塞。[1]可惜，在那个把吃白面包作为“上层人”标志的时代，根本没有人听得进去。

当时，相同的遭遇还有红酒市场。当时英国的富人们掀起了进口红酒热。于是各种假酒充斥市场：在“波尔图葡萄酒”中加入葡萄干酊剂提味；将酒瓶塞子染成红色使他们看起来好像与红酒接触了很长时间；在口感较差的葡萄酒中加入收敛剂；用本地葡萄酒贴牌冒充产自勃艮第等著名产区。当然同样也有很多英明的人士指出，英国最好饮用本地水果酿造的果酒，而不是购买价格昂贵还经常掺假的外国葡萄酒。伊丽莎白一世的大臣休·普拉特爵士（Sir Hugh Platt）恳请人们不要拿进口“混合葡萄酒”毒害自己，而改喝罗伊斯顿葡萄酿制的英式天然果酒。[2]当然这些忠告对于疯狂的消费者而言犹如耳边风。一百多年前英国的场景如今正在我国上演：在电视上、现实生活中，所有的成功男女都穿着华丽的礼服，高举着明亮的高脚杯，里面装着色彩诱人的红酒，自信地谈笑着。红酒成了一种高贵、成功、优雅的象征。于是不管红酒质量如何，也不管自己是不是真正喜欢，喝红酒成了一种风尚。2010 年至 2014 年，中国人（法定饮酒年龄居民）年均消费葡萄酒由 1. 1 升，增长为 1. 3 升，专家预计，在未来一段时间内，人均消费将会持续增长。[3]1833 年红酒专家抱怨英国消费者：他们根本尝不出酒的好坏；尝不出波尔多葡萄酒是否被稀释了，也喝不出干红是真货还是假货。同样的抱怨也非常适合今天的中国大多数的红酒消费者。正因为如此，当时波尔多的葡萄酒商人非常清楚英国人根本喝不出红酒的猫腻，所以只要是销往英国的红酒，他们就掺入至少 10%的 Benicolo——一种非

[1] [英] 比·威尔逊：《美味欺诈：食品造假与打假的历史》，周继岚译，生活·读书·新知三联书店 2016 年版，第 64~65 页。

[2] [英] 比·威尔逊：《美味欺诈：食品造假与打假的历史》，周继岚译，生活·读书·新知三联书店 2016 年版，第 50 页。

[3] http://news. 163. com/16/0127/01/BEA4VM9G00014Q4P. html.

常廉价酒精度又很高的劣质葡萄酒。之后，各种不应该在食物中出现的化学品也掺入了红酒中。明矾可以调整葡萄酒的颜色，水杨酸可以停止发酵，硫酸铁可以让酒的口感更顺滑，甚至出现了没有葡萄的葡萄酒，完全用化学品、糖和水勾兑而成。[1]而今天，中国成了葡萄酒的进口大国。2016 年，中国进口葡萄酒总量约为 6.38 亿升，同比增长 15%；总额约为 23.64 亿美元，同比增长 16.3%。[2]这些进口的葡萄酒并不一定就如广告中所标榜的那样“优质”。2016 年 7 月，温州检验检疫局在一批 439 箱、867 升进口的西班牙红葡萄酒中首次检出环己基氨基磺酸钠（俗称“甜蜜素”）；[3]同年 12 月深圳检验检疫局前海湾保税港区办事处连续检出 5 批进口葡萄酒山梨酸超标。[4]一些甚至标着产地是从“法国”“意大利”的红酒标价 3000 多元，可能是国内地下工厂制作的成本不到 100 元的勾兑品。[5]

当然我并不是说一定要“抵制”进口的食品，进口食品在全球化时代是不可避免的。我们也不是说我们应该固守所谓的陈腐的“阶级意识”，对于奢侈食品、“富人食品”敬而远之。我们主张的是，实在没有必要不顾自己的身体和饮食传统、经济收入等实际情况，而去盲目地追求什么高贵的“风尚”，最终我们会沦为英国工业革命时期阿库姆所批判的“愚蠢社会”。

显而易见，在这些宠物毒食品、白面包之类的毒食品事件中，作为消费者的我们如果只是不负责任地一味压低价格，最终恶果还是我们自己吞服。所以我们在谴责不良商家的同时大可反思一下，为什么地沟油、问题肉那么流行？便宜是一个很大的因素，那些用放心油但菜价不足够便宜的饭店根本抢不过用低成本的地沟油的饭店。问题是，我们是否愿意支付 3 倍甚至更多的价格去放心饭店吃饭？如果我们消费不起放心餐厅，为什么我们不干脆在家吃饭或者

---

〔1〕［英］比·威尔逊：《美味欺诈：食品造假与打假的历史》，周继岚译，生活·读书·新知三联书店 2016 年版，第 50~51 页。

〔2〕 http://www.ysslc.com/caijing/caijingmeiti/191725.html.

〔3〕 http://news.21cn.com/caiji/roll1/a/2016/0711/03/31268899.shtml.

〔4〕 http://www.aqsiq.gov.cn/zjxw/dfzjxw/dfftpxw/201612/t20161208_478722.htm.

〔5〕 http://news.163.com/16/1215/01/C89RH94J00014Q4P.html.

尽量少在外面吃饭?

那么，什么样的价格才是合理价格呢?综上所述，亚当·斯密的“看不见的手”似乎从来没有像人们期待的那样完美地运行过，而要回到苏联或者我国改革开放前的“政府定价”似乎也是不合理的。一直以来，我们一直觉得把定价权交给生产商比较合理，因为只有他们最清楚用了多少成本，但是生产商的利润应该是多少才是合理的呢?万一“不良商家”大大超过了合理的利润，超过了绝大多数消费者的承受能力，这该怎么办呢?如果交给中间商，类似沃尔玛、家乐福这样的大型超市，他们会不顾成本只一味地压低价格，最终导致以次充好，那又怎么办呢?其实就整个市场而言，价格说简单点其实主要就是生产者、销售者和消费者之间的博弈。在传统的观点里，我们一直认为消费者在市场的角斗场中是被动的，顶多能消极地说“不”而已——而当生产商或商家形成垄断之后，消费者连说不的权利都没有了。你不买某家的牛奶，你还有别的选择吗?最多还有一两个当地的品牌;你不去沃尔玛买东西，你还有别的选择吗?沃尔玛就像一条凶残吃蛇的眼镜蛇，在它周围步行距离内你找不到其他杂货铺或超市。

经过了长达几百年的博弈，现在的自由市场国家终于醒悟了:消费者对市场的良性循环起着不可忽略的作用。美国在 1935 年判决罗斯福总统颁布的《国家工业复兴法》违反宪法，因为该法规定各行业企业制定本行业的“公平经营”规章，规定了各企业的生产规模、价格水平、市场分配、工资标准和工作日时数等，该法的初衷是为了防止出现盲目竞争引起的生产过剩，从而加强了政府对资本主义工业生产的控制和调节，但是实际上它却限制了美国公民创业和参与经济活动的自由，因为一些创业者由于资金问题，根本达不到《国家工业复兴法》的要求。并启用《反托拉斯法》判决标准石油公司，因为标准石油公司由于垄断，而限制了其他小资本家进入石油行业，破坏了自由竞争的市场。而当时标准石油公司已经将每加仑石油价格降到了一半，并拥有大量的用户。在此判案成了定局后，关于垄断和消费者关系的争论一直没有停止过。其中最负盛名的是法学教授、之后的最高法院大法官罗伯特·博克（Robert Bork）

在 1978 年出版的《反托拉斯悖论》。他在书中论述如果垄断的存在满足了消费者，而消费者得到了更好的服务和更便宜的商品，就算这样的垄断建立了规模与范围，垄断也是消费者的好朋友。但是任何这些看起来很有理由的理论都不能使大多数美国人相信应该放松对垄断的反对，放弃那些保护我们免受富人掠夺的机构和法律。作为消费者我们应该明白，如果一味地追求低价只会破坏市场的自由竞争。因为只有资金雄厚的商家才能形成规模经济从而降低价格，虽然我们常常以为垄断的目的是为了抬高价格，但它有时候确实能够降低价格——当然垄断的商家也会任意提高价格。等垄断的眼镜蛇吞并和排除了其他同类之后，我们就有可能陷入别无选择的困境。一个健康活跃的市场，必须有一定的新进入者才能形成，一个只有垄断者和盲目的消费者的市场是不可持续的。如果我们陷入所谓"消费者福利"的陷阱，最终还是小生产者、消费者等处在市场底层的人们埋单。所以，我认为虽然作为一名消费者有追求"最便宜"的自然倾向，但作为一名负责任的消费者，我们还是应该从长远和整体的利益来考虑，在可能的情况下还是多光顾小杂货店、农民市场和非连锁店，更加关注在开放市场系统的限制之内增加小业主小商家从而维护自己的选择权。

难道农民市场、小店就不会造假？很多农贸市场里的摊贩是流动的，我今天上当受骗了，明天就找不到人了，怎么办？农贸市场里还有一些刻意装成老农夫老农妇的二手商人，拿着一小篮鸡蛋，把从别处批发来的鸡蛋当作"自家养的鸡下的蛋"，价格自然是普通鸡蛋的两倍。小店没有像连锁超市那样经过合格的检验，我们怎么保证商品的合格？在一个没有诚信的社会里，这确实是个大问题。因此，如何建立一个成熟的社区农民市场就迫在眉睫了。

作为一名负责任的消费者，我们还应该意识到，我们目前的"大商场"消费模式挤占了所有独立手工艺人、农夫和小业主的生存空间，就像几百年前的英国圈地运动一样，这些城市里的"自由职业者"被挤压了自己的生产资料，沦为城市里大商场、大公司、大机构的雇员和办事员，而失去了自主的能力。在这种消费模式里，我们买什么、什么时候买、怎么买都已经被规范好了。

6.3.5 建立社区农民市场

如果有的人家菜种得非常好，除了自家吃，送朋友外还有剩余的怎么办？我们家种有生菜，多得吃不完，但是我想吃莜麦菜，怎么办？是的，我们还应该建立适应于传统生产模式的社区农民市场，因为小农的生产模式不适合与大型超市合作。在社区的农民市场里，由于产地就在当地，减少了食物里程，确保了民主的食物分配方式、品质更好的食物、更新鲜的食物，同时还能确保饮食文化的多样性。我认为所谓的“有机”并不仅仅是“不用化肥与农药”，那些大面积种植商业化的农业就算没有使用化学制品，也只能算是“伪有机”。真正的“正统的有机的”（authentic organic）农业是建立在以下基础上的：生物的多样性、小型家庭农场、本地化的市场、公平交易。[1]

其实，这样的农民市场在我国20世纪80年代是非常流行的，几乎每个居民小区都有类似的小市场，有的是早市，到了9点钟便自动散去；有的是按照人们的做饭时间，只在中午11:00~12:30和下午16:30~18:00左右的时段出来摆摊。这样，附近的农民能从小市场上赚点小钱，还不影响生产，对农民和市民都有好处。但是，随着城市化进程的加快，以整理城市秩序的需要为名，驱逐了一大批路边的小市场；另一方面，沃尔玛、家乐福等这样的大型超市的不断扩张，这些小市场自然节节败退，最后，只在一些小城镇里才有这样的小市场。

有的朋友或许会认为，在市场经济的环境里，优胜劣汰是基本的规则，大超市提供的产品又多、又好、又便宜，为什么我们还要在乎哪些脏兮兮的农民市场？我们这样泛滥的同情心，是不是会导致整个社会效率低下？尽管在资本主义的初期经过了残酷的斗争，但是到了20世纪30年代，从富兰克林·罗斯福当政期间开始，进步运动开始打翻石油大王、钢铁大王、牛肉大王的垄断，之后美国

---

〔1〕［印度］范达娜·希瓦：“土地非石油：气候危机时代下的环境正义”，陈思颖译，载《绿色阵线协会》2009年第6期。

的价值取向由原来的“效率优先”让位给“社会公平”。1935年，最高法院以9比0投票判决废除了《国家工业复兴法》，法官们认为过度关注效率是破坏自由的一种办法。经过进步运动后，美国达成了共识：应该保护小企业主和农民免受亿万富翁和连锁大超市、跨国大公司的操纵，法律的要点是为了保护弱者防范强者。为了达到这个目的，这期间美国在20世纪30年代建立了粮食价格支持系统，20世纪50年代专门设立了小企业管理局。这些改革的目的不是为了消费者一味地获得最低价格，而是加强整个市场体系的制约和平衡，创造个人与地方所有权系统。

1950年，美国国会关于是否应该禁止合并的讨论中，田纳西州参议院艾斯蒂斯·基福弗（Estes Kefauver）说道，美国商业的控制正在稳步转移：从地方社会转向几个大城市，大城市里的几个实力雄厚的兼并者决定了国家的政策和他们控制下的企业的命运。无数民众依赖他们生活，在这些合并垄断中，民众失去了自由决定自身经济的权力。基福弗出生在东田纳西州的一个小农场，毕业于耶鲁大学法律系，是罗斯福新政的积极支持者。基福佛立足于家庭农场主的利益，更亲近那些所谓的“小人物”（little people），他关心普通人的民生问题，并认为普通人有普通人的生活智慧；作为耶鲁大学毕业生，他对当时的精英政策非常反感。他被称为“大众利益的捍卫者”。1962年，基福佛促成了以他的名字命名的法律《基福佛·哈里斯药品控制法》（the Kefauver-Harris Drug Control Act）。该法律为了反对药物的价格垄断。美国最高法院法官威廉姆斯·O. 道格拉斯（William O. Douglas）也指出大型跨国公司导致该国公民权的严重丧失，削弱了本地的领导力，地方老板和地方官员都得听从于跨国公司的指导。要保证我们的粮食民主，就应该保障生产和销售的民主。

这些小农民市场确实不如大超市整洁有序、宽敞明亮，营业时间长，商品品种多，服务态度好，不用费心讨价还价……大型超市确实有很多不可比拟的优点，但是它带给整个社区的人们除了方便之外就是冷漠，人与人之间的陌生化。社区农民市场却能更好地融合人际关系，给人一种温暖和关怀。藤田和芳所谓的“用有机农业改变世界”，也是从社区销售有机农产品做起的。他的“守护大地协会”的会员既有消费者也有农民。因为是传统的“靠天吃饭”的有机农业，天气好的季节，某些农产品就会丰收，协会的销售人员就会劝消费者多吃；天气不好的季节，某些农产品歉收了，没有按照预期订货的量生产出足够的农产品，这时销售人员也会向消费者做耐心的说明。这样，销售人员就起到了沟通农民和消费者之间的桥梁作用，而不是像大超市那样，把菜一堆，挂个价格的牌子了事。在消费者和农民的互动中，相互之间的宽容和理解是建立粮食知情权和信任感的关键。从健康的角度出发，波伦也建议我们购买食物的时候“远离超市”，到城市周边的食品生产区的农贸市场购买。

社区式的农民市场对于缓解农业产业化带来的负面影响是至关重要的。我们的技术走到了其初衷的反面。我们发明了高速、便捷的交通技术和冰箱等保鲜技术，为的就是我们能吃上新鲜的食物，但是我们却发现这些技术让我们的食物越来越不新鲜。我们还能与生产者直接对话，通过口碑来保证农产品的质量。中国人相信“物出人形”“机者机心”“匠心独具”，也就是说消除了中间商环节，一个信誉的市场可以通过“熟人”社会慢慢培育起来。

其实社区农民市场在欧洲和美国等发达国家十分流行，这些市场受到当地的保护，让它们免受大型连锁超市的蚕食，制定有一整套完善的市场规则。例如美国堪萨斯市的城市市场（city market）就是典型的社区农民市场。这个市场只在每周的周六开业，没有固定的摊位，土豆、南瓜、胡萝卜、苹果、自制的蛋糕、果酱就成堆地摆在密苏里河沿岸两英亩的一块土地上。这个市场已经有 150 年的历史了，当初是一位当地的土地所有者把这块地赠送给城市作为公共市场。直到 20 世纪 30 年代，围着市场的周边才建了一些低矮的建筑，现在这些建筑成了家庭旅馆、商店和博物馆。市场有严格的准入制度，只有当地的农场主、农民才能进场销售，而且销售的食品中自家种植的必须占一半以上。市场的管理方会对地方农场进行检查，确定那些同时贩卖别人产品的农场主或农民真正种植了一半以上的销售产品。市场还专门有一本多达 40 页的《卖主手册》。

近年来，在我国有越来越多的消费者与农户开始了直接对接。

例如影响较大的北京有机农夫集市。2010 年 9 月，住在北京的日本女孩植村绘美发起了第一期北京有机农夫市集，让从事有机农业的中小农户能够和消费者直接沟通、交流，吸引了其他外国艺术家、人类学家，加入对食物和社会、城市与农村的关系等问题的讨论。最初，市集被视为一种行为艺术。随着越来越多的生产者和消费者的加入，市集活动也日趋常规化，包括市集活动、农场拜访、分享会、自然体验等。市集接受一些基金会的资助，依据农户规模大小及其需要被扶持的力度向农户收取不同额度的赶集金，以及场地费。参加市集的农产品大部分都没有相关部门的认证，消费者并不看重所谓的“认证”，消费者靠的是对农户的信任。市集只接受中小农户的入场，当中小农户“变成”大农场了之后，集市便不再接纳他们。北京有机农夫市集的博客上赫然写着：一个追寻理想生活的大家庭。[1]

这些不管是国外的还是国内的农民市场都已经远远超出了“市场”本有的含义，而被赋予“公平”“公正”“环境友好”的价值含义。许多人认为所谓的有机农业、都市农业，只是新世纪的一个新的“乌托邦”，就像 20 世纪 60 年代美国的叛逆文化一样，一闪而过，最终所有的一切都将回复到现有的主流上来。但是，不管怎么样，我们毕竟走出了重要的一步，人类的进步不就是建立在对梦想和“乌托邦”向往的基础上的吗？

---

〔1〕“北京有机农夫的集市”，载 http://blog.sina.com.cn/s/blog_725ab7d40102xghl.html.

参考文献

1. ［英］卡罗琳·斯蒂尔：《食物越多越饥饿》，刘小敏、赵永刚译，中国人民大学出版社 2010 年版。
2. ［美］乔治·瑞泽尔：《汉堡统治世界?！社会的麦当劳化》，姚伟等译，中国人民大学出版社 2014 年版。
3. ［美］西敏司：《甜与权力——糖在近代历史上的地位》，王超、朱建刚译，商务印书馆 2010 年版。
4. ［美］刘易斯·芒福德：《城市发展史：起源、演变及前景》，宋俊岭、倪文彦译，中国建筑工业出版社 2005 年版。
5. ［美］巴林顿·摩尔：《民主与专制的起源——现代世界形成中的地主和农民》，王茁、顾洁译，上海译文出版社 2013 年版。
6. ［英］安德烈·维尤恩编：《连贯式生产性城市景观》，陈钰、葛丹东译，中国建筑工业出版社 2015 年版
7. 陈顺馨等：《扎根于生态、生计、文化的“和平妇女”行动研究》，社会科学文献出版社 2013 年版。
8. ［美］迈克尔·莫斯：《盐糖脂——食品巨头是如何操纵我们的》，张佳安译，中信出版社 2015 年版。
9. ［印度］梵当娜·施瓦、戴维·巴萨明：“单向度的全球化思想”，严海蓉译，载《读书》2002 年第 12 期。
10. ［印度］范达娜·希瓦：《失窃的收成：跨国公司的全球农业掠夺》，唐均译，上海世纪出版社 2006 年版。
11. ［印度］范达娜·希瓦：“土地非石油：气候危机时代下的环境正义”，陈思颖译，载《绿色阵线协会》2009 年第 6 期。
12. ［印度］范达娜·希瓦：“生物剽窃：自然及知识的掠夺”，杨佳蓉、陈若盈译，载《绿色阵线协会》2009 年第 10 期。

13. Andre Viljoen and Katrin Bohn, *Second Nature*: *Urban Agriculture*: *Designing Productive Cities*, London: Routledge, 2014.
14. [美] 戴维·斯泰格沃德:《六十年代与现代美国的终结》, 周朗、新港译, 商务印书馆 2002 年版。
15. [美] 约瑟夫·斯蒂格利茨、艾尔文·拉兹洛、万达娜·希瓦著, [德] 格塞科·冯·吕普克编:《危机浪潮: 未来在危机中显现》, 章国锋译, 中央编译出版社 2013 年版。
16. [美] 爱德华·格莱泽:《城市的胜利》, 刘润泉译, 上海社会科学出版社 2012 年版。
17. [美] 哈维:《后现代状况》, 阎嘉译, 商务印书馆 2003 年版。
18. [荷] 米歇尔·科尔萨斯:《追问膳食: 食品哲学与伦理学》, 李建军、李苗译, 北京大学出版社 2014 年版。
19. [美] 约翰·R. 洛根、哈维·L. 莫洛奇:《都市财富: 空间的政治经济学》, 陈那波等译, 格致出版社 2016 年版。
20. 谌淑婷、黄世泽:《有田有木, 自给自足: 弃业从农的 10 种生活实践》, 华中科技大学出版社 2014 年版。
21. [英] 戈登·康韦、凯蒂·威尔逊:《粮食战争: 我们拿什么来养活世界》, 胡新萍、董亚峰、刘声峰译, 电子工业出版社 2014 年版。
22. [澳] 阿德里安·富兰克林:《城市生活》, 何文郁译, 江苏教育出版社 2013 年版。
23. [美] 大贯惠美子:《作为自我的稻米: 日本人穿越时间的身份认同》, 石峰译, 浙江大学出版社 2015 年版。
24. 侯潇潇、练新颜: "芒福德女性主义技术哲学的理论困境", 载《科学技术哲学研究》2014 年第 4 期。
25. [日] 藤田和芳:《一根萝卜的革命: 用有机农业改变世界》, 李凡、丁一帆、廖芳芳译, 生活·读书·新知三联书店 2015 年版。
26. [美] 查理·勒达夫:《底特律: 一座美国城市的衰落》, 叶齐茂、倪晓晖译, 中信出版社 2014 年版。
27. [美] 麦可·波伦:《杂食者的两难: 速食、有机和野生食物的自然史》, 邓子衿译, 大家出版社 2012 年版。
28. 李建军、滕菲、黄晓行: "'绿色革命之父'诺曼·布劳格", 载《自然辩证法通讯》2011 年第 3 期。
29. 侯潇潇: "范达娜·希瓦第三世界生态女性主义思想研究", 中国人民大学 2014 年博士学位论文。

30. 练新颜：“论芒福德的技术生态化思想”，载《科学技术哲学研究》2012 年第 5 期。
31. [英] 比·威尔逊：《美味欺诈：食品造假与打假的历史》，周继岚译，生活·读书·新知三联书店 2016 年版。
32. [美] 丽莎·K. 鲍姆、斯蒂文·科里：《美国城市史》，申思译，电子工业出版社 2016 年版。
33. [英] 埃比尼泽·霍华德：《明日的田园城市》，金经元译，商务印书馆 2010 年版。
34. [英] 菲利普·费尔南多-阿梅斯托：《文明的口味：人类食物的历史》，韩良忆译，新世纪出版社 2013 年版。
35. [美] 罗斯玛丽·帕特南·童：《女性主义思潮导论》，艾晓明等译，华中师范大学出版社 2002 年版。
36. 《马克思恩格斯全集》（第 1 卷），人民出版社 1956 年版。
37. 《马克思恩格斯全集》（第 23 卷），人民出版社 1972 年版。
38. 《马克思恩格斯选集》（第 1 卷），人民出版社 1995 年版。
39. 《马克思恩格斯全集》（第 44 卷），人民出版社 2001 年版。
40. 倪洪兴：《非贸易关注与农产品贸易自由化》，中国农业大学出版社 2003 年版。
41. [英] 齐格蒙特·鲍曼：《全球化——人类的后果》，郭国良、徐建华译，商务印书馆 2001 年版。
42. [美] 大卫·哈维：《正义、自然和差异地理学》，胡大平译，上海人民出版社 2015 年版。
43. 张培刚：《农业与工业化》，中国人民大学出版社 2014 年版。
44. [英] 史蒂夫·派尔、克里斯托弗·布鲁克、格里·穆尼：《无法统驭的城市：秩序与失序》，张赫、高畅、杨春译，华中科技大学出版社 2016 年版。
45. 王立新：“农业资本主义的理论与现实：绿色革命期间印度旁遮普邦的农业发展”，载《中国社会科学》2009 年第 5 期。
46. 肖巍：《女性主义关怀伦理学》，北京出版社 1999 年版。
47. 徐文丽：“墨西哥绿色革命研究（1940~1982 年）”，南开大学 2013 年博士学位论文。
48. 徐永祥主编：《三农问题研究》，光明日报出版社 2010 年版。
49. 衣俊卿：《西方马克思主义概论》，北京大学出版社 2008 年版。
50. [美] 詹姆逊：《现代性、后现代性和全球化》，王逢振译，中国人民大学出版社 2004 年版。
51. 张淑兰："印度的环境主义"，载《马克思主义与现实》2008 年第 5 期。
52. 赵捷、温益群主编：《全球化与本土化背景下的性别平等促进——中国与北欧国家的视角》，云南人民出版社 2012 年版。
53. ［英］德斯蒙德·莫利斯：《人类动物园》，何道宽译，复旦大学出版社 2010 年版。
54. 朱艳丽："20 世纪 90 年代中期以来日本农业改革研究"，吉林大学 2009 年博士学位论文。
55. ［加］卢克·穆杰特：《养育更美好的城市——都市农业推进可持续发展》，蔡建明、郑艳婷、王妍译，商务印书馆 2008 年版。
56. ［美］巴里·林恩：《新垄断资本主义》，徐剑译，东方出版社 2013 年版。
57. ［美］迈克尔·波伦：《为食品辩护》，岱冈译，中信出版社 2017 年版。
58. Liwes Mumford, *The Brown Decades: A Study of the Arts in Ameican (1865 ~ 1895)*, New York: Harcurt , Brace and Company, 1931.
59. Maria Mies and Vandana Shiva, *Ecofeminism*, London: Zed Books, 1993.
60. New Livestock Policy, Section2. 10 on "Meat Production", Ministry of Agriculture, Department of Animal Husbandry, 1995.
61. Ann Oakley, *The Captured Womb*, London: Blackwell, 1989.
62. E. Perkins Patricia, "Feminist Ecological Economics and Sustainability", *Journal of Bioeconomica*, 2007 (9).
63. Thomas T. Poleman and Donald K. Freebairn (eds.), *Food, Population and Employment: The Impact of the Green Revolution*, New York: Praeger Publishers, 1973.
64. Madhu Suri Prakash, *Our Friendship Gardens: Healing Our Mother, Ourselves*, Cult Stud of Sci Educ, 2014 (7).
65. Vandana Shiva, "Let Us Survive: Wbmen, Eeology and Develo Pment", In R. Reuther (eds.), *Wbmen Healing Earth*, New York: Orbis Books, 1996.
66. Vandana Shiva, *Globalization, Gandhi, and Swadeshi: What is Economic Freedom? Whose Economic Freedom? Whose Economic Freedom?* New Delhi: RFSTE, 1998.
67. Vandana Shiva, *Staying Alive: Women, Ecology and Development*, London: Zed Book Ltd., 1988.
68. Vandana Shiva, *The Violence of the Green Revolution: Third World Agriculture, E-cology and Politics*, London: Zed Books Ltd., 1991.
69. Vandana Shiva, "Monsanto and the Mustard Seed", *Earth Island Journal*, 2002, Vol. 16.

70. Vandana Shiva, "Earth Democracy: Creating Living Economies", *South Asian Popular Culture*, 2004, Vol. 2.

71. Ruchi Shree, "Making Peace With the Earth: Beyond Resource, Land and Food Wars", *Social Change*, 43, 3 (2013).

后记

本来打算在两年内完成的书稿，竟然拖到了第四年。期间，每当我向朋友说起我正在进行的工作，他们都很惊讶：你怎么研究都市农业了呢？你这跨度也太大了吧？其实技术与城市发展之间的关系一直是我关注的问题。我博士期间研究的是刘易斯·芒福德的技术哲学，芒福德作为当代西方新人文主义生态城市理论的先锋，他的著作给了我很大的启发。芒福德认为，随着技术的发展和滥用，城市成了资本赚钱的场所，成了彻头彻尾的“反自然”系统。由于对当时纽约城市糟乱的反叛，芒福德尽管出生和成长在纽约市中心，但晚年却回到了平静的市郊过着平静的乡村生活。当然这样做很不环保，格莱泽就在《城市的胜利》一书中对此作了批评，郊区分散的生活比集中在城市中心生活消耗的资源更多。不管怎么样，芒福德对当时美国乃至整个资本主义城市的批评是对的，我们的城市系统成了“反自然”系统之后，进一步成了“厌恶自然”的系统：要把一切自然的东西，包括植物动物都排除在外，特别是作为与自然紧密相连的农业。这样导致的最直接后果就是城市里的食品危机。食品危机的严重性让我们不得不重新反思城市与农村之间的关系，工业、服务业和农业之间的关系，传统农业与工业化农业之间的对比。这一反思的理论成果就是新人文主义生态城市理论的诞生，实践上的成果就是都市农业的诞生。我在访学时的导师——建筑和城市规划理论家尤维恩教授——就明确提出要把都市农业作为第二自然，要在城市里设计“连续性可生产景观”，试图把农业作为城市景观的一部分。他的著作《作为第二自然的都市农业》概述了世界主要城市发展都市农业的实践和成果，为我们发展都市农业提供了大量借鉴的范例。笔者正在翻译该书，期待能尽快与读者见面。

其实，在写作本书的四年时间里，我自己也在试图“发展农业”。我在广西大学的宿舍楼下有一片长满杂草的空地。我刚搬进去就着手把它开辟成了小菜园，种上红薯、木瓜等当地蔬菜水果。但是好景不长，在每一次校园“大扫除”中，我的菜园都被当作杂草清理掉，我一再重申也无济于事。我得到的答复很明确：校园不许种菜。有一年过年的时候，我妈妈还从县城给我带来了两只母鸡。由于暂时没有吃，我就把它们放在杂物房养起来。这两只鸡解决了我的很多“大问题”：厨余垃圾问题、菜园的肥料和除草问题和绿色食品问题（至少在鸡蛋和蔬菜方面）。但没过两个月，我就收到了学校保卫处的通知：三天内必须将鸡处理掉。无奈，我只好把鸡杀了。没有了鸡之后，我的整个“生态农业系统”就崩溃了，菜园变成了光秃秃的黄土地——连杂草也不许存在。之后我们搬离了校园。到了新住地，我惊喜地发现，在这城乡接合部的地方有很多闲置的建筑用地，邻居们在上面种满了作物。我们家也兴冲冲地开辟了三块菜地。经过我们的辛勤劳作，我们家基本上实现了蔬菜的“自给自足”。（见封面图片）正在我们得意之余，一天早上，我们起来的时候惊讶地发现，我们的菜地在夜里被推平了！所有的作物都毁于一旦：我们辛辛苦苦种的豆角刚开始长豆呢！是谁推平的？为什么不能通知一声呢？为什么要在夜里推平呢？相对于我的愤愤不平，我的邻居们却非常平和：这本来就是人家的地，我们可是在这“偷偷”种的呢。我楼上那位比我们早入住两年的大姐一边刨地找“幸存”的菜一边对我说，这又不是第一次，没事，这个季节的菜很容易长，明天整理一下地再种就是。是的，在城市里种菜，对居民而言更多的是“业余爱好”而不是维生的手段，菜地被推平了对生活并没有太大影响，谁也不会有闲工夫要去“挽回损失”。所以，我的邻居们就和“相关方面”（这个相关方面究竟是谁我到现在也搞不清楚，是开发商还是管理部门?）玩起了猫抓老鼠的游戏。本以为，相关方面在夜里急着把地推平，马上就要动工了，谁知，一个月过去了，邻居们的菜都可以吃了，相关方面还是没有动静。我们是否也可以借鉴别的国家的做法，把这些限制的土地用来生产呢？当然，种菜不仅仅是为了吃，它还有很多其他功能：社交功能、教育功能、美化功能、降低城市绿化成本等等。

由于我们的新住地是城乡接合部，周边不远处就有很多真正的菜地，一些农民会把为数不多的菜在上下班时间拿到小区周边卖。这些菜农的菜既新鲜又便宜，很受居民们欢迎。但是城管部门却不乐意了：开着执法车严厉驱赶。我很不明白，本来这些农民就是用扁担挑着两篮子蔬菜来卖，既不占地方也不会卖太久，对交通和市容市貌根本造不成影响。新建的市场开放之后我明白了：这是要强迫菜农一定要到市场里去，一个 3 平方米不到的摊位每月租金可高达 2000 元！当然，市场里卖菜的不再是菜农，因为租金太高；卖的也不是周边产的蔬菜，因为周边散户的菜不好收集，而且质量参差不齐，卖相不好。市场里的菜都是到批发市场批发过来的。这样，市场里的菜经过不断倒腾，既不新鲜也很贵。更重要的是，我们完全被迫屈服于市场化的逻辑，我们失去了选择食品的自由，我们挤兑了小农的生存空间。

当然，生活似乎也没有我的经历那么灰暗，我身边除了我的邻居们还是有很多都市农业践行者。其中一位就是我们大学的知名教授。他们家刚好住在顶层，他就把楼顶改造成了菜园和鸡舍。在老师和师母的精心耕种下，他们的菜经常多得吃不完，这就便宜了他那帮学生了，他们经常组团到老师家蹭饭。有一段时间，由于楼顶鸡的数量减少，可能剩下一些食物，引来了好多老鼠，师母便又养了一只猫。现在，有猫、有鸡、有菜园，好一派田园风光！这位老师很为自己的菜园自豪，每一届的新同学来到老师家，必定要带他们到楼顶好好鉴赏一番。另一位践行者是浙江理工大学艺术与设计学院的高宁教授，高教授把学院办公楼顶层打造成了 800 多平方米的“能量花园”，长着各式蔬菜。这是暨沈阳建筑大学的校园“稻田景观”之后，又一个把农业作为生产性景观引进校园的成功例子。

有朋友认为，我只是在抒发一种浪漫的田园怀旧之情，对前工业时代的古老事物天真的向往。是的，我对所谓的“现代文明”的态度是谨慎的、保守的，特别是对所谓的食品技术是非常怀疑的。

这种谨慎和怀疑并不是出于时髦的小资情怀，而是为了解决问题。我不敢说我的建议可以解决目前的城市食品危机，但是我希望把都市农业系统引入城市，希望能在一定程度——至少在精神层面上——促进人们对自然、对食物的关心，促进城市对农村、对耕作的了解，而不仅仅停留在周末的“农家乐”印象。

也有朋友认为我是在构想一个“小农乌托邦”。是的，农民曾经被认为目光短浅、胸无大志、老土迷信、毫无组织纪律性，小农更是声名狼藉。但是，如今的农村已经不是以前封闭的农村，农村与城市紧密相连；如今的农民已经不是以前没有受过教育的农民，农民通过互联网，到城市打工而变得见多识广。目前，农民成为城市居民的线路已经逐渐在打通，为什么我们不能也进一步打通城市到农村之间的线路，好让有志成为“小农”的市里人回到农村实现梦想？但是，说真的，要在北京或上海这样人口高度密集的城市实现食物的自给自足是不可能的，除非真的在市中心矗立几座戴斯伯米尔所倡导的巨无霸“摩天农场”。家庭的阳台菜园只能在很小的意义上是“生产性的”。或者说，我所倡导的“都市小农”更多的是指一种精神。城市，正如阿德里安·富兰克林（Adrian Frankin）所言，成功的城市是宽容的城市，这种宽容并不仅仅针对文化和种族而言，它是一种普遍的宽容，一种对诸如此类食物的真正兴趣和关心，例如自然、过去、杂合、新旧科学技术、内地与邻国、我们的衣食的生产者……〔1〕对人类农业传统的宽容，对都市小农的宽容，就是城市人对自己身体的最大关心，就是对自然的最大尊重。我们不必非得把自己和食物之间的关系搞得那么陌生而不信任；我们和农业、和自然的关系也不必搞得那么僵硬，通过适当地从事农活、饲养动物，我们可以和这个世界更融洽。

我觉得在中国提倡都市农业和农民社区市场应该比西方发达国家更有基础——这个基础更多的是心理和文化基础，而与经济发展没有太大关系。首先，我们很多市民是从小在农村长大的，从事过

〔1〕［澳］阿德里安·富兰克林：《城市生活》，何文郁译，江苏教育出版社2013年版，第2页。

农活，在城市里面种个几平方米的菜不是什么难事；其次，我国的农业生产方式就是以家庭为主体的生态生产方式。有机生产是建立在劳动密集型的小生产基础上的，如果像美国那样的几千亩的大农场却只有几个人负责要实现有机生产几乎不可能——除非是种植所谓的自身有超级制肥能力和防虫能力的超级转基因作物。与美国的大规模农业生产相比，我国以家庭承包责任制为基础的农业生产方式更为灵活，更能适应“后工业社会”的利基市场的要求，也更加环保。2017年中央的一号文件指出：“要大力培育新型农业经营主体和服务主体，完善家庭农场认定办法，扶持规模适度的家庭农场。”有机农业是不是可以成为“新型”的、“规模适中”的家庭农场的发展方向呢？

我相信，在实践上，通过都市农业和社区农民市场来促进城市与农村之间的合作，促进市民与农民之间的相互了解，拉近市民与自然、与食物的距离，重新建立市民与食物之间的信任感和亲近感，我们的城市食品危机就能在一定程度上得到解决，城市与农村发展的二元分化也能得到有效遏制。在理论上，正如我们现在所看到的那样，都市农业将成为新世纪生态城市建设理论的中心话题，将引领新世纪新城市的新建设方向。

在此，我要感谢我的朋友侯潇潇，她的博士论文《万达娜·希瓦的第三世界生态女性主义思想研究》对我反思现代农业启发很大。希瓦对农业现代化持一种非常激进的反对态度，正是她的著作让我在注意城市食品危机的同时，意识到其实城市食品危机的根源在于农村食品的生产方式的转变。